Digitales Filterdesign mit Python für Anwendungen in der Energietechnik

Shivkumar Venkatraman Iyer

Digitales Filterdesign mit Python für Anwendungen in der Energietechnik

Ein Leitfaden für Open Source

Springer Vieweg

Shivkumar Venkatraman Iyer
Hamburg, Deutschland

ISBN 978-3-031-58982-9 ISBN 978-3-031-58983-6 (eBook)
https://doi.org/10.1007/978-3-031-58983-6

Die Deutsche Nationalbibliothek verzeichnet diese Publikation in der Deutschen Nationalbibliografie; detaillierte bibliografische Daten sind im Internet über https://portal.dnb.de abrufbar.

Übersetzung der englischen Ausgabe: „Digital Filter Design using Python for Power Engineering Applications" von Shivkumar Venkatraman Iyer, © Der/die Herausgeber bzw. der/die Autor(en), exklusiv lizenziert an to Springer Nature Switzerland AG 2020. Veröffentlicht durch Springer International Publishing. Alle Rechte vorbehalten.

Dieses Buch ist eine Übersetzung des Originals in Englisch „Digital Filter Design using Python for Power Engineering Applications" von Shivkumar Venkatraman Iyer, publiziert durch Springer Nature Switzerland AG im Jahr 2020. Die Übersetzung erfolgte mit Hilfe von künstlicher Intelligenz (maschinelle Übersetzung). Eine anschließende Überarbeitung im Satzbetrieb erfolgte vor allem in inhaltlicher Hinsicht, so dass sich das Buch stilistisch anders lesen wird als eine herkömmliche Übersetzung. Springer Nature arbeitet kontinuierlich an der Weiterentwicklung von Werkzeugen für die Produktion von Büchern und an den damit verbundenen Technologien zur Unterstützung der Autoren.

Planung/Lektorat: Charles Glaser
Springer Vieweg ist ein Imprint der eingetragenen Gesellschaft Springer Nature Switzerland AG und ist ein Teil von Springer Nature.
Die Anschrift der Gesellschaft ist: Gewerbestrasse 11, 6330 Cham, Switzerland

Zu den ewigen Erinnerungen
meines lieben verstorbenen Freundes
und Mentor Mukundan Raghavan.

Vorwort

Die größte Transformation im Bereich der Energietechnik war das Tempo, mit dem sie digitalisiert wurde. Dieser Trend wird sich in den kommenden Jahren fortsetzen, wobei die traditionellen analogen Geräte durch computergesteuerte Geräte ersetzt werden. Das Aufkommen von intelligenten Stromnetzen macht die Implementierung von digitaler Technologie zu ihrer Kernphilosophie. Diese Transformation ist im Allgemeinen eine positive Veränderung, da wir uns auf ein Stromsystem zubewegen, das besser koordiniert und effizienter ist und eine größere Verbreitung von grünen Technologien ermöglicht. Der Wandel stellt aber auch eine Herausforderung für die traditionelle Methodik der Stromnetzauslegung und -planung dar, in der eine solche Digitalisierung nicht vorhanden war. Der Energieingenieur von heute muss neben der Energietechnik auch mit digitalen Technologien vertraut sein.

Als Energietechniker hatte ich das Glück, die Möglichkeit zu haben, digitale Technologien zu erlernen, während die Transformation des Stromversorgungssystems noch in der Anfangsphase war. Jetzt sind die Aussichten weitaus entmutigender. Aufgrund dieser Hürden ist es von entscheidender Bedeutung, dass die digitalen Fähigkeiten in der Energietechnik aus einer einzigartigen Perspektive vermittelt werden. Der derzeitige Stand der digitalen Ausbildung für Energietechniker verlangt von ihnen, dass sie sich für Kurse einschreiben, die für Studenten der Telekommunikation vorgesehen sind. Dieser Ausbildungsansatz vermittelt den Energietechnikern jedoch nicht, wie sie digitale Technologien in Energiesystemen anwenden können. Es bleibt den Studenten überlassen, herauszufinden, wie sie dieses Wissen im Bereich der Stromversorgungssysteme anwenden können.

Als Energietechniker waren die meisten Lösungen, die ich für digitale Steuerung oder digitale Signalverarbeitung in Anwendungen der Leistungselektronik implementiert habe, heuristisch. Leider ließen der Mangel an angemessener Ausbildung und drängende Fristen nicht viel Zeit, um einen analytischen Ansatz zu formulieren. Dieser Trial-and-Error-Ansatz führt jedoch zu suboptimalen Lösungen, die im Laufe der Zeit den Betrieb der Systeme gefährden können. Nach und nach kehrte ich zur Theorie zurück und entwarf meine Lösungen mithilfe eines analytischen Ansatzes neu. Das Ergebnis war, dass die neuen Lösungen wiederholbar und skalierbar waren und dass das Rätselraten auf ein absolutes Minimum reduziert wurde, das in jeder Entwicklungsaktivität der Fall ist. In den letzten Jahren habe ich begonnen, mein Wissen in Onlinekursen und Büchern weiterzugeben, da ich festgestellt habe, dass der Zugang zu Bildungsinhalten in der Energietechnik immer noch begrenzt ist.

Ziel dieses Buches ist es, den Energietechnikern digitale Technologien wie Signalverarbeitung und Regelungssysteme aus einer praktischen Perspektive zu präsentieren. Kein Buch über Signalverarbeitung oder Regelungssysteme wäre vollständig, ohne die Theorie im Detail zu behandeln. Bei der Darstellung der Theorie wird jedoch berücksichtigt, dass der Leser ein Energietechniker ist, der eine Lösung in einem Hardwareprototyp umsetzen muss. Dies ist das Alleinstellungsmerkmal dieses Buches. Es ist ein Buch, das von einem Energietechniker und für Energietechniker geschrieben wurde, insbesondere unter Berücksichtigung der Tatsache, dass die traditionelle Behandlung der mathematischen Theorie für Anwendungen in der Energietechnik nicht von Nutzen sein wird.

Dieses Buch wird nicht als „schwere“ Lektüre betrachtet. Dies ist beabsichtigt, da die Zielgruppe dieser Bücher nicht nur Studenten der Energietechnik, sondern auch praktizierende Elektroingenieure sind. Die Herausforderungen in der Weiterbildung, denen sich praktizierende Fachleute gegenübersehen, sind ziemlich akut, da die meisten Kurse entweder nicht die begrenzte Zeit und Energie, die für das Erlernen eines Themas aufgewendet werden kann, berücksichtigen oder sehr oberflächlich sind und darauf abzielen, einen Überblick über ein Thema zu geben, anstatt es in aller Tiefe zu behandeln. Um eine faire Beteiligung von erwachsenen Studenten zu gewährleisten, verwenden meine Bücher Analogien, vereinfachte Gleichungen, Blockdiagramme und eine detaillierte Erzählung anstelle eines stark mathematischen Ansatzes. Um ein tiefgreifendes Verständnis dafür zu vermitteln, wie Lösungen implementiert werden können, werden in jeder Phase Programmierung und Simulation angeboten.

Dieses Buch verwendet ausschließlich freie und Open-Source-Software, insbesondere die Programmiersprache Python. Als Open-Source-Enthusiast bin ich ein leidenschaftlicher Befürworter von Open-Source-Technologie und verwende ausschließlich Open-Source-Tools für alle meine Programmieranforderungen. Der Einsatz der Programmiersprache Python soll die Verwendung von Open-Source-Tools im Kernbereich der Technik fördern, das derzeit stark von proprietärer Unternehmenssoftware geprägt ist. Neben dem Kostenvorteil von Open-Source-Tools ist die Open-Source-Technologie von der Gemeinschaft getragen, was dem Endbenutzer letztendlich Freiheit und Wahlmöglichkeiten bietet. Onlineforen bieten aktive Diskussionen zu vielen Themen und unterstützen die Benutzer bei der Behebung von Fehlern und der Aktualisierung der Software.

Zusammenfassend lässt sich sagen, dass es in diesem Buch darum geht, einen praktischen Ansatz für die Anwendung der Signalverarbeitung in der Energietechnik mit Hilfe von Open-Source-Software zu entdecken. Die angebotenen Lösungen wurden so weit wie möglich verallgemeinert, so dass ein Ingenieur den Ansatz für die Entwicklung maßgeschneiderter Lösungen für jede beliebige Anwendung nutzen kann. Die Verwendung von Open-Source-Tools garantiert die lizenzfreie Verfügbarkeit dieser Lösungen. Ziel ist es, mathematische Themen wie Signalverarbeitung und Regelungssysteme zu entmystifizieren, indem der Schwerpunkt auf die praktische Umsetzung gelegt und eine enge Verbindung zwischen Theorie und Praxis gewährleistet wird.

Shivkumar Venkatraman Iyer

Danksagungen

Ich möchte Ramdas Murdeshwar für seine ständige Unterstützung bei der Entwicklung meiner Onlinekurse und beim Schreiben dieses Buches danken. Ich möchte Janamejaya C. dafür danken, dass er ein treuer Anhänger des Projekts ist und mich ständig ermutigt. Ich möchte Krishnan Srinivasarengan für seine Unterstützung und Ermutigung danken. Ich möchte Prof. Bin Wu dafür danken, dass er mir auf meinem Weg zum Autor von Fachbüchern ein unterstützender Mentor war. Außerdem gilt mein größter Dank Rakhat für ihre ständige Unterstützung, Ermutigung und Geduld, während ich unzählige Stunden auf dieses Buchprojekt verwendet habe.

Hamburg, Deutschland

Shivkumar Venkatraman Iyer

Inhaltsverzeichnis

Kapitel 1
Einführung

1.1 Die Bedeutung der digitalen Signalverarbeitung

Das Stromversorgungssystem hat sich in den letzten Jahrzehnten rapide verändert. Neben einer Erweiterung der Infrastruktur zur Unterstützung von Wirtschaftswachstum und Entwicklung wurde das Stromversorgungssystem auf jeder Ebene der Übertragungs- und Verteilungsstufen stark digitalisiert. Mit dem raschen Vorstoß hin zu „intelligenteren" Systemen besteht das Ziel darin, Stromversorgungssystemmessungen zusammen mit der Kommunikation zur Steuerung und Koordination von Segmenten des Stromversorgungssystems zu verwenden, um effizienter und zuverlässiger zu arbeiten. Als Beispiel werden herkömmliche Relais durch numerische Relais ersetzt, während traditionelle elektromagnetische Sensoren durch zeitsynchronisierte Zeigermessgeräte („phasor measurement units", PMUs) ersetzt werden. Geräte, die über Mikrocontroller, Hochfrequenzmessung, hohe Speicherkapazität und Konnektivität zu zentralen Netzwerkbetreibern verfügen.

Als ich noch Elektrotechnikstudent war, bestand das Hauptziel darin, digitale Techniken zu erlernen, um das Wissen zu erweitern und Einblick in Techniken zu erhalten, die in der Kommunikation und anderen digitalen Bereichen verwendet werden. Ende der 1990er-Jahre dachten nur wenige Elektrotechnikingenieure, dass das Stromversorgungssystem so stark mit digitaler Technologie durchdrungen sein würde, wie es heute der Fall ist. In der heutigen Zeit haben Elektrotechnikingenieure und generell alle Ingenieure akzeptiert, dass ihr Fachgebiet bald digitalisiert sein wird und sogar eine erhebliche Durchdringung von Technologien wie künstlicher Intelligenz und maschinellem Lernen haben wird. Heutzutage ist Ihr Auto genauso intelligent oder sogar

S. V. Iyer, *Digitales Filterdesign mit Python für Anwendungen in der Energietechnik*, https://doi.org/10.1007/978-3-031-58983-6_1

intelligenter als Ihr Heimcomputer. Die Exposition, die Kerningenieure gegenüber digitalen Technologien haben, ist weit größer als vor einigen Jahrzehnten.

Trotz des Bedarfs an digitalen Technologien fehlen Bildungsressourcen, um die Lücke zwischen konventioneller Kerningenieurwissenschaft wie Stromversorgungssystemen und den neuesten digitalen Techniken wie der digitalen Signalverarbeitung („digital signal processing", DSP) zu schließen. Die digitalen Technologien werden aus der Perspektive von Kommunikation und anderen reinen Informationstechnologie (IT)-Feldern gelehrt. Schließlich muss der Energietechnikingenieur herausfinden, wie die Anwendung für das Stromversorgungssystem modifiziert werden kann, da fast kein Konzept ohne Änderungen von einem Bereich in einen anderen übertragen werden kann. Filtertechniken, die in der Sprachkommunikation verwendet werden, unterscheiden sich stark von dem Bedarf an Filterung in einem Stromversorgungssystem.

Damit das sich verändernde Stromversorgungssystem stabil und zuverlässig bleibt, ist es unerlässlich, dass diejenigen, die es entwerfen, betreiben und warten, mit den digitalen Technologien, die es durchdringen, vertraut sind. Wenn diese digitalen Technologien als Black Boxes wahrgenommen werden, so dass bei einem Ausfall die einzige Lösung darin besteht, „IT-Dienste anzurufen", ist die Zuverlässigkeit des Stromversorgungssystems gefährdet. Neben der Unabhängigkeit der Stromversorgungssystembetreiber besteht der Vorteil des Erlernens digitaler Technologien für Energietechnikingenieure darin, die Umwandlung von analogen Lösungen in eine digitale Form zu ermöglichen. Mit dem fallenden Preis von Mikrocontrollern und drahtlosen Kommunikationsschnittstellen können konventionelle Steuerungen und Verarbeitungen, die in Stromversorgungssystemen implementiert sind, stattdessen digital implementiert werden.

Wie würde eine digitale Implementierung von gut getesteter Hardware helfen? Die digitale Implementierung bietet weit mehr Flexibilität als eine elektromechanische Implementierung. Zum Beispiel kann ein auf Mikrocontrollern basierendes numerisches Relais einem Stromkreisunterbrecher den Befehl erteilen, einen Stromkreis genauso zu trennen, wie es ein elektromechanisches Relais tun würde. Im Falle eines numerischen Relais, das mit einem zentralen Bediener kommuniziert, können die Einstellungen des numerischen Relais jedoch aus der Ferne geändert werden, so dass es sich mit einem anderen Empfindlichkeitsgrad verhält. Andererseits basiert die Empfindlichkeit eines elektromechanischen Relais auf seiner physischen Konstruktion, die sehr schwer zu ändern ist. In modernen Stromversorgungssystemen mit einem hohen Grad an Variabilität erhöht die Flexibilität des Betriebs die Zuverlässigkeit des Stromversorgungssystems. Als Beispiel könnte die große Durchdringung von erneuerbaren Energietechnologien wie Windparks eine schnelle Bereitstellung von Spannungsstabilisatoren erfordern, um Spannungsschwankungen an Lastzentren zu verhindern.

1.2 Warum ein weiteres Buch über DSP?

Die Signalverarbeitung und das digitale Gegenstück DSP werden seit etwa zwei Jahrhunderten untersucht, wobei einige der früheren Arbeiten während der napoleonischen Ära der frühen 1800er-Jahre veröffentlicht wurden. Die letzten Jahrzehnte haben eine Explosion von internationalen Zeitschriften, Magazinen und Konferenzen gesehen, auf denen Forscher darum wetteiferten, ihre Arbeiten zu veröffentlichen. Daher, wenn ein Ingenieur DSP studieren wollte, ist das verfügbare Material enorm. Und da tritt das Problem auf. Ein Ingenieur könnte verloren sein, wo er anfangen soll, es sei denn, der Lehrplan der Universität, an der er oder sie studiert, enthält ausdrücklich die empfohlenen Texte.

Dieses Problem ist für Energietechnikingenieure noch schlimmer. Als Student las ich mehrere Bücher über Signalverarbeitung und obwohl viele von ihnen ausgezeichnete Referenzen waren, um die Grundlagen der Signalverarbeitungstheorie zu erlernen, hatten sie keine Bezugnahme auf die Energietechnik. Die Lektüre eines Buches über Signalverarbeitung mit der Absicht, die Konzepte in der Leistungselektronik zu implementieren, was meine gewählte Spezialisierung war, ließ mich ratlos zurück, wie ich die ersten Schritte unternehmen sollte. Die Bücher wurden für rein digitale Anwendungen wie Kommunikation, Computervision oder ein ähnliches Thema geschrieben. Wie sollte ich diese Konzepte für die Implementierung eines Filters mit einem Mikrocontroller für eine leistungselektronische Anwendung nutzen?

Während meiner Jahre als Doktorand und meiner anschließenden Tätigkeit in verschiedenen Energieversorgungsunternehmen wurde ich mit mehreren Projekten betraut, bei denen Steuerungen und Filter in digitalen Plattformen wie Mikrocontrollern und Field Programmable Gate Arrays (FPGAs) implementiert werden mussten. Nach einer Weile formulierte ich einige Entwicklungsrichtlinien, die eine Kombination aus Formeln aus einigen Signalverarbeitungsbüchern und einigen Beobachtungen waren, die ich bei der Implementierung von Hardware machte. Die meisten von ihnen waren heuristisch und mussten durch Trial-and-Error-Methoden fein abgestimmt werden. Wenn sie schließlich funktionierten, war es üblich, einen Kommentar zu hinterlassen: „NICHT VERÄNDERN“, da ein erneuter Entwurf einen weiteren quälenden Prozess bedeuten würde. Ich hatte das Privileg, mit vielen fähigen und talentierten Energietechnikern zusammenzuarbeiten, und stellte zu meiner Überraschung fest, dass ihre Herangehensweise an die digitale Implementierung von Filtern der meinen ähnlich war.

In den letzten Jahren habe ich begonnen, Lehrmaterial für Energietechnikingenieure zu erstellen. Meine Motivation war, dass sich das in der Energietechnik vorherrschende hilflose Tappen im Dunkeln, bis eine Lösung irgendwie in greifbarer Nähe erscheint, ändern muss. Da die Digitalisierung des Energiesystems immer schneller voranschreitet, sind gut durchdachte Lösungen im Gegensatz zu heuristischen Lösungen absolut notwendig. Eine Fülle von digitalen Implementierungen, die mit heuristischen Mitteln erzeugt werden, stellt ein immenses Zuverlässigkeitsrisiko für das Stromnetz dar. Aus diesem Grund ist meine Philosophie bei der Erstellung von Lehrmaterial, sei es in Form von Büchern oder Onlinekursen, die Umkehrung des traditionellen Ansatzes. Ich habe beschlossen, die Signalverarbeitung in erster Linie aus der Sicht der Endanwendung zu betrachten.

In diesem Buch über DSP gehe ich auf das Problem ein, wie man Filter im digitalen Bereich für die Implementierung mit Plattformen wie Mikrocontrollern entwirft. Dieses Buch ist keine umfassende Referenz zur digitalen Signalverarbeitung. In diesem Buch geht es darum, wie man digitale Filter implementiert. Das ist alles. Es werden Methoden zum Entwurf, zur Analyse und zur Überprüfung von Filtern vorgestellt, wobei eine Kombination aus grundlegender Signalverarbeitungstheorie und Berechnungswerkzeugen verwendet wird. Ziel ist es, einen klar definierten Lösungsansatz zu entwickeln, der sich auf Verfahren stützt, die wiederholt, reproduziert und immer wieder geändert werden können. Das Hauptziel ist – der Entwurf eines digitalen Filters sollte kein magischer heuristischer Prozess sein, sondern ein schrittweises analytisches Verfahren.

Es ist unmöglich, die Implementierung eines digitalen Filters zu beschreiben, wenn man nicht über grundlegende Kenntnisse der Signalverarbeitung verfügt. In diesem Buch werde ich die grundlegende Theorie der Signalverarbeitung behandeln. Die Theorie wird jedoch nicht von einem rein mathematischen Standpunkt aus behandelt, sondern die Theorie wird auf technische Kernkonzepte heruntergebrochen, mit denen ein Energietechniker gut vertraut und vertraut ist. Während des gesamten Buches werden wir die Brücke zwischen der Mathematik hinter der Signalverarbeitung und den technischen Anwendungen schlagen, an denen ein Energietechniker letztendlich interessiert ist.

Mit diesem Ansatz, der zur Lösung des praktischen Problems der Entwicklung digitaler Filter beitragen soll, ist dieses Buch meiner Meinung nach einzigartig. Dieses Buch wurde von einem Energietechnikingenieur geschrieben, der selbst erfahren hat, wie schmerzhaft es ist, mathematische Theorien in der Praxis umzusetzen. Ich habe jedes Kapitel dieses Buches mit dem Gedanken geschrieben, dass die Leser letztendlich Energietechniker sind, die ihre Hardware zum Laufen bringen müssen. Was die Mathematik betrifft, so deckt dieses Buch nur einen Bruchteil dessen ab, was jedes herkömmliche Buch über Signalverarbeitung abdeckt. In Bezug auf die mathematische Strenge mag dieses Buch schwach und manchmal sogar irreführend erscheinen, da es sich nicht um ein Buch über Mathematik handelt, sondern um ein Buch über die Anwendung der Mathematik auf die Technik. Die Theorie wurde so formuliert, dass sie für einen Ingenieur verständlich ist und nicht wegen ihrer mathematischen Authentizität.

1.3 Die Verwendung von Rechenwerkzeugen

Jedes Buch über Signalverarbeitung enthält Beispiele unter Verwendung einer wissenschaftlichen Software. MATLAB wird in den meisten Signalverarbeitungsbüchern sehr häufig verwendet, da es über ein umfangreiches Signalverarbeitungs-Blockset verfügt. Die Verwendung von MATLAB in einem Buch über Signalverarbeitung ist auch deshalb naheliegend, weil die meisten Universitäten der Welt akademische Lizenzen für MATLAB unterhalten. Neben MATLAB ist Scilab eine weitere freie und quelloffene Alternative, die ebenfalls über eine umfangreiche Signalverarbeitungsbibliothek verfügt. Einer der Nachteile von MATLAB ist, dass es sich um eine recht teure Software handelt, die für kleinere Universitäten, insbesondere in Entwicklungsländern, unerschwinglich sein könnte.

Als Softwareentwickler und Linux-Enthusiast habe ich mich schon immer sehr für Open-Source-Software interessiert. Open-Source-Software wird von der Gemeinschaft betrieben und von einer Kombination aus bezahlten Entwicklern und Freiwilligen entwickelt und gepflegt. Viele Open-Source-Programme beginnen als Nebenprojekte von Entwicklern, die dann von einem Team von Freiwilligen betreut werden. Wenn die Open-Source-Projekte wachsen und von Unternehmen für kommerzielle Projekte genutzt werden, werden viele Projekte von Unternehmen gesponsert. Dies ermöglicht es Open-Source-Projekten, ein Kernteam bezahlter Entwickler einzustellen, um Stabilität und kontinuierliches Wachstum des Projekts zu gewährleisten. Der Open-Source-Charakter der Projekte führt jedoch unweigerlich dazu, dass diese Projekte eine erhebliche Unterstützung der Gemeinschaft durch freiwillige Entwickler erhalten, sei es in Form von Fehlermeldungen oder Korrekturen.

Eines der beliebtesten Open-Source-Projekte im Bereich der wissenschaftlichen Datenverarbeitung ist Python. Die in den 1990er Jahren von Guido van Rossum entwickelte freie und quelloffene Software wird in fast allen Bereichen der Datenverarbeitung eingesetzt – allgemeine Programmierung, Webentwicklung, Datenanalyse, Entwicklung grafischer Benutzeroberflächen und künstliche Intelligenz. Python verfügt über eine lebendige und aktive Entwicklergemeinschaft mit kontinuierlicher Weiterentwicklung und umfassender Dokumentation. Am wichtigsten ist jedoch, dass sich Python in den letzten Jahren als Alternative zu MATLAB und Scilab etabliert hat.

In diesem Buch verwende ich Python und die dazugehörigen Pakete, die mit Python entwickelt wurden, für alle Beispiele. NumPy (Numeric Python) bildet das Rückgrat der wissenschaftlichen Datenverarbeitung mit Python, da es eine große Sammlung von Matrixberechnungsfunktionen bietet. SciPy (Scientific Python) baut auf der NumPy-Bibliothek mit einer Reihe von Funktionen für die Signalverarbeitung auf. Das Buch enthält mehrere Codebeispiele sowie eine Beschreibung der verwendeten Funktionen.

Das Buch beginnt mit den Grundlagen der Python-Programmierung und einer Beschreibung einiger grundlegender Python-Befehle. Obwohl das Buch keine umfassende Python-Referenz ist, hilft die Einführung in die grundlegende Python-Programmierung einem Ingenieur, der sich mit Python noch nicht auskennt, die komplexeren Funktionen zu verstehen, die beim Entwurf von Filtern verwendet werden. Das Buch führt schrittweise in Python- und NumPy-Befehle ein, indem es beschreibt, wie Signale generiert werden. Das Buch verwendet MatPlotLib, eine mit Python entwickelte Grafikbibliothek, mit der alle Wellenformen und Diagramme generiert werden. Das Buch simuliert die digitale Implementierung analoger Filter, um das Konzept der digitalen Filterung einzuführen.

Mit SciPy werden wir untersuchen, wie Übertragungsfunktionen ausgedrückt und Frequenzgänge generiert werden können, um das Verhalten von Filtern für einen breiten Frequenzbereich zu untersuchen. Wir werden untersuchen, wie wir SciPy verwenden können, um Filter im digitalen Bereich auszudrücken und sie in Simulationen zu implementieren. Wir werden auch Funktionen untersuchen, um Übertragungsfunktionen höherer Ordnung zu synthetisieren. Die Codebeispiele werden beschreiben, wie das Design des Filters in einen gut strukturierten und leicht veränderbaren Prozess umgewandelt werden kann. Dieser Prozess kann mit minimalem Aufwand wiederholt werden, und wir müssen lediglich die Parameter ändern.

In dem Buch werden zwei Fälle für die Filterentwicklung ausführlich behandelt. Die Filter werden schrittweise mithilfe eines Musters aus Entwicklung, Analyse und Verifizierung entwickelt. Wir werden analytische Tools für die Entwicklung von Filtern verwenden, ihre Leistung beurteilen und unsere Beurteilung mithilfe von Simulationen verifizieren. Die Beispiele enthalten ausführliche Codebeispiele, die sich auf die Feinheiten der verwendeten Python-Befehle, potenzielle Hürden und Möglichkeiten zu deren Überwindung konzentrieren.

1.4 Philosophie hinter dem Buch

Als Autor, der über Themen schreibt, die bereits sehr gut erforscht zu sein scheinen, ist es wichtig, dass der Leser die Philosophie hinter diesem Buch und auch den zukünftigen Folgebüchern versteht. In der heutigen Zeit verändert sich die Technologie so schnell, dass das, was wir heute lernen, in zehn Jahren bereits veraltet sein kann. Daher ist es für uns alle, ob Studenten oder praktizierende Ingenieure, absolut unerlässlich, unser Wissen ständig zu erweitern, um mit den technologischen Veränderungen Schritt zu halten. Ich würde sagen, dass ich in der Industrie mehr gelernt habe als während meines Studiums, und zwar aus dem einfachen Grund, dass Wissen, das man sich durch die Arbeit an konkreten Zielen aneignet, viel wertvoller ist als Wissen, das man sich im Rahmen eines Studiums aneignet.

Als Onlinedozent und während der Arbeit an diesem Buch habe ich selbst noch einmal ganz von vorne angefangen. Um dieses Buch zusammenstellen und die Konzepte aus einer Vielzahl von Quellen erläutern zu können, habe ich viel Zeit damit verbracht, mich in die Grundlagen der mathematischen Theorie einzuarbeiten. Ich möchte die Leser dieses Buches und alle ernsthaften Ingenieure dazu ermutigen, sich kontinuierlich weiterzubilden. Die Annahme, dass ohne formale Ausbildung erworbenes Wissen nur „Kaffeeklatsch“ ist, ist völlig falsch. Wahres Wissen ist das, was angewendet und kontinuierlich verbessert wird, unabhängig davon, wie es erworben wurde.

Leider haben auch in der heutigen Zeit viele angehende Ingenieure keinen Zugang zu Ressourcen, mit denen sie ihr Wissen kontinuierlich auf dem neuesten Stand halten können. Positiv zu vermerken ist, dass viele der besten Universitäten der Welt ihre Kursmaterialien öffentlich zugänglich gemacht haben, so dass Studierende auf der ganzen Welt davon profitieren können. Die meisten Materialien sind jedoch immer noch so gestaltet, dass sie von einem Leser, der Vollzeit an einer Universität studiert, verstanden werden können. Für einen praktizierenden Ingenieur in der Industrie sind viele dieser frei zugänglichen Kursmaterialien nur von begrenztem Nutzen. Es besteht nach wie vor Bedarf an universell einsetzbaren Lehrmaterialien, die von Studenten, berufstätigen Ingenieuren und auch von älteren Studenten genutzt werden können.

Dieses Buch ist ein Versuch, alle an der digitalen Signalverarbeitung Interessierten anzusprechen. Das Buch ist so in sich abgeschlossen wie möglich, und jedes Konzept wird so einfach wie möglich erklärt. Es kann sogar vorkommen, dass die Erklärungen mathematischer Konzepte so weit vereinfacht wurden, dass sie fast schon falsch sind. Der Zweck dieser Präsentation ist jedoch, die Theorie für alle zugänglich zu machen, unabhängig von ihrem Hintergrund. Beim Schreiben dieses Buches habe ich die Feynman-Lehrmethode angewendet. Zunächst wähle ich ein Thema aus, das ich unterrichten möchte, auch wenn ich kein Experte auf diesem Gebiet bin. Als Nächstes versuche ich, das Thema einem Kind zu erklären, das nur wenig oder gar keine Vorkenntnisse auf diesem Gebiet hat. Während dieses Erklärungsprozesses stelle ich Wissenslücken fest, die mich dazu bringen, weitere Informationen zu sammeln. Ich kehre zu dem Thema zurück, um die Erklärung zu verbessern, bis das Thema allgemein verständlich ist.

1.5 Buchübersicht

Das Buch besteht aus sechs Kapiteln, ohne die Einleitung und den Schluss. Die Inhalte der Kapitel sind wie folgt.

Kap. 2 führt in das Konzept eines digitalen oder diskreten Systems ein. Wir beginnen die Diskussion über ein digitales System mit einigen nicht technischen Beispielen, die jeder nachvollziehen kann. Anschließend untersuchen wir die Bedeutung eines digitalen Systems aus technischer Sicht, indem wir spezifische Beispiele aus der Elektrotechnik betrachten. Bevor wir den Prozess der Darstellung eines Systems in digitaler Form beschreiben, werden wir einige der Vorteile digitaler Systeme gegenüber analogen Systemen untersuchen. Anschließend werden wir untersuchen, wie die Abtastung und Quantisierung die bestimmenden Faktoren in jedem digitalen System sind, und diese Prozesse anhand einiger Beispiele kurz beschreiben. Wir werden den Prozess der Analog-digital-Wandlung beschreiben und erläutern, wie der Wandlungsprozess in der Hardware abläuft.

In Kap. 3 wird die grundlegende Theorie der Signalverarbeitung vorgestellt. Wir untersuchen anhand grundlegender Netzwerkgleichungen, wie sich passive Komponenten wie Spulen und Kondensatoren in analogen Schaltkreisen wie Filter verhalten. Wir stellen die Laplace-Transformation vor und untersuchen ihre Auswirkungen auf Schaltkreise, indem wir untersuchen, wie die Gleichungen passiver Komponenten transformiert werden. Wir werden die Vorteile der Laplace-Transformation untersuchen und den Grund, warum sie in der Signalverarbeitung so beliebt geworden ist. Anschließend werden wir uns mit einigen mathematischen Konzepten befassen, um zu beschreiben, wie die Laplace-Transformation uns in die Lage versetzt, eine Frequenzganganalyse durchzuführen, die den Eckpfeiler der Signalverarbeitung darstellt. Wir werden den Unterschied zwischen der Frequenzganganalyse im kontinuierlichen Bereich und im digitalen Bereich untersuchen. Wir werden untersuchen, wie wir die Frequenz als Operator wahrnehmen können, der es uns ermöglicht, einen digitalen Filter zu implementieren.

Kap. 4 enthält eine kurze Beschreibung einiger grundlegender Python-Befehle, die in den späteren Kapiteln verwendet werden. In diesem Kapitel werden einige der Befehle untersucht, die zum Generieren von Signalen, zum Zeichnen und zur Bearbeitung von Signalen verwendet werden. Es werden einige grundlegende Codebeispiele untersucht, um Wellenformen mit Matplotlib zu generieren. Dieses Kapitel ist kein umfassendes Python-Tutorial, sondern dient lediglich dazu, das Buch in sich geschlossener zu machen. Wenn der Leser eine ausführliche Anleitung zu den Grundlagen von Python wünscht, stehen im Internet zahlreiche kostenlose und kostenpflichtige Ressourcen zur Verfügung.

In Kap. 5 wird untersucht, wie analoge Filter digital ausgedrückt werden können. Dieses Kapitel soll eine Brücke für Elektrotechnikingenieure schlagen, die mit analogen Schaltungen vertraut sind, um ihnen den Einstieg in die digitale Signalverarbeitung zu erleichtern. Wir werden untersuchen, wie analoge Schaltungen mithilfe der Laplace-Transformation in eine Darstellung im Frequenzbereich umgewandelt werden können. Anschließend wird die Darstellung im Frequenzbereich vom kontinuierlichen Bereich in den digitalen Bereich umgewandelt. Der gesamte Prozess wird manuell durchgeführt, indem Gleichungen geschrieben und gelöst werden, um die Lücke zwischen mathematischen Gleichungen und programmatischen Simulationen zu schließen. In diesem Kapitel werden auch einige praktische Probleme im Zusammenhang mit der digitalen Implementierung beschrieben und es wird erläutert, wie analoge Schaltungen schließlich mit einem angemessenen Maß an Genauigkeit digital dargestellt werden können.

In Kap. 6 wird das Konzept der Frequenzganganalyse vorgestellt. Wir werden untersuchen, wie sich analoge Schaltungen nicht bei allen Frequenzen gleich verhalten. Wir werden untersuchen, wie die Durchführung einer Laplace-Transformation an Zeitbereichsgleichungen zu Frequenzbereichsgleichungen führt, die es uns ermöglichen, das frequenzabhängige Verhalten analoger Schaltungen zu untersuchen. Wir werden die Python-Befehle untersuchen, die verwendet werden können, um eine Übertragungsfunktion darzustellen, sowie die Befehle, mit denen die Frequenzgänge generiert und grafisch dargestellt werden können. Wir werden untersuchen, wie Übertragungsfunktionen interpretiert werden können und wie ihr Verhalten in Frequenzgänge übersetzt werden kann. Wir werden die Übertragungsfunktionen einiger grundlegender analoger Schaltungen untersuchen und das Verhalten der Schaltungen anhand der Frequenzgänge interpretieren. Anschließend werden wir untersuchen, wie wir eine Reihe von Übertragungsfunktionen als grundlegende Bausteine verwenden können, deren Frequenzgänge genau definiert sind.

In Kap. 7 werden wir alle Erkenntnisse aus den vorherigen Kapiteln zusammenführen, um Filter zu entwerfen. Wir werden einen Tiefpassfilter und einen Bandsperrfilter entwerfen. Wir werden Übertragungsfunktionen aus Kap. 6 verwenden, um unsere Filter zu synthetisieren. Wir werden verschiedene Python-Befehle einführen, die den Prozess der Filtersynthese, der Analyse ihrer Frequenzgänge und der Implementierung in einer Simulation durch Ausdrücken in der digitalen Domäne automatisieren. In diesem Kapitel wird der Prozess der Filterentwicklung beschrieben – beginnend mit einer anfänglichen Hypothese, der Untersuchung des Ergebnisses anhand der Frequenzgänge und der Verbesserung des Entwurfs durch die Synthese von Übertragungsfunktionen höherer Ordnung. Wir werden untersuchen, wie ein Entwurf die Anforderungen erfüllt, nachdem er alle in der anfänglichen Spezifikation festgelegten Anforderungen erfüllt hat. Wir werden jeden Filter simulieren, um unsere endgültigen Entwürfe zu überprüfen. In diesem Kapitel wird viel programmiert und es werden nur wenige manuelle Berechnungen durchgeführt, um zu beschreiben, wie die Filterentwicklung automatisiert werden kann.

1.6 Wie man dieses Buch liest

Um ein Buch von der ersten bis zur letzten Seite zu lesen, ist ein gewisses Maß an Engagement erforderlich. Vor der Lektüre dieses Buches sollte der Leser sich darüber im Klaren sein, dass es sich nicht um ein umfassendes Werk über digitale Signalverarbeitung handelt. Das Ziel dieses Buches ist es, ein vereinfachtes Verfahren für die Entwicklung digitaler Filter vorzustellen. Die im Buch behandelte Signalverarbeitungstheorie soll dazu beitragen, die Beispiele im letzten Kapitel verständlich zu machen.

Damit der Leser dieses Buch optimal nutzen kann, muss er bereit sein, Code zu schreiben. Die späteren Kapitel enthalten mehrere Codebeispiele mit detaillierten Beschreibungen der Funktionsweise des Codes. Das Buch enthält keine theoretischen Übungen, keine numerischen Probleme und keine Quizfragen. Das Buch beschreibt den Prozess des Filterdesigns, der Theorie und Programmierung kombiniert. Der Hauptinhalt des Buches befindet sich in Kap. 7, in dem wir zwei Beispielfilter entwerfen. Die Kapitel davor dienen lediglich dazu, dass der Leser den Prozess des Filterdesigns nachvollziehen kann.

Der einzige Rat, den ich dem Leser dieses Buches geben möchte, ist, sich auf das Programmieren vorzubereiten. Installieren Sie alle erforderliche Software und programmieren Sie, während Sie das Buch lesen und wann immer Sie Codebeispiele finden. Der in diesem Buch vorgestellte Code ist auch als herunterladbare Ressource verfügbar, so dass Sie ihn gerne verwenden können. Am wichtigsten ist jedoch, dass Sie versuchen, die in diesem Buch erlernten Konzepte zu nutzen, um Filter für Ihre eigenen Projekte zu entwerfen.

Kapitel 2
Einführung in diskrete Systeme

2.1 Einführung

In diesem Kapitel werden wir uns auf sehr hohem Niveau mit der digitalen Signalverarbeitung beschäftigen. Wir werden nicht mit irgendeiner Theorie oder Implementierung beginnen, da diese in späteren Kapiteln folgen werden. In diesem Kapitel wird der Leser mit der grundlegenden Idee vertraut gemacht, wie die digitale Signalverarbeitung erreicht wird.

Zunächst werde ich sehr einfache Beispiele verwenden, um über diskrete Systeme zu sprechen und wie dieses Konzept etwas ist, das wir jeden Tag verwenden, ohne es zu wissen. Ich werde über die Notwendigkeit sprechen, Signalverarbeitung durchzuführen und was einige gängige Beispiele für Signalverarbeitung sind, wie zum Beispiel Filterung, die bereits auf Schaltkreisen zu finden ist, die wir jeden Tag verwenden. Wir werden nach und nach betrachten, wie die digitale Signalverarbeitung einige der Nachteile der analogen oder kontinuierlichen Signalverarbeitung überwinden kann und einige Fälle, in denen die Vorteile ziemlich offensichtlich sind.

Wir werden dann allmählich formalisieren, was ein diskretes System ist, indem wir die Konzepte der Abtastung und Quantisierung einführen. Wir werden anhand eines sehr einfachen Beispiels der Raumtemperaturmessung untersuchen, wie eine gemessene Größe in digitaler Form ausgedrückt werden kann. Wir werden dann das Konzept der Analog-Digital-Umsetzung einführen, wiederum auf hohem Niveau. Schließlich werden wir uns ansehen, wie ein Prozessor mit einem Analog-Digital-Wandler kommunizieren kann.

Dieses Kapitel dient dem Zweck, Sie auf die späteren Kapitel vorzubereiten, in denen ich Begriffe wie Abtastung ausführlicher verwende. Das Ziel ist es, es ein-

S. V. Iyer, *Digitales Filterdesign mit Python für Anwendungen in der Energietechnik*, https://doi.org/10.1007/978-3-031-58983-6_2

facher zu machen, theoretische Konzepte zu verstehen, indem man zuerst versteht, wie die digitale Signalverarbeitung in der Praxis erreicht wird.

2.2 Diskret versus Kontinuierlich

Wie und wo haben wir mit dem Konzept des Diskreten begonnen? Ohne zu sehr in die Geschichte einzutauchen, wann es begann und wer der erste Pionier auf diesem Gebiet war, versuchen wir, dieses Konzept im realen Szenario zu verstehen.

In der realen Welt ist fast jeder Prozess kontinuierlich. Sie leben kontinuierlich. Es gibt keine Zeiträume, in denen Sie nicht existieren. Wenn Sie ein Fußballspiel sehen, ist das Spiel ein kontinuierlicher Prozess. Es sind 22 Spieler auf dem Feld, die die ganze Zeit dem Fußball hinterherjagen. Technisch gesehen gibt es Zeiträume, in denen das Spiel stoppt – Freistöße, Spielerauswechslungen, Seitenwechsel usw. Aber es gibt keine solche Zeitperiode, in der das Spiel nicht existiert. Etwas passiert. Wenn ein Spieler verletzt ist, passiert immer noch etwas – er liegt auf dem Boden, hat Schmerzen, einige Spieler protestieren, sagen, er täuscht vor, andere sagen, der fehlende Spieler sollte mindestens eine gelbe Karte bekommen, und der Schiedsrichter möchte den Spieler so schnell wie möglich vom Feld haben, um Zeitverschwendung zu minimieren. Also, wirklich, es passiert ständig etwas und es gibt immer Unterhaltung, besonders wenn man den Kommentar berücksichtigt, da dieser fast nie aufhört.

Das Spiel kann also als kontinuierlicher Prozess bezeichnet werden. Betrachten wir nun ein Beispiel für einen diskreten Prozess. Im gleichen Kontext des Fußballs sind einige einfache Beispiele für diskrete Systeme die Zuschauer dieses Spiels. Natürlich gibt es, je nachdem, wie leidenschaftlich jemand Fußball liebt, verschiedene Arten von Zuschauern. Es gibt diejenigen, die die ganze Zeit an den Fernsehbildschirm geklebt sind, sich nicht bewegen, ihre Augen nicht vom Bildschirm nehmen, bis der Schlusspfiff ertönt. Es gibt diejenigen, die kommen und gehen, beschäftigt mit ihrer Arbeit, die Kanäle wechseln und etwas anderes sehen, oder einfach nur mit ihren Haushaltsaufgaben beschäftigt sind und nur ab und zu nachsehen, falls das Spiel interessant zu werden scheint.

Nehmen wir das Beispiel des leidenschaftlichen Fans, der seine Augen nicht vom Bildschirm lassen kann, bis das Spiel endet. Er oder sie sieht alles, was passiert, einschließlich der Teile, die man als nutzlos bezeichnen könnte – Spieler verletzt, Auswechslungen und alles. Er oder sie folgt dem Kommentar und der Analyse, postet auf Social Media, während das Spiel fortschreitet. Der Typ kennt jeden Spieler auf dem Feld und jede Information über Fußball im Allgemeinen. In diesem Fall kann der Beobachtungsprozess des Spiels durch diesen Zuschauer auch als kontinuierlich bezeichnet werden. Er oder sie sieht alles, reagiert auf fast alles und weiß alles. Fast jeder von uns kennt mindestens einen solchen Sportliebhaber.

Nehmen wir nun das Beispiel des gelegentlichen Zuschauers. Er oder sie schaut Teile des Spiels ab und zu. Er oder sie könnte einige nutzlose Ereignisse wie Verletzungszeit verpassen und auch wichtige Ereignisse wie ein Tor verpassen, wenn er oder sie einen anderen Kanal schaut oder mit einer anderen Arbeit beschäftigt ist. Und eine sehr große Anzahl von Zuschauern wird in diese Kategorie fallen, da die meisten Menschen einfach nicht die Zeit haben, ein Spiel komplett von Anfang bis Ende zu verfolgen. In diesem Fall kann die Beobachtung des Spiels durch diesen Zuschauer als diskret bezeichnet werden, was in seiner Definition „individuell getrennt und unterschiedlich" bedeutet [1, 2].

Das Gleiche kann über die Signalverarbeitung in der realen Welt gesagt werden. Wenn Sie Signale verarbeiten möchten, die von einem physischen System gemessen wurden, können Sie dies kontinuierlich oder diskret tun. Und genau wie bei den beiden Fußballzuschauern ist der Aufwand, der benötigt wird, um eine kontinuierliche im Vergleich zu einer diskreten Verarbeitung durchzuführen, unterschiedlich. In einem Fall müssen wir Daten kontinuierlich ohne Unterbrechung erfassen, und im anderen können wir es uns leisten, ab und zu Daten zu sammeln.

2.3 Beispiel für die Signalverarbeitung in Echtzeit

Jetzt, da wir den Unterschied zwischen diskreten und kontinuierlichen Prozessen im nicht-elektrischen Sinne beschrieben haben, wollen wir uns ein elektrisches Beispiel für die kontinuierliche Signalverarbeitung ansehen.

Nehmen wir an, wir messen die Spannung über zwei Knoten in einer Schaltung. Diese gemessene Spannung wird heruntergetreten, in vielen Fällen isoliert mit einem Hall-Effekt-Sensor [3], konditioniert mit analogen Schaltungen und schließlich an eine Steuerschaltung weitergeleitet. Ein sehr typisches Beispiel für die Signalverarbeitung, die mit analogen Schaltungen durchgeführt wird, ist die Entfernung von Hochfrequenzstörungen aus dieser Messung, bevor sie an die Steuerschaltung weitergeleitet wird. Dies ist üblich, weil Sie nicht wollen, dass unsere Steuerung durch Messrauschen beeinträchtigt wird.

Die Lösung besteht ganz einfach darin, einen Filterkondensator über den Ausgang des Hall-Effekt-Sensors anzuschließen, wie in Abb. 2.1gezeigt. Der Kondensator wirkt aufgrund seiner Natur als Senke für Hochfrequenzsignale, da der Blindwiderstand eines Kondensators mit zunehmender Frequenz eines Signals abnimmt:

$$X_c = \frac{1}{2\pi f C} \tag{2.1}$$

Abb. 2.1 Ein Beispiel für einen Filterkondensator für einen Spannungssensor

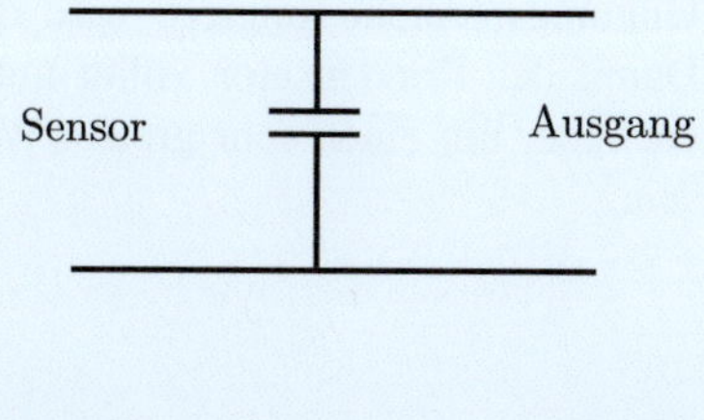

Darüber hinaus bietet der Kondensator einen Glättungseffekt in Bezug auf die Spannung über ihn, da der Kondensator schnellen Spannungsschwankungen über ihn entgegenwirkt:

$$v = \frac{1}{C}\int idt \tag{2.2}$$

Eine solche Schaltung ist ein Beispiel für einen kontinuierlichen Tiefpassfilter. Dies liegt daran, dass der Kondensator physisch verbunden ist und seine Rolle spielt, solange ein gemessenes Signal an ihn angelegt wird.

Und diese Art von Filter ist sehr beliebt und wird sogar in der fortgeschrittenen Steuerung häufig verwendet. Warum? Kondensatoren sind billig und nehmen nicht viel Platz ein. Werfen Sie einen Blick auf die gedruckte Schaltungsplatte (PCB) eines kommerziellen elektronischen Geräts. Sie wird voller Kondensatoren sein. Die meisten in diesen Schaltungen verwendeten Kondensatoren haben parametrische Werte von einigen Picofarad bis zu einigen Nanofarad und eine Spannungsbewertung von bis zu 35 V. Solche Kondensatoren würden ein paar Cent kosten und noch weniger, wenn sie in großen Mengen gekauft werden. Selbst wenn im Controller eine fortschrittlichere Rauschunterdrückung durchgeführt wird, ist diese erste Filterstufe sehr praktisch zu implementieren. Und Kondensatoren nehmen nicht viel Platz ein, weshalb eine PCB hunderte von ihnen haben könnte und die Größenzunahme höchstens ein paar Quadratzentimeter betragen würde.

Der Nachteil einer solchen Filterung ist, dass sie physisch immer vorhanden ist – Sie können sie nicht aktivieren oder deaktivieren. Und am wichtigsten ist, dass ein Kondensator eine Toleranz hat. Ein Kondensator von 1 nF könnte eine Toleranz von + /– 10 % haben, was bedeutet, dass sein Wert um bis zu 10 % von 1 nF abweichen könnte. Diese Änderung könnte durch Temperatur oder einfach mit dem Alter auftreten. So könnte mit der Zeit auch der Filtereffekt ändern. Der Controller, der das endgültig konditionierte Signal erhält, könnte am Ende mehr oder weniger Rauschen sehen, da der Wert des Kondensators driftet.

2.4 Die Notwendigkeit der digitalen Signalverarbeitung

In gewisser Weise ist die kontinuierliche Signalverarbeitung sehr praktisch – günstig und platzsparend. Aber wie bereits in der vorherigen Vorlesung erwähnt, besteht ein großer Nachteil darin, dass man bei der Durchführung der kontinuierlichen Signalverarbeitung den Komponentenwerten ausgeliefert ist. In einigen Fällen, wie beispielsweise einem einfachen Kondensator, der als Tiefpass-Glättungselement fungiert, wird die Drift kein allzu großes Problem darstellen. Damit der Kondensator völlig nutzlos wird, müsste der Wert des Kondensators entweder um einen sehr großen Wert wie 50 % abweichen oder völlig beschädigt sein.

In einigen anderen Fällen können Filter jedoch etwas komplexer sein. Nehmen wir zum Beispiel an, wir versuchen, Signale einer bestimmten Frequenz zu umgehen, in welchem Fall wir einen Notch-Filter benötigen. Ein Beispiel für einen solchen kontinuierlichen Notch-Filter ist in Abb. 2.2 dargestellt.

Dieser Filter hat eine geringe Impedanz für eine bestimmte Frequenz (sogenannte Resonanzfrequenz), und die Werte des Induktors und des Kondensators werden normalerweise so gewählt, dass diese Frequenz erreicht wird, wie in (2.3) gegeben [4]

$$f_0 = \frac{1}{2\pi\sqrt{LC}} \tag{2.3}$$

Dieser R-L-C-Filter bietet eine Impedanz, die mit der Frequenz der an ihm angelegten Signale variiert. Die Impedanz wird für die Resonanzfrequenz von (2.3) minimal sein. Signale mit Frequenzen nahe der Resonanzfrequenz f_0 werden von der Schaltung umgangen und gelangen nicht in den nachgeschalteten Schaltkreis. Für Frequenzen, die niedriger oder höher als $f_0$sind, wird die Impedanz des R-L-C-Filters deutlich höher sein als die minimale Impedanz, die diese Schaltung bietet, und daher werden solche Signale nicht von der Schaltung umgangen, und sie werden weiterhin im Rest der Schaltung fließen.

Das Problem mit dieser Art von Filter ist offensichtlich. Was wäre, wenn der Wert des Kondensators oder des Induktors abweichen würde? Die Frequenz f_0 würde abweichen, und wenn diese Abweichung signifikant wird, würde der Filtereffekt abnehmen, da die von der Schaltung angebotene Impedanz für Signale mit Frequenzen nahe f_0 viel höher wäre, und diese würden nun nicht mehr umgangen und würden weiterhin durch den Rest der Schaltung fließen. Die einzige Möglichkeit, dies zu verhindern, besteht darin, Komponenten mit sehr geringen Toleranzwerten zu verwenden. Als Beispiel ist es möglich, Kondensatoren mit einer Toleranz von 0,1 % zu wählen, was bedeutet, dass sein Wert maximal um 0,1 % vom parametrischen Wert mit Temperatur und Alter abweichen wird. Dies bedeutet jedoch, dass die Kosten für den Filter höher sein werden, da Komponenten mit geringer Toleranz in der Regel teurer sind.

Ein weiteres Problem besteht darin, dass wir die Resonanzfrequenz der Schaltung nicht selektiv ändern können. Natürlich könnten Sie theoretisch Reihen- und Parallelschaltungen mit zusätzlichen Induktoren und Kondensatoren verbinden und mit Schaltern die äquivalente Induktivität und/oder Kapazität der Schaltung

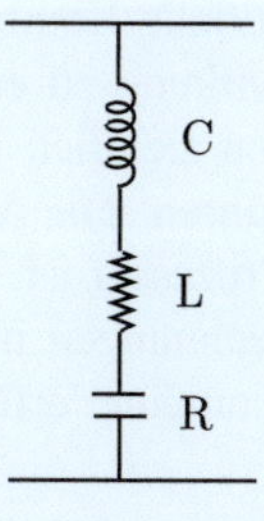

Abb. 2.2 Ein Notch-Filter mit passiven Komponenten

ändern. Dies wird jedoch in der Praxis selten gemacht. Diese Art von Filtern hat ihre Anwendung in einigen elektrischen Netzwerken, um eine Frequenz zu fangen, die Maschinen wie Transformatoren und Motoren zum Resonieren bringt. In Steuerschaltungen ist der Einsatz solcher Notch-Filter jedoch aufgrund der Einführung der digitalen Filterung rückläufig.

In diesen Fällen gewinnt die digitale Signalverarbeitung für Steuerzwecke oder Echtzeitberechnungen in großem Maße, wie im nächsten Abschnitt beschrieben wird.

2.5 Digitale Signalverarbeitung

Die digitale Signalverarbeitung (DSP) kann auf verschiedene Weisen und mit unterschiedlichen Ansätzen durchgeführt werden. Beispielsweise kann DSP durch einfache digitale Schaltungen wie Flip-Flops, Zähler, Addierer, Subtrahierer usw. erreicht werden. Alternativ kann DSP mit einem Prozessor wie einem Mikroprozessor/Mikrocontroller, einem Field Programmable Gate Array (FPGA) und vielen anderen durchgeführt werden. In diesem Buch beziehen wir uns bei der Erwähnung von DSP in der Regel auf die Verwendung eines Prozessors. Die Wahl hängt vom Budget und den Erwartungen hinsichtlich der Geschwindigkeit ab. Darüber hinaus wird der Begriff DSP für die Technik der digitalen Signalverarbeitung verwendet. Es gibt jedoch auch Mikrocontroller, die auf dieser Technik basieren und als DSP-Mikrocontroller bezeichnet werden. Diese Mikrocontroller verwenden einige der DSP-Techniken, weshalb sie so genannt werden. In diesem Buch liegt der Schwerpunkt auf der Technik der DSP und nicht auf der Methode der Implementierung.

Wir werden bald darüber sprechen, wie ein Filter implementiert wird. Stellen Sie sich vorerst vor, Sie könnten eine Filterung einfach durch Schreiben eines Computerprogramms durchführen. In diesem Fall würde der Prozessor das Signal, das verarbeitet werden muss – zum Beispiel die Eliminierung einer bestimmten Frequenzkomponente – als Eingabe erhalten. Der Prozessor würde durch Berechnungen eine Ausgabe liefern, in der diese Frequenzkomponente so weit reduziert wurde, dass sie eliminiert ist. Da wir nun jedoch einen Prozessor zur Verfügung haben, ist unsere Flexibilität bei der Programmierung viel größer. Zum Beispiel könnte er Signale einer bestimmten Frequenz entfernen, während er andere Signale durchlässt. Daher ist es nun nicht mehr notwendig, parallele und serielle Kombinationen von passiven Komponenten anzuschließen, um die Filterwirkung zu erweitern. In der heutigen Zeit sind selbst kostengünstige Prozessoren ziemlich leistungsfähig und können recht komplizierte Berechnungen durchführen. Die Möglichkeiten sind endlos, abhängig davon, wie leistungsfähig Ihr Prozessor ist, und viele moderne Mikrocontroller ermöglichen recht komplexe Berechnungen in Echtzeit, die noch vor einem Jahrzehnt einen High-End-Desktop-Computer erfordert hätten.

Bevor wir uns mit den Details der DSP in Bezug auf ihre Implementierung befassen, was wäre der grundlegende Unterschied zwischen kontinuierlicher Zeitverarbeitung und digitaler Verarbeitung? Wir haben den Fall des Filterkondensators und der R-L-C-Schaltung gesehen, bei denen die Filter immer (kontinuierlich) auf die ihnen zur Verfügung stehenden Signale wirkten. Wenn jedoch ein Prozessor beteiligt ist, dauert es eine gewisse Zeit, bis die vom Prozessor auf dieses Signal angewendeten Berechnungen durchgeführt sind. Wiederum abhängig davon, wie leistungsfähig Ihr Prozessor ist und wie komplex Ihre Berechnungen sind, variiert die minimale Zeit, die benötigt wird, um eine bestimmte Menge von Berechnungen durchzuführen. Es wird jedoch eine gewisse endliche, nicht null Zeit in Anspruch nehmen. Während dieser Zeit können Sie ihm keine anderen Signale zuführen und erwarten, dass sie ebenfalls verarbeitet werden. Theoretisch könnte man argumentieren – was wäre, wenn wir einen Mehrkernprozessor hätten und ein fortschrittliches Betriebssystem, das Aufgaben verschiedenen Kernen zuweisen und sie gleichzeitig Berechnungen durchführen lassen könnte? Wir könnten. Aber das sind sehr fortgeschrittene Konzepte, und wir werden sie in diesem Buch nicht behandeln. Sagen wir, wir haben einen einfachen Grundprozessor, der eine Aufgabe nach der anderen erledigen kann.

Daher müssen die Signale, die dem Prozessor zugeführt werden, abgetastet werden. Das bedeutet, dass wir anstelle von kontinuierlichen Signalen Signale in Zeitintervallen auswählen und diese Signale dem Prozessor zur Berechnung zuführen. Und den Rest der Zeit? Es ist uns egal. Sie könnten fragen – warum sich mit dieser Abtastung beschäftigen? Warum nicht einfach alle Signale dem Prozessor zuführen und ihn das verarbeiten lassen, was er kann? Das Problem ist, wenn wir das tun, wissen wir vielleicht nicht, zu welchen Zeitpunkten die Signale verarbeitet werden und zu welchen Zeitpunkten sie ignoriert werden, weil der Prozessor beschäftigt ist. Nächste Frage – macht es einen Unterschied, wann genau der Prozessor Berechnungen auf der Grundlage einer Reihe von Stichproben durchführt? Ja. Viele Filterdesigns, wie wir in den späteren Kapiteln sehen werden, berücksichtigen das Abtastintervall und wenn dies nicht eingehalten wird, funktionieren die Filter möglicherweise nicht wie erwartet oder noch schlimmer, sie können instabil sein.

Daher ist bei der digitalen Signalverarbeitung der erste Schritt, der verstanden werden muss, dass die Abtastung entscheidend ist. Die Abtastung ist notwendig, um dem Prozessor genügend Zeit für die Durchführung von Berechnungen zu geben. Die Abtastung spielt jedoch auch eine entscheidende Rolle bei der Gestaltung digitaler Filter. Die Bedeutung davon wird im nächsten Kapitel beschrieben, wenn wir die Theorie hinter der digitalen Signalverarbeitung einführen. Daher ist die digitale Signalverarbeitung bei der Verwendung einer digitalen Plattform wie einem Prozessor immer eine diskrete Zeit-Signalverarbeitung, bei der die Abtastung sowohl in der Entwurfs- als auch in der Implementierungsphase eines Filters eine Rolle spielt.

2.6 Vorteile der digitalen Signalverarbeitung

Jetzt, da wir mit unserer Definition der digitalen Signalverarbeitung begonnen haben, verwenden wir von nun an die Abkürzung DSP. Ohne zu früh im Kurs ins Detail zu gehen, betrachten wir einige offensichtliche Vorteile der DSP. Der erste ist, dass wir jetzt einen Prozessor haben, auf dem wir Programme schreiben können. Das sollte vielen von uns ein Lächeln ins Gesicht zaubern, da Programmieren eine Fähigkeit ist, die bei den meisten Ingenieuren allgegenwärtig ist. Wenn wir die Fähigkeiten von Computern und Prozessoren nutzen können, haben wir einen großen Sprung in dem gemacht, was wir erreichen können. Dies liegt einfach daran, dass Softwarefähigkeiten viel einfacher zu erwerben und zu verfeinern sind, insbesondere in diesem Zeitalter des Online-Lernens, im Vergleich zu Elektronik-Design-Fähigkeiten. Daher punktet die DSP in Bezug auf Einfachheit und Implementierungsfreundlichkeit in großem Maße.

Das zweite ist die Zuverlässigkeit. Wenn ein Prozessor funktioniert, funktioniert er und die Ergebnisse sind wiederholbar und reproduzierbar. Prozessoren leiden nicht unter Problemen wie Drift. Eine Berechnung wird immer das gleiche Ergebnis liefern. Es könnte einige Änderungen in Bezug auf einige der Dezimalbruchwerte geben, abhängig davon, wie viele Bits unser Prozessor hat – 16, 32, 64 Bit usw. Aber die Werte werden nicht einfach abdriften, wenn der Prozessor altert. Für einen gegebenen Prozessor ist garantiert, dass Berechnungen immer wieder die gleichen Ergebnisse liefern, solange der Prozessor nicht physisch beschädigt wird.

Natürlich könnte ein Prozessor auch ausfallen. Schließlich kann alles ausfallen und wird es irgendwann auch tun. Wir sehen das bei unseren Computern, unseren Mobiltelefonen – bei so ziemlich jedem elektronischen Gerät. Eines Tages starten sie vielleicht nicht mehr, der Ton verschwindet und der Bildschirm beginnt zu flackern. Alle Maschinen haben ihre Ausfallpunkte. Und ein Prozessor könnte auch solche haben. Allerdings treten Ausfälle nicht ständig auf und wenn sie auftreten, ist es offensichtlich. Wenn ein Computer ausfällt, würden Sie es wissen. Andererseits könnte ein auf passiven Komponenten basierender Filter aufgrund von Drift in den Komponentenparametern unbrauchbar werden und Sie bemerken es vielleicht nicht. Der Ausfall eines Prozessors kann in der Regel erkannt werden.

Daher haben wir jetzt einen zuverlässigeren Signalprozessor. Allerdings sind die Kosten unseres Systems gestiegen. Und das bedeutet normalerweise, dass wir bei komplexeren Verarbeitungsanforderungen die zusätzlichen Kosten für einen Prozessor rechtfertigen können. In modernen Systemen gibt es jedoch viele Anwendungen für fortschrittliche Signalverarbeitung, die willkommen sind, wenn nicht sogar notwendig. Und mit den fallenden Kosten für Mikrocontroller und Mikroprozessoren ist der Kostenunterschied in der Regel nicht prohibitiv.

2.7 Prozess der Umwandlung eines Signals in digitale Form

Wir haben bereits über den Prozess der Abtastung gesprochen, bei dem wir Proben eines Signals in diskreten Zeitintervallen auswählen. Die nächste Frage ist, wie wir diese Proben einem Prozessor zur Berechnung zuführen? Dafür müssen wir zuerst verstehen, wie ein Prozessor mit Daten umgeht. Ein Prozessor spricht in der Sprache der Einsen (1) und Nullen (0). So wie wir Wörter mit Buchstaben verwenden, gibt es für einen Prozessor nur Einsen und Nullen, wie in Abb. 2.3 gezeigt.

Diese 1en und 0en werden als binäre Ziffern (Bits) bezeichnet. Um zu beginnen, wenn Ihnen jemand eine Frage stellt und nur Ja oder Nein als Antwort erwartet, bedeutet das, dass die von Ihnen erwarteten Daten nur zwei Möglichkeiten haben. Auf ähnliche Weise, wenn Sie entweder 1 oder 0 an einen Prozessor füttern, füttern Sie ein Bit. Ein Bit ist die grundlegendste Form von Daten für einen Prozessor. Es ist eine einzelne Ziffer, die entweder 0 oder 1 sein kann – nur zwei Möglichkeiten. Es ist wichtig zu beachten, dass 0 und 1 lediglich repräsentative Zahlen sind und nicht 0 und 1, wie wir es aus der Grundrechenart kennen. Mit anderen Worten, ein Bit kann gesagt werden, zwei Ebenen zu repräsentieren, wobei 0 eine Ebene und 1 eine andere Ebene ist. Lassen Sie uns versuchen, dies mit einem Beispiel zu veranschaulichen, bei dem wir versuchen, die Temperatur in verschiedenen Teilen eines Raumes zu messen und sie als Bits darzustellen, mit der Absicht, diese Daten an einen Prozessor zu füttern.

Nehmen wir an, dass dieser Raum ziemlich groß ist und die Temperatur im Raum insgesamt um 10 °C variiert. In der Nähe der Heizung könnte die Temperatur bis zu 28 °C betragen. Am anderen Ende des Raumes, weit entfernt von allen Heizungsöffnungen, könnte die Temperatur bis auf 18 °C sinken. Dies ist nur ein Beispiel. Der Temperaturunterschied könnte höher oder niedriger sein. Um den schlimmsten Fall ausdrücken zu können, der die größtmögliche Temperaturdifferenz bei extremem Wetter darstellt, lassen Sie uns weitere 50 % zur derzeit angenommenen Temperaturdifferenz hinzufügen. Unser Ziel sollte also sein, diese Temperatur zu messen und an einen Prozessor zu übermitteln.

Beginnen wir damit, ein einzelnes Bit – 1 oder 0 – zu verwenden, um diesen Temperaturunterschied darzustellen. Das Bit 1 könnte die maximale Temperatur von 30,5 °C darstellen, während das Bit 0 die minimale Temperatur von 15,5 °C darstellen könnte. Alles über 30,5 °C wäre alles Bit 1, und alles unter 15,5 °C wäre

Abb. 2.3 Binärziffern

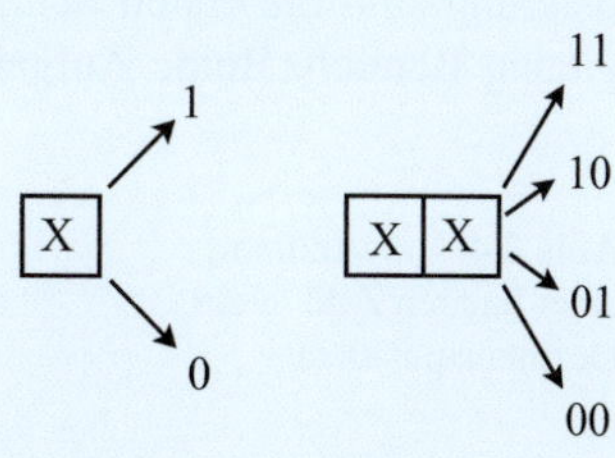

alles Bit 0. Zwischen 15,5 und 30,5 °C könnte es entweder Bit 0 oder Bit 1 sein. Um zu differenzieren, nehmen wir den Mittelpunkt dieser beiden Temperaturen, 23 °C. Alles unter 23 °C ist Bit 0, und alles über 23 °C wird Bit 1 sein.

Wie Sie ganz offensichtlich sehen können, ist Ihre Fähigkeit, die Daten mit nur 1 Bit darzustellen, ziemlich schlecht und die Fehler sind groß. Wir könnten immer ein weiteres Bit hinzufügen, wie in Abb. 2.3 gezeigt. Jedes Bit hat 2 Ebenen. Es gibt also 4 Möglichkeiten – 00, 01, 10 und 11. Im Allgemeinen kann die Anzahl der darstellbaren Ebenen für eine binäre Zahl mit N Ziffern durch die Beziehung gegeben werden:

$$\text{Number of levels} = 2^N \tag{2.4}$$

Mit 4 Ebenen können wir nun den Temperaturbereich aufteilen – 15,5, 20,5, 25,5 und 30,5. Wenn Sie bemerken, ist der Abstand zwischen den Ebenen die gesamte Differenz zwischen den extremen Temperaturen geteilt durch $N - 1$. Unsere Datenrepräsentation verbessert sich ein wenig. Wie zuvor ist alles unter 15,5 °C 00 und über 30,5 °C ist 11. Zwischen 15,5 und 20,5 °C ist entweder 00 oder 01, zwischen 20,5 und 25,5 °C ist entweder 01 oder 10 und zwischen 25,5 und 30,5 °C ist entweder 10 oder 11. Wieder verwenden wir die Mittelpunkt-Methode, um Daten in Ebenen zu trennen, wenn sie zwischen Ebenen fallen.

Die Ebenen können in einer Reihe angeordnet werden, indem man das Dezimaläquivalent ihrer binären Darstellung berechnet. Jede allgemeine N Ziffern binäre Zahl kann dargestellt werden, wie in Abb. 2.4 gezeigt. Das Dezimaläquivalent für eine solche binäre Zahl kann durch die folgende Gleichung ausgedrückt werden.

$$\text{Sequence of level} = b_0 + b_1 \times 2 + \ldots + b_{N-2} \times 2^{N-2} + b_{N-1} \times 2^{N-1} \tag{2.5}$$

wo b_x 0 oder 1 sein kann. Also, 00 ist 0 (0. Ebene), 01 ist 1 (1. Ebene), 10 ist 2 (2. Ebene) und 11 ist 3 (3. Ebene).

Mit der Zunahme der Anzahl der Bits und der daraus resultierenden Zunahme der Anzahl der Ebenen wird die Datenrepräsentation besser. Als Beispiel, wenn die Anzahl der Bits auf 12 erhöht würde, wie in Abb. 2.5 gezeigt, springt die Anzahl der Ebenen auf 4095. Der Fehler zwischen einem tatsächlichen Datenpunkt und der repräsentativen Ebene, der ihm zugewiesen wird, wird geringer. Aber es gibt einen Fehler. Und das ist wichtig zu wissen, es wird immer einen gewissen Fehler geben. Dieser Fehler wird Quantisierungsfehler genannt [5].

In diesem Abschnitt haben wir das Konzept der Quantisierung eingeführt, durch das ein reales Signal in digitaler Form dargestellt wird. Sampling und Quantisierung sind die ersten Schritte beim Übergang vom kontinuierlichen in den digitalen Bereich. Beide Aufgaben werden von handelsüblichen integrierten Chips

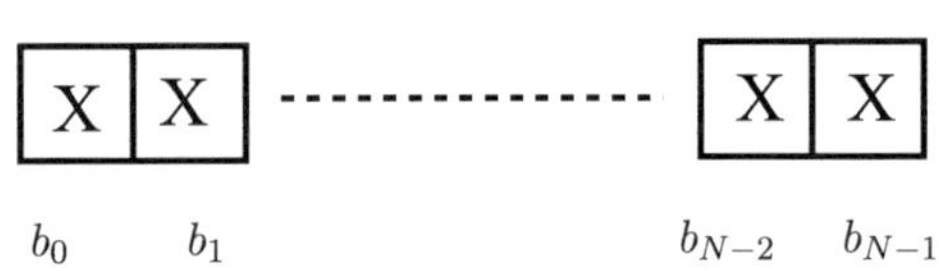

Abb. 2.4 Umwandlung einer binären Zahl in ein Dezimaläquivalent

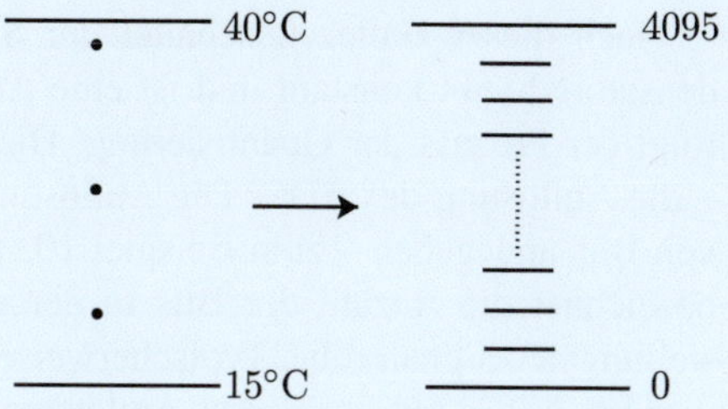

Abb. 2.5 Quantisierungsfehler mit 12 Bits

ausgeführt, die von mehreren Herstellern erhältlich sind. Dies wird im nächsten Abschnitt beschrieben.

2.8 Praktische Analog-Digital-Umwandlung

Jetzt, da wir über das Konzept der Umwandlung eines kontinuierlichen analogen Signals in digitale Form mit dem Beispiel der Temperaturmessung gesprochen haben, wollen wir uns anschauen, wie dies praktisch gemacht wird. Sie werden häufig die Erwähnung eines ADC finden, was für Analog-Digital-Wandler steht. Ein ADC kombiniert all diese Funktionen zusammen – Abtastung, Quantisierung und endgültige Übertragung in digitaler Form.

Das Erste – Abtastung. Dafür hat der ADC eine Abtast- und Halteschaltung, wie sie in vereinfachter Form in Abb. 2.6 [6] dargestellt ist. Einfach ausgedrückt, gibt es eine Schalteinrichtung, die bei Aktivierung den Eingang mit einem Kondensator verbindet. Die Schalteinrichtung wird auf Befehl eingeschaltet. Dieser Befehl wird in der Regel in konstanten Zeitintervallen gegeben, die der Abtastzeit entsprechen. Wie bereits erwähnt, muss das Abtastzeitintervall nicht konstant sein; jedoch ist für jede sinnvolle digitale Systemgestaltung ein konstantes Abtastintervall notwendig. Wenn die Schalteinrichtung eingeschaltet wird, bleibt sie für ein Zeitintervall eingeschaltet, das als Haltezeit bezeichnet wird. Dies dient dazu, sicherzustellen, dass der Kondensator eine Spannung erreicht, die der Eingangsspannung entspricht. Diese Haltezeit ist notwendig, weil die Spannung über einem Kondensator nicht sofort ändert und der Kondensator auf- oder entladen muss, um die ihm zugeführte Spannung zu erreichen.

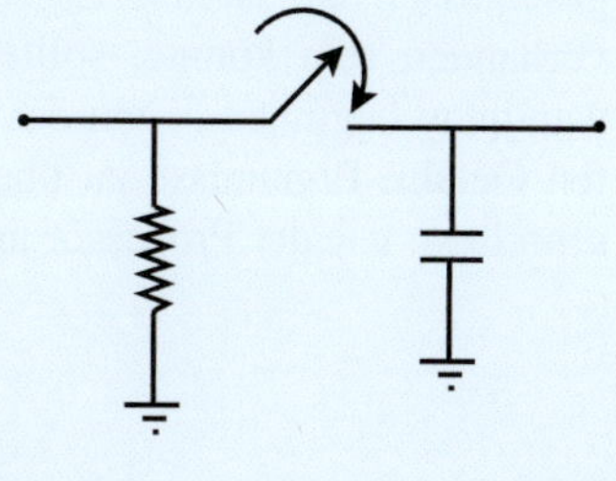

Abb. 2.6 Abtast- und Halteschaltung

Nach dieser Haltezeit schaltet der Schalter ab, und die Spannung des Kondensators bleibt konstant und ist eine Annäherung des abgetasteten Signals. Nun folgt der Prozess der Quantisierung. Hier bringen wir eine weitere Definition ein – die Auflösung des ADC. Die Auflösung des ADC wird in der Regel als Anzahl von Bits angegeben – zum Beispiel 10, 12 Bit usw. Die Anzahl der Bits des ADC bezeichnet die Anzahl der Bits in der endgültigen digitalen Ausgabe oder Darstellung der Signalprobe. Typischerweise wird am häufigsten der 12-Bit-ADC verwendet. ADCs mit geringerer Auflösung haben 8 Bits oder 10 Bits. 16-Bit-ADCs sind ebenfalls recht verbreitet. ADCs mit 24-Bit-Auflösung und höher werden in der Regel für spezielle Anwendungen wie Militär oder Luft- und Raumfahrt verwendet, wo Genauigkeit wichtig ist und diese sind in der Regel teurer. Die Anzahl der Bits entspricht der Anzahl der Quantisierungsstufen. 12 Bits bedeuten $2^{12}= 4096$, wie wir es bei unserer vorherigen Berechnung zur Bestimmung der Anzahl der unterschiedlichen Stufen für eine bestimmte Binärzahl ermittelt haben. Dies wiederum entspricht 4095 Stufen (minus 1). Mit einer solchen Anzahl von Quantisierungsstufen ist die Genauigkeit der Darstellung eines analogen Signals in digitaler Form in der Regel für die meisten Anwendungen in der Automatisierung und Industrie akzeptabel.

Obwohl es nicht möglich ist zu untersuchen, wie ein abgetastetes Signal einer bestimmten Stufe zugeordnet wird, wäre es notwendig, diese Lücke in diesem Abschnitt zu schließen. Um diese Zuordnung durchzuführen, hat der ADC eine Anzahl von Komparatoren, die den Signalwert mit Referenzen vergleichen, die jeder Stufe entsprechen. Diese Spannungsreferenzen werden aus der dem ADC-Chip zugeführten Stromversorgung erzeugt und in Bezug auf den Spannungsbereich des ADC. Als Beispiel werden die meisten ADCs, die mit einer Versorgung von 3,3 V betrieben werden, ihren Eingangsbereich mit 0 bis 3 V angeben. Dies bedeutet, dass jedes Signal, das an den Eingang angeschlossen ist, innerhalb dieses Bereichs liegen muss. Durch die Angabe dieses Bereichs teilt der ADC intern den Spannungsbereich in eine Anzahl von Stufen auf, wie es die endgültige Auflösung erfordert. Daher wird ein 12-Bit-ADC 0 bis 3 V in 4095 Stufen unterteilen. Um ein abgetastetes Eingangssignal einer dieser Stufen zuzuordnen, gibt es eine große Anzahl von Komparatoren. Und daher wird die Erhöhung der Auflösung die Kosten des ADC erhöhen, da die Komplexität der Hardware mit einer größeren Anzahl von Komparatoren zunimmt.

Das endgültige Ergebnis wird in einem Ergebnisregister gespeichert und einem Prozessor zur Verfügung gestellt. Wie man sehen kann, sind die Aufgaben, die im Umwandlungsprozess involviert sind, gut getaktet. Bis die Umwandlung abgeschlossen ist, ist das Ergebnis nicht verfügbar und was im Ergebnisregister vorhanden sein könnte, sollte nicht verwendet werden. Ebenso sollte die Umwandlung beginnen, wenn das vorherige Ergebnis verwendet wurde, oder wir laufen Gefahr, Ergebnisse zu überschreiben. Im nächsten Abschnitt werden wir beschreiben, wie der Prozessor und der ADC verbunden sind.

2.9 Wie würde ein Prozessor den ADC handhaben?

Im vorherigen Abschnitt haben wir den ADC vorgestellt und wir haben gesehen, dass ein ADC ein Signal abtastet und es in eine digitale Zahl umwandelt. Die nächste Frage ist, wie wird dieser Prozess geregelt? Dieser Prozess wird in der Regel vom Prozessor geregelt, und in diesem Abschnitt werden wir diese Koordination zwischen dem ADC und dem Prozessor untersuchen.

Abb. 2.7 zeigt, wie der Prozessor und der ADC kommunizieren [7]. Zunächst einmal benötigt der ADC einen Befehl, um mit der Abtastung zu beginnen. Der Prozessor entscheidet durch Steuercode, wie oft die Abtastung erfolgen soll und gibt das Signal zum Start der Abtastung, das der ADC verwendet, um den Abtastschalter einzuschalten. Dies wird in der Regel als Beginn des Umwandlungsprozesses (SOC) bezeichnet. Wenn der ADC die Quantisierung abgeschlossen hat und dann das Signal in die 12-Bit-Binärzahl umwandelt, wird diese Zahl in einem Ergebnisregister gespeichert. Um anzuzeigen, dass der ADC ein Ergebnis zur Verfügung hat, wird er ein Signal an den Prozessor senden, und dieses Signal wird in der Regel als Ende der Umwandlung (EOC) bezeichnet. In der Hardware wird dies in der Regel dadurch erreicht, dass ein Pin des ADC hoch (oder niedrig) geht, und wenn dieser Pin mit einem Pin des Prozessors verbunden ist, liest der Prozessor die Zustandsänderung des Pins. Der Prozessor weiß, dass Daten verfügbar sind und liest das umgewandelte Signal, das im Ergebnisregister gespeichert ist.

Dieser gesamte Prozess wird wiederholt, wenn das nächste Mal eine Abtastung durchgeführt werden muss. Typischerweise wird ein Timer verwendet, um sicherzustellen, dass dieser Prozessor in konstanten Zeitintervallen arbeitet. Am Ende eines Zeitintervalls erzeugt der Timer in der Regel einen Interrupt. Der Interrupt ist ein Signal an den Prozessor von einem Peripheriegerät (in diesem Fall der Timer), dass ein Ereignis eingetreten ist, und der Prozessor muss seine üblichen Prozesse stoppen, um das Ereignis zu bedienen. Ein solcher Timer-Interrupt kann verwendet werden, um sicherzustellen, dass der Prozessor einen Befehl zum Start der Umwandlung ausgibt. Ebenso kann, wenn der ADC die Umwandlung abgeschlossen hat, das EOC-Signal dazu gebracht werden, einen weiteren Interrupt auszulösen, um anzuzeigen, dass ein anderes Peripheriegerät (der ADC) ein

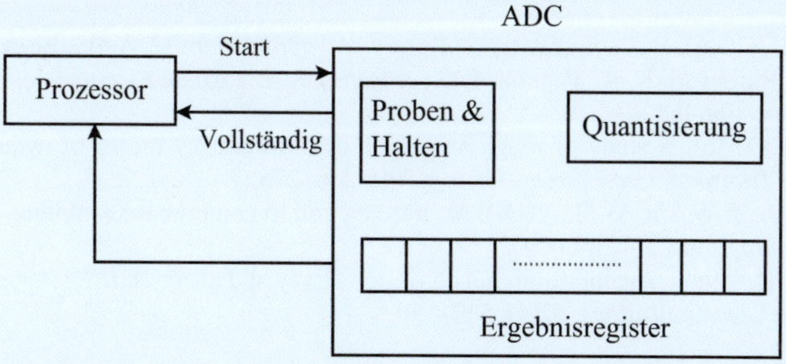

Abb. 2.7 Blockdiagramm, das die Kommunikation zwischen dem Prozessor und dem ADC zeigt

Ereignis erzeugt hat, was in diesem Fall bedeutet, dass das digitale Ergebnis des abgetasteten Signals bereit ist. Der Prozessor kann das Ergebnisregister des ADC lesen und den Wert für Berechnungen verwenden. Dies ist natürlich ein einfaches Beispiel, und in einigen Fällen werden fortgeschrittenere Techniken eingesetzt.

2.10 Schlussfolgerungen

Dies war ein ziemlich leichtes Kapitel zum Anfang. Das Ziel war es, über die digitale Signalverarbeitung aus einer praktischen Perspektive zu sprechen, anstatt direkt in die Theorie einzusteigen. Als Energieingenieure sind wir immer mit Hardware vertraut und daher dachte ich, es wäre am besten, mit der Hardware zu beginnen.

Die Hauptkonzepte, die aus diesem Kapitel zu behalten sind, sind, dass die Abtastung absolut entscheidend für das Konzept der digitalen Signalverarbeitung (DSP) ist. In den späteren Kapiteln wird die Abtastung verwendet, um ein System mathematisch darzustellen, und es wird deutlich, dass das Abtastzeitintervall eine entscheidende Rolle im Verhalten der Systeme spielen wird. DSP benötigt keinen Prozessor und kann mit digitalen Schaltkreisen erreicht werden; jedoch wird dieser Kurs einen Prozessor voraussetzen, da wir in den späteren Kapiteln Programme mit Python betrachten werden, in denen ein Filter implementiert wird.

Obwohl wir mit der Hardware begonnen haben, wird der Rest des Buches keine Hardware-Implementierung enthalten. Der Fokus des Buches liegt auf Design, Analyse und der konzeptionellen Implementierung von Filtern. Wenn ich von konzeptioneller Implementierung spreche, werden Sie in den späteren Kapiteln feststellen, dass der zur Implementierung des Filters verwendete Code mit minimalen Änderungen auf einem Mikrocontroller in Hardware übersetzt werden kann.

Literatur

1. Oppenheim, A. V., & Schafer, R. W. (2001). *Discrete-time signal processing*. Pearson.
2. Stranneby, D., & Walker, W. (2004). *Digital signal processing and applications* (2. Aufl.). Elsevier.
3. Ramsden, E. (2006). *Hall-effect sensors: Theory and applications* (2. Aufl.). Elsevier.
4. Rao, B. V., Rajeswari, K. R., Pantulu, P. C., & Rama, K. B. (2012). *Electronic circuit analysis*. Pearson Education India.
5. Widrow, B. (1956). A study of rough amplitude quantization by means of nyquist sampling theory. *IRE Transactions on Circuit Theory, 3*(4), 266–276.
6. Candes, E. J., & Wakin, M. B. (2008). An introduction to compressive sampling. *IEEE Signal Processing Magazine, 25*(2), 21–30.
7. Walden, R. H. (1999). Analog-to-digital converter survey and analysis. *IEEE Journal on Selected Areas in Communications, 17*(4), 539–550.

Kapitel 3
Erste Schritte mit der Signalverarbeitung

3.1 Einführung

Im vorherigen Kapitel haben wir DSP anhand einiger nicht technischer und einiger bekannter Beispiele aus der Elektrotechnik eingeführt. Wir haben DSP auch mit analoger Signalverarbeitung verglichen und die Vor- und Nachteile beider Methoden aufgezeigt. Mit einem Überblick über DSP wollen wir in diesem Kapitel tiefer in die Signalverarbeitungstheorie eintauchen.

In diesem Kapitel beginnen wir mit Schaltungen aus passiven Komponenten wie Spulen und Kondensatoren und betrachten ihre Eigenschaften als Filter. Wir analysieren grundlegende Filter wie den LC-Filter mithilfe von Netzwerkgleichungen, um die Grundlage für das frequenzabhängige Verhalten von Schaltungen zu legen. Dann stellen wir die Laplace-Transformation vor und untersuchen ihre Eigenschaften bei der Transformation von gängigen elektrischen Signalen sowie gängigen Schaltungsgleichungen. Wir untersuchen die Auswirkungen der Laplace-Transformation und die Bedeutung der resultierenden Funktion. Anschließend untersuchen wir, wie man ein System vom kontinuierlichen in den digitalen Bereich überführt.

In diesem Kapitel werden die theoretischen Grundlagen anhand von einfachen Beispielen erläutert, ohne jedoch auf die eigentliche Filterung oder die Leistung von Filtern einzugehen. Der Schwerpunkt dieses Kapitels liegt darauf, zu verstehen, wie wir von einer Zeitbereichsdarstellung des Systems zu einer Frequenzbereichsdarstellung des Systems gelangen können. Diese Frequenzbereichsdarstellung eines Systems ist die grundlegende Basis der Signalverarbeitung, da sie es uns ermöglicht, das Verhalten des Systems für verschiedene Frequenzen zu analysieren.

S. V. Iyer, *Digitales Filterdesign mit Python für Anwendungen in der Energietechnik*, https://doi.org/10.1007/978-3-031-58983-6_3

3.2 Überprüfung von Kondensatoren und Spulen

In Kap. 2 haben wir einige grundlegende Filterbeispiele gesehen, bei denen Kondensatoren und Spulen als Filter verwendet wurden. Lassen Sie uns mit analogen Filtern wie diesen fortfahren, aber versuchen, einen Schritt zurückzutreten und den Prozess mathematisch zu betrachten. Nehmen Sie z. B. den Kondensatorfilter. Die grundlegenden Gleichungen eines Kondensators sind [2]:

$$i = C\frac{dv}{dt}, \tag{3.1}$$

$$v = \frac{1}{C}\int idt. \tag{3.2}$$

Lassen Sie uns versuchen, die physikalischen Eigenschaften des Kondensators diesen Gleichungen zuzuordnen. Der Strom durch den Kondensatorzweig ist eine Ableitung der Spannung über den Kondensator nach der Zeit, was bedeutet, dass der Strom zunimmt, wenn sich die Spannung schnell ändert. Im Extremfall, wenn die Spannung konstant ist – eine Gleichspannung – wird der Strom null sein, da sich die Spannung überhaupt nicht ändert und daher die Änderungsrate null ist. Physikalisch gesehen, wenn Sie eine Gleichspannung an einen Kondensator anlegen, lädt er sich auf eine Spannung auf, die der angelegten Spannung entspricht, danach wird der Strom null sein. Nehmen Sie als anderes Extrembeispiel ein sehr hochfrequentes Rauschsignal als angelegte Spannung. Jetzt ist die Änderungsrate sehr hoch, einfach weil sie von Anfang an eine hohe Frequenz hat. Der Strom durch den Kondensator wird hoch sein und wird auch eine hochfrequente Komponente besitzen. Der Kondensator wird daher einen Gleichstrom blockieren und einen Hochfrequenzstrom durchlassen.

Was ist mit der Integralbeziehung in Gl. (3.2)? Das genaue Gegenteil. Das Integral ist das Äquivalent einer Summe über die Zeit. Daher akkumulieren Sie im Verhältnis zur Zeit, was automatisch einen glättenden Effekt hat. Im Laufe der Zeit verlieren die kleinen Ereignisse an Bedeutung und die großen Ereignisse sind es, die zählen. Als Beispiel werden Sie sich nicht an jedes Mal erinnern, wenn Sie Ihre Handyrechnung bezahlt haben, aber Sie werden sich an den Zeitpunkt erinnern, an dem Sie Ihr Handy gekauft haben. Weil die Ersteren kleine Ereignisse sind und das Letztere ein großes Ereignis ist. Daher wird die Spannung über einem Kondensator viel glatter sein als der Strom, der durch den Kondensatorzweig fließt.

Betrachten wir eine Spule. Die Gleichungen für die Spule sind genau das Gegenteil eines Kondensators [2]:

$$v = L\frac{di}{dt}, \tag{3.3}$$

$$i = \frac{1}{L}\int vdt. \tag{3.4}$$

Aus der Differentialgleichung in Gl. (3.3) ergibt sich, dass die Spannung über der Spule direkt proportional zur Änderungsrate des Stroms durch ihn ist. Und wie im vorherigen Fall sind die Extremfälle interessant. Wenn der Strom konstant ist – ein Gleichstrom – wird die Spannung null sein, weil sich der Strom nie ändert und die Änderungsrate daher null ist. Wenn der Strom ein hochfrequentes Rauschen ist, wird die Spannung hoch sein, einfach weil eine hohe Frequenz eine hohe Änderungsrate bedeutet.

Es ist nicht sofort offensichtlich, was die Spannung in Gl. (3.3) physikalisch bedeutet. Die Spannung in Gl. (3.3) ist tatsächlich die von der Spule erzeugte induzierte Spannung. Diese induzierte Spannung widersetzt sich nach dem lenzschen Gesetz immer der Ursache, die sie erzeugt. Daher ist die Spannung über der Spule in Gl. (3.3) der Widerstand, den die Spule der externen Schaltung bietet. Wenn also die Spannung null ist, bietet die Spule keinen Widerstand (Nullimpedanz), während sie bei einer hohen Spannung dem externen Stromkreis, der versucht, einen Strom durch sie zu leiten, heftigen Widerstand entgegensetzt. Eine Spule blockiert also hochfrequente Signale und lässt niederfrequente Signale leichter durch.

Betrachten wir nun die Integralbeziehung in Gl. (3.4). Wie zuvor hat das Integral einen glättenden Effekt. Wenn also die Spannung hochfrequent ist, wird der Strom die Wirkung der Hochfrequenzkomponenten reduzieren. Wenn die Spannung niederfrequent ist, könnte der Strom auf ziemlich hohe Werte ansteigen. Der Extremfall ist, wenn die Spannung eine Gleichspannung ist. In diesem Fall wird der Strom kontinuierlich zunehmen. In der Praxis wird die Spule gesättigt und brennt wahrscheinlich ab einer bestimmten Grenze durch.

Aus der obigen Diskussion können Sie entnehmen, dass Kondensatoren und Spulen in jeder Schaltung fast wie Gegensätze wirken. Kondensatoren blockieren Gleichströme und lassen Hochfrequenzströme durch, während Spulen Gleichströme durchlassen und Hochfrequenzströme blockieren. Diese Eigenschaften führen dazu, dass Kondensatoren und Spulen in fast jeder Schaltung Hand in Hand als Filter gehen, wie bald gezeigt wird.

3.3 Filter als Kombinationen von Spulen und Kondensatoren

Im vorherigen Abschnitt haben wir uns damit befasst, wie Kondensatoren und Spulen als Filter verwendet werden können. In diesem Abschnitt werden wir Filter untersuchen, die aus Spulen und Kondensatoren aufgebaut sind. Als Ausgangsbeispiel, wenn wir ein Signal hätten und wir es glätten möchten – was bedeutet, hohe Frequenzkomponenten zu entfernen/reduzieren – wäre ein typischer Filter ein LC-Filter, wie in Abb. 3.1 gezeigt. In einem solchen Filter ist ein Eingang v_{in} ein Signal, das potenziell hohe Frequenzkomponenten enthalten könnte, die wir entfernen möchten.

Abb. 3.1 LC-Filter

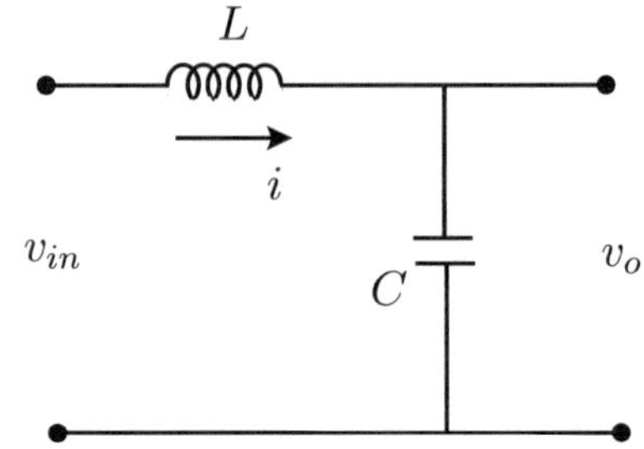

Lassen Sie uns diesen Schaltkreis aufteilen und das Verhalten der Spule und des Kondensators separat untersuchen. Das Verhalten wird offensichtlich, sobald wir die Gleichungen schreiben, die den Schaltkreis beschreiben. Die Gleichungen können wie folgt geschrieben werden [2]:

$$i = \frac{1}{L} \int (v_{in} - v_o)\, dt, \tag{3.5}$$

$$v_o = \frac{1}{C} \int i\, dt. \tag{3.6}$$

Aus Gl. (3.5) geht die inhärente Eigenschaft der Spule hervor, dass der Strom aufgrund der Integraloperation ein glatteres Signal als die Eingangsspannung ist und die im Eingang vorhandenen Hochfrequenzkomponenten im Strom gedämpft werden. Dies folgt aus unserer Schlussfolgerung im vorherigen Abschnitt, dass die Spule hohe Frequenzkomponenten blockiert und niedrige Frequenzkomponenten durchlässt. Dies passt gut zu unserem Ziel, einen Filter zu entwerfen, der hohe Frequenzkomponenten, die im Eingang vorhanden sind, entfernt.

Aus Gl. (3.6) geht hervor, dass die inhärente Eigenschaft des Kondensators ähnlich wirkt. Mathematisch betrachtet wird die Integraloperation zu einem Ausgangssignal v_o führen, das eine viel niedrigere Hochfrequenzkomponente aufweist als der Strom i. Angesichts der Tatsache, dass der Strom bereits durch die Spule gefiltert wurde und wiederum eine niedrigere Hochfrequenzkomponente als der Eingang besitzt, wird der Ausgang v_o eine deutlich niedrigere Hochfrequenzkomponente als der Eingang v_{in} aufweisen. Man kann also sehen, dass eine doppelte Filterung stattfindet.

Hier scheint es ein kleines Rätsel zu geben. Was ist mit der Eigenschaft des Kondensators, der hohe Frequenzkomponenten des Stroms durchlässt und niedrige Frequenzkomponenten blockiert? Mit der Spule wurden hochfrequente Komponenten blockiert, was unserem Filterziel entsprach. Mit dem Kondensator scheint es jedoch ein Konflikt zu geben. In Wirklichkeit handelt es sich nicht um einen Konflikt, sondern um eine Unterstützung unseres Filterziels.

Die Spule bildet die Reihenschaltung zwischen dem Eingang und dem Ausgang. Daher ist das Blockieren von Hochfrequenzkomponenten ein offensichtlicher Vorteil. Der Kondensator hingegen ist parallel zum Ausgang angeschlossen.

Es ist zu beachten, dass in Abb. 3.1 die Ausgangsklemmen als offene Klemmen dargestellt sind. In Wirklichkeit wird ein anderer Schaltkreis über diese Klemmen angeschlossen. Der Kondensator lässt Hochfrequenzkomponenten im Spulenstrom durch, wodurch jegliches Hochfrequenzrauschen, das im Strom i durch die Spule verbleiben könnte, umgangen wird. Daher ist der Schaltkreis, der am Ausgang angeschlossen ist, vor diesen Hochfrequenzkomponenten geschützt. Dies ist auch in Übereinstimmung mit unserem Filterziel – wir wollen verhindern, dass Hochfrequenzströme den Ausgang erreichen.

Nächste Frage: Wenn der Strom durch den Kondensator hauptsächlich aus hochfrequenten Komponenten besteht, wie kann dann die Ausgangsspannung frei von diesen hochfrequenten Komponenten sein? Um dies herauszufinden, schauen Sie sich Gl. (3.6) an. Aufgrund der Integraloperation werden die hochfrequenten Komponenten des Stroms durch den Kondensator in der Ausgangsspannung gedämpft. Und dies ist der Grund, warum in vielen Schaltkreisen Kondensatoren über Knotenpunkte geschaltet werden, an denen die Spannung geglättet werden muss. Der Kondensator umgeht die hochfrequenten Komponenten, erzeugt aber dennoch eine gleichmäßige Spannung.

Und das ist es, was mit der Aussage gemeint ist, dass Spulen und Kondensatoren bei der Entwicklung von Filtern Hand in Hand gehen. Die Spule spielt die erste Rolle beim Blockieren von Hochfrequenzkomponenten. Diejenigen Hochfrequenzkomponenten, die verbleiben, werden dann vom Kondensator umgangen, der als eine Art Köder fungiert, während er auch ein ziemlich glattes Spannungssignal über seine Anschlüsse für einen Ausgang erzeugt. In den späteren Abschnitten werden wir die Funktion des LC-Filters genauer untersuchen, wenn wir ihn entwickeln und simulieren.

Um unsere Analyse abzuschließen, ist die Gleichung des Ausgangs in Bezug auf den Eingang

$$v_o = \frac{1}{L\,C} \int \int (v_{in} - v_o)\, dt. \tag{3.7}$$

Diese Gleichung kann mathematisch und natürlich auch numerisch gelöst werden. In der Praxis werden jedoch häufig Filter höherer Ordnung entworfen. So ist es beispielsweise üblich, Filter zu stapeln, um eine Leiter zu bilden. In diesem Fall wird der gefilterte Ausgang des ersten Filters an den zweiten weitergegeben usw. Daher werden sich die Integrale ebenfalls aufstapeln. Wie lösen wir das?

Wir könnten in jedem Fall numerisch vorgehen. Warum nicht? Wir haben Computer. Wir schreiben einfach Programme, die das Integral berechnen, oder verwenden eines der kommerziellen Pakete, geben die Gleichungen ein und erhalten Gleichungen oder Wellenformen, die wir in einer Simulation überprüfen können. Leider ist dies keine Methode, mit der viele Ingenieure zufrieden sind, da sie heuristisch ist. Das Problem mit dieser Methode ist, dass man keine Analyse durchführen kann. Die gute alte Lösung von Gleichungen ist nicht möglich.

Die Frage ist also, wie können wir Filter höherer Ordnung analysieren? Eine Antwort ist die Verwendung von Transformationen, die wir im nächsten Abschnitt untersuchen werden.

3.4 Transformationskonzepte

In den Ingenieur- und Naturwissenschaften haben wir immer Gleichungen. Wir lieben Gleichungen, weil sie uns die Möglichkeit geben, sie zu lösen. Gleichungen sind für Wissenschaftler und Ingenieure wie Essen für einen Feinschmecker. Gleichungen helfen, physikalische Phänomene zu quantifizieren und Prozesse auf abstrakte Weise auszudrücken. Ohne Gleichungen ist es für die Wissenschaft unmöglich, sich weiterzuentwickeln. Normalerweise sehen wir Mathematik und Gleichungen als lästiges Übel, mit dem wir leben müssen. Was uns interessiert, ist das Endprodukt – etwas, das eine Art von Dienstleistung bietet. Das liegt leider daran, dass Mathematik als eigenständiges Fach und nicht als Werkzeug zur Erreichung eines Ergebnisses dargestellt wird. In den nächsten Abschnitten wird die Theorie mit einem ständigen Schwerpunkt auf die Beantwortung der Frage vorgestellt: Wie ist das von Nutzen?

Es gibt viele verschiedene Arten von Gleichungen – Polynomgleichungen, gewöhnliche Differentialgleichungen, partielle Differentialgleichungen usw. [3]. Die Liste ist endlos. Jede Art von Gleichung hat interessante Eigenschaften und macht es einfach, sie zu lösen oder eine bestimmte Eigenschaft des Systems, die sie repräsentiert, zu extrahieren. Es ist wichtig zu beachten, dass fast keine Art von Gleichung nutzlos ist. Wahrscheinlich ist schon so mancher Mathematiker verrückt geworden oder hat sich umgebracht, weil er diese Art von Gleichung studiert hat, und es gibt Literatur, auf die wir uns beziehen können, um Rückschlüsse zu ziehen, wenn wir auf diese Art von Gleichung stoßen.

Wenn Sie eine Gleichung in einer Form haben, könnten Sie sie lösen oder analysieren und einige Informationen und Schlussfolgerungen daraus ziehen. Aber endet es dort? Wenn es möglich wäre, diese Gleichung in eine völlig andere Form zu transformieren, könnte dieser Prozess wiederholt werden: lösen, analysieren und schlussfolgern. Da die Gleichung von einem anderen Typ ist, könnten die Schlussfolgerungen völlig anders sein. Theoretisch gibt es kein Ende der Anzahl der Male, die Sie Gleichungen transformieren und diesen Prozess wiederholen könnten. Jede Transformation kann zu drastisch unterschiedlichen Schlussfolgerungen führen oder vielleicht nur einen geringfügigen zusätzlichen Einblick bieten. Es ist schwer vorherzusagen, was das Ergebnis sein könnte. Aber eines ist sicher: Wissen sammelt sich an.

Und deshalb mögen wir Ingenieure und Wissenschaftler auch Transformationen. Denn sie helfen uns, kontinuierlich Informationen aus Systemen zu extrahieren. Im Laufe des Ingenieurstudiums werden uns mehrere davon vorgestellt – Laplace-Transformation, Fourier-Transformation, Clarke-Transformation und Park-Transformation sind nur einige Beispiele. Leider werden Transformationen nicht sehr gut erklärt oder sie werden in ihrer rohen mathematischen Form präsentiert, die die meisten von uns einfach abschreckt. Wenn wir nicht hin und her überlegen, wie eine Transformation zur Erreichung eines gewünschten Ziels beitragen könnte, wird die Theorie hinter der Transformation schließlich einfach vergessen.

Ich werde bald die Laplace-Transformation vorstellen. Als ich Student war, wurde die Laplace-Transformation als Gleichung präsentiert – wir haben uns schwergetan, sie zu lösen, und uns wurde eine Liste mit Eigenschaften gegeben, die wir ebenfalls nur schwer lösen konnten. Am Ende haben wir getan, was wir konnten, um die Prüfung zu bestehen. Und wir haben vergessen, was wir gelernt haben und das Leben ging weiter. Es gibt ein Sprichwort, dass es besser ist, gelernt und vergessen zu haben, als nie gelernt zu haben. Ich würde sagen, dass das sehr bedauerlich ist. Warum sollte man etwas lernen, ohne die Hoffnung, sich daran zu erinnern, wenn man es doch so lernen kann, dass man es für immer behält?

Deshalb werde ich einige dieser Konzepte etwas langsamer behandeln. Außerdem ist das, was ich behandle, vielleicht nicht streng mathematisch fundiert. Aber die Idee ist, die Signalverarbeitung auf eine Weise zu präsentieren, die leicht zu verstehen und zu merken ist und vor allem, um dieses wunderbare Fach zu genießen.

3.5 Laplace-Transformation

Die Laplace-Transformation, die um 1785 von Pierre-Simon Laplace vorgeschlagen wurde, war eine der transformativsten Operationen in der Geschichte der Wissenschaft und Technik. Laplace leistete im späten 18. und frühen 19. Jahrhundert massive Beiträge zur Mathematik und Physik. In Frankreich waren dies Zeiten des Umbruchs, und während der napoleonischen Ära war die Mathematik sehr beliebt und wurde gefördert, da Napoleon selbst ein Liebhaber der Mathematik war. Fairerweise muss man sagen, dass Laplace nicht der erste Mathematiker war, der über eine solche Transformation nachdachte. Die Arbeit in diesem Bereich begann 1744 mit Euler und später mit Lagrange, die versuchten, Differentialgleichungen durch eine Art Transformation anstelle des üblichen Integrationsprozesses zu lösen.

Die Laplace-Transformation ist das folgende Integral [4]:

$$\mathcal{L}\{f(t)\} = F(s) = \int_0^\infty f(t)\, e^{-st}\, dt. \tag{3.8}$$

Lassen Sie uns diese Gleichung etwas genauer beschreiben. Das Symbol $\mathcal{L}$ bezeichnet in der Regel die Anwendung der Laplace-Transformation auf eine Funktion der Zeit $f(t)$. In vielen Fällen ist es ganz normal, die zeitabhängige Funktion mit dem Kleinbuchstaben f und die transformierte Funktion mit dem Großbuchstaben F zu bezeichnen. Dies ist jedoch nur eine Konvention, die in vielen Quellen befolgt wird und nicht der Fall sein muss. Die Laplace-Transformation führt ein bestimmtes Integral von 0 bis unendlich, ∞, über die Zeit t aus. Es gibt andere Formen der Laplace-Transformation, bei denen die Integration von $-\infty$ bis ∞ durchgeführt wird [5]. In diesem Buch werden wir jedoch das bestimmte Integral von 0 bis ∞ über die Zeit t betrachten. Die Integration wird auf das Produkt der zeitabhängigen Funktion $f(t)$ und der Exponentialfunktion $e{-}^{st}$ angewendet. Die Variable s ist die Frequenz, und ein späterer Abschnitt in diesem Kapitel ist der Beschreibung dieser Variable gewidmet. Das endgültige Ergebnis dieser Transformation ist eine Funktion in der Variable s.

In sehr einfachen Worten ausgedrückt wandelt die Laplace-Transformation eine Funktion in der Zeit t in eine Funktion in der Frequenz s um. Nehmen Sie für einen Moment an, dass s die Frequenz ist, bis wir uns eingehender mit diesem Mysterium befassen. Zunächst könnte man sich fragen, worin der Unterschied besteht. Wir führen eine weitere Integration durch. Inwiefern unterscheidet sich dies also von der Lösung einer Differentialgleichung durch Integration?

Diese Transformation kann auf jede Funktion der Zeit $f(t)$ angewendet werden, und diese Funktion könnte eine Differentialgleichung, eine Integralgleichung oder einfach jede Art von Gleichung sein. Und das ist wichtig: jede beliebige Funktion der Zeit. Wir sind nicht nur auf die Lösung von Differentialgleichungen beschränkt. Bevor wir untersuchen, was s ist und warum das in der Signalverarbeitung wichtig ist, schauen wir uns an, was die Laplace-Transformation ergibt, wenn sie auf viele Funktionen der Zeit angewendet wird. Es ist fantastisch, wenn Sie erfahren, dass das Ergebnis der Laplace-Transformation für eine große Anzahl von Funktionen $f(t)$ ein unglaublich einfaches Polynom in s ist.

Um dies zu veranschaulichen, betrachten wir einige Beispiele. Für uns Elektroingenieure gibt es einige Funktionen, die am wichtigsten sind. Wenn wir Signale betrachten, sind die wichtigsten Signale das Sinus- und das Kosinussignal. Lassen Sie uns die Laplace-Transformation für diese Funktionen ableiten. Nehmen Sie an

$$f(t) = \sin \omega t. \tag{3.9}$$

Unter Verwendung des Laplace-Integrals ergibt sich:

$$F(s) = \int_0^\infty \sin \omega t \; e^{-st} \, dt. \tag{3.10}$$

Dies scheint nicht sehr hilfreich zu sein. Es wird einfacher sein, das Integral zu berechnen, wenn wir das Sinuskurve als Exponentialfunktion ausdrücken. Dies ist eine bekannte trigonometrische Beziehung:

$$\sin \omega t = \frac{e^{j\omega t} - e^{-j\omega t}}{2j}. \tag{3.11}$$

Es ist sehr einfach, dies herauszufinden, wenn Sie die Eulersche Gleichung verwenden:

$$e^{j\omega t} = \cos \omega t + j \sin \omega t. \tag{3.12}$$

Damit wird das Laplace-Transformationsintegral zu

$$F(s) = \int_0^\infty \frac{e^{j\omega t} - e^{-j\omega t}}{2j} \, e^{-st} \, dt, \tag{3.13}$$

das vereinfacht geschrieben werden kann als

$$F(s) = \int_0^\infty \frac{e^{-(s-j\omega)t} - e^{-(s+j\omega)t}}{2j}\, dt. \tag{3.14}$$

Das Integral einer Exponentialfunktion ist

$$\int_{t_1}^{t_2} e^{\alpha t}\, dt = \frac{e^{\alpha t_2}}{\alpha} - \frac{e^{\alpha t_1}}{\alpha}. \tag{3.15}$$

Also ist das Integral des Sinussignals

$$F(s) = \frac{1}{2j}\left(\frac{1}{s - j\omega} - \frac{1}{s + j\omega}\right) = \frac{\omega}{s^2 + \omega^2}. \tag{3.16}$$

Die Gl. (3.16) zeigt, wie eine Funktion wie das Sinussignal mithilfe der Laplace-Transformation in ein Polynom 2. Grades umgewandelt wurde.

Genau die gleiche Methode kann für das Kosinussignal angewendet werden. Nehmen Sie an

$$f(t) = \cos \omega t. \tag{3.17}$$

Wiederum unter Verwendung des Laplace-Integrals ergibt sich:

$$F(s) = \int_0^\infty \cos \omega t\, e^{-st}\, dt. \tag{3.18}$$

Wie zuvor ergibt sich unter Verwendung der Eulerschen Formel:

$$\cos \omega t = \frac{e^{j\omega t} + e^{-j\omega t}}{2}. \tag{3.19}$$

Damit wird das Laplace-Transformationsintegral zu

$$F(s) = \int_0^\infty \frac{e^{j\omega t} + e^{-j\omega t}}{j}\, e^{-st}\, dt, \tag{3.20}$$

das vereinfacht werden kann als

$$F(s) = \int_0^\infty \frac{e^{-(s-j\omega)t} + e^{-(s+j\omega)t}}{2}\, dt. \tag{3.21}$$

Daher ist das Integral des Kosinussignals

$$F(s) = \frac{1}{2}\left(\frac{1}{s - j\omega} + \frac{1}{s + j\omega}\right) = \frac{s}{s^2 + \omega^2}. \tag{3.22}$$

Neben der Fähigkeit der Laplace-Transformation, viele Signale in der Zeit in Polynome in s umzuwandeln, bietet sie den Vorteil, elektrische Schaltungen transformieren zu können. Im nächsten Abschnitt werden wir beschreiben, wie die Laplace-Transformation auf Schaltungen angewendet wird.

3.6 Spulen und Kondensatoren mit der Laplace-Transformation erneut betrachten

Die Laplace-Transformation hilft auch dabei, Schaltkreise anders wahrzunehmen [6]. Die Grundbausteine der meisten Leistungselektronikschaltungen sind Spulen und Kondensatoren. Beginnen wir mit der Untersuchung der Gleichungen der Spule und des Kondensators:

$$v(t) = \frac{1}{C} \int i(t)\, dt, \tag{3.23}$$

$$i(t) = C \frac{dv(t)}{dt}, \tag{3.24}$$

$$i(t) = \frac{1}{L} \int v(t)\, dt, \tag{3.25}$$

$$v(t) = L \frac{di(t)}{dt}. \tag{3.26}$$

Wenn wir die Laplace-Transformation auf diese Gleichungen anwenden möchten, erhalten wir zwei Berechnungsoperatoren. Zum Beispiel,

$$V(s) = \int_0^{\infty} \frac{1}{C} \int i(t)\, e^{-st}\, dt\, dt \tag{3.27}$$

oder

$$I(s) = \int_0^{\infty} C \frac{dv(t)}{dt} e^{-st}\, dt. \tag{3.28}$$

Untersuchen wir also zunächst den allgemeinen Fall des Doppelintegrals:

$$f(t) = \int g(t)\, dt. \tag{3.29}$$

Also,

$$F(s) = \int_0^{\infty} \int g(t)\, e^{-st}\, dt\, dt. \tag{3.30}$$

Zunächst müssen wir zwischen den Variablen in den beiden Integralen unterscheiden. Beiden die gleiche Zeit t zu geben, ist verwirrend:

$$F(s) = \int_{t=0}^{\infty} \int_{\tau=0}^{t} g(\tau)\, d\tau\, e^{-st}\, dt. \tag{3.31}$$

Was genau machen wir hier? Das innere Integral mit der Variablen τ erzeugt eine Gleichung in t, und das äußere Integral nimmt diese Gleichung in t und integriert diese von 0 bis ∞. Letztendlich integrieren wir von 0 bis ∞. Das ist das Wichtigste, das man verstehen muss. Solange wir das tun, können wir die Integrationen ein wenig verschieben. Angenommen, wir integrieren das innere Integral von t bis ∞ und das äußere Integral bleibt von 0 bis ∞. Es wäre dasselbe.

$$F(s) = \int_{t=0}^{\infty} \int_{\tau=t}^{\infty} g(\tau)\, d\tau\, e^{-st}\, dt. \tag{3.32}$$

Jetzt können wir einen weiteren coolen Trick anwenden. Wir benennen einfach unsere Integralvariablen um, denn am Ende ist alles, was zählt, dass wir das Integral über die Grenze ausführen.

$$F(s) = \int_{\tau=0}^{\infty} \int_{t=\tau}^{\infty} g(\tau)\, d\tau\, e^{-st}\, dt. \tag{3.33}$$

Dies mag wie eine nutzlose Operation erscheinen, aber dies ermöglicht es, unsere Integrationsreihenfolge sehr bequem aufzuteilen. Wir können jetzt die Integrale trennen:

$$F(s) = \int_{\tau=0}^{\infty} \left(\int_{t=\tau}^{\infty} e^{-st}\, dt \right) g(\tau)\, d\tau. \tag{3.34}$$

Das liegt einfach daran, dass der Exponent so einfach zu integrieren ist. Wenn Sie eine Exponentialfunktion sehen, versuchen Sie, sie zu integrieren und fertig. Das ergibt:

$$F(s) = \int_{\tau=0}^{\infty} \left(\frac{e^{-s\tau}}{s} \right) g(\tau)\, d\tau. \tag{3.35}$$

Hier ist s nur eine Konstante und kann aus dem Integral herausgenommen werden:

$$F(s) = \frac{1}{s} \int_{\tau=0}^{\infty} e^{-s\tau} g(\tau)\, d\tau. \tag{3.36}$$

Und das innere Integral ist nichts anderes als das Laplace-Integral! Denken Sie daran, die Namen der Variablen spielen keine Rolle, Sie können t durch τ oder durch α ersetzen. Also:

$$F(s) = \frac{G(s)}{s}. \tag{3.37}$$

Jetzt wollen wir herausfinden, was zu tun ist, wenn

$$f(t) = \frac{dg(t)}{dt} = g'(t). \tag{3.38}$$

Wie zuvor:

$$F(s) = \int_0^\infty g'(t)e^{-st}\,dt. \tag{3.39}$$

Wenn wir so etwas haben, können wir sie teilintegrieren. Als Beispiel nehmen wir Folgendes:

$$\int_a^b u(x)v'(x)\,dx = [\,u(x)v(x)\,]_a^b - \int_a^b u'(x)v(x)\,dx. \tag{3.40}$$

Dies ist eine ziemlich bekannte Technik in der Differential- und Integralrechnung. Mit dieser erhalten wir:

$$F(s) = \left[\,g(t)e^{-st}\,\right]_0^\infty - \int_0^\infty g(t)\frac{d(e^{-st})}{dt}\,dt, \tag{3.41}$$

$$F(s) = \frac{g(\infty)}{e^\infty} - g(0) - \int_0^\infty g(t)(-se^{-st})\,dt. \tag{3.42}$$

Hier müssen wir eine Annahme treffen. Wenn $g(\infty)$ begrenzt ist, was bedeutet, dass es sich nicht um ein instabiles System handelt, das kontinuierlich mit der Zeit zunimmt, sondern sich schließlich auf einen vernünftigen Wert einstellt, wird der erste Term aufgrund des e^∞ im Nenner null. Was den letzten Term betrifft, so ist s wieder nur eine Konstante, die aus dem Integral herausgenommen werden kann. Also lautet die vereinfachte Gleichung:

$$F(s) = -g(0) + s\int_0^\infty g(t)e^{-st}\,dt. \tag{3.43}$$

Und genau wie zuvor ist das Integral das Laplace-Integral. Also:

$$F(s) = sG(s) - g(0). \tag{3.44}$$

Wir haben nun allgemeine Gleichungen zur Bestimmung der Laplace-Transformation für Funktionen, die selbst Integrale und Ableitungen anderer Funktionen sind. Wir können dies einfach für Spulen und Kondensatoren verwenden. Für einen Kondensator gilt:

$$v(t) = \frac{1}{C}\int i(t)\,dt, \tag{3.45}$$

$$V(s) = \frac{I(s)}{sC}, \tag{3.46}$$

$$i(t) = C\frac{dv(t)}{dt} \quad , \tag{3.47}$$

$$I(s) = sCV(s) - Cv(0) \quad . \tag{3.48}$$

Und für die Spule gilt:

$$i(t) = \frac{1}{L}\int v(t)\,dt \quad , \tag{3.49}$$

$$I(s) = \frac{V(s)}{sL} \quad , \tag{3.50}$$

$$v(t) = L\frac{di(t)}{dt} \quad , \tag{3.51}$$

$$V(s) = sLI(s) - Li(0) \quad . \tag{3.52}$$

Die Laplace-Transformation hat die Integral- und Differentialgleichungen für die Spule und den Kondensator in einfache Polynome in s umgewandelt. Wir werden in einem späteren Abschnitt untersuchen, wie die Laplace-Transformation verwendet werden kann, um die Eingabe-Ausgabe-Beziehung für Filter, die aus Spulen und Kondensatoren bestehen, abzuleiten, wobei der LC-Filter als Beispiel dient.

3.7 Was ist mit den ursprünglichen Variablen?

Im vorherigen Abschnitt haben wir uns angesehen, wie die Laplace-Transformation verwendet werden kann, um Funktionen in der Zeit in einfache Polynomgleichungen in s umzuwandeln. Viele Fragen sollten sich in den Köpfen der Leser ergeben haben. Was machen wir hier? Wir halten die Laplace-Transformation als Zauberstab hoch, der uns bei der Behandlung von elektrischen Schaltungen und Signalen helfen wird. Die Laplace-Transformation selbst ist eine Integration, und wir haben in den vorherigen Abschnitten einige Beispiele gesehen, in denen wir sie auf Signale wie Sinus und Kosinus oder auf die Spulen- und Kondensatorgleichungen angewendet haben.

Die erste Frage ist, ob es hier einen echten Nutzen gibt. Wir führen immerhin eine Integration durch und jetzt führen wir eine Integration durch, auch wenn keine Differentialgleichungen vorhanden sind. Es scheint, als hätten wir die Dinge verschlimmert – vorher war eine Integration notwendig, wenn es eine Differentialgleichung gab. Die zweite Frage ist, verlieren oder gewinnen wir Informationen, indem wir eine Funktion der Zeit t in die Frequenz s umwandeln? Ist dieser Prozess umkehrbar und gibt es einen Weg zurück – können wir von s zurück zu t transformieren?

Hier müssen wir zur vorherigen Diskussion über die Notwendigkeit von Transformationen zurückkehren. Transformationen wandeln lediglich Gleichungen eines bestimmten Typs in einen anderen Typ um. Der neue Typ von Gleichungen kann im Gegensatz zum ursprünglichen Satz von Gleichungen für eine völlig neue Analyse verwendet werden. Keine Gleichung ist nutzlos. Sie sind einfach nur unterschiedlich. Eine Funktion in der Zeit kann verwendet werden, um zu untersuchen, wie sich die Funktion zu einem bestimmten Zeitpunkt verhält. Eine Funktion in der Frequenz kann verwendet werden, um zu untersuchen, wie sich die Funktion bei einer bestimmten Frequenz verhält.

Funktionen in der Frequenz s können mit der inversen Laplace-Transformation in Funktionen in der Zeit t umgewandelt werden, diese lautet [7]:

$$f(t) = \mathcal{L}^{-1}\{F(s)\}(t) = \frac{1}{2\pi j} \lim_{T\to\infty} \int_{\gamma-jT}^{\gamma+jT} e^{sT} F(s) ds. \tag{3.53}$$

Dies scheint eine sehr komplexe Gleichung zu sein, aber keine Sorge. Als Ingenieure müssen wir diese Gleichung nicht lösen, da es normalerweise Standardtabellen gibt, mit denen Gleichungen in s in Ausdrücke in t umgewandelt werden können.

Außerdem müssen wir Funktionen nur selten in den Zeitbereich zurückkonvertieren. Dies ist etwas, das wir in den späteren Abschnitten behandeln, wenn wir und mit dem Filterdesign und der Frequenzbereichsanalyse befassen. Nach der Durchführung der Laplace-Transformation und dem Entwerfen unserer Filter gibt es eine sehr gut etablierte Theorie, um die Leistung unserer Filter ableiten zu können, ohne sie in den Zeitbereich zurückkonvertieren zu müssen. Zusätzlich werden wir Methoden zur digitalen Implementierung von Filtern aus den Funktionen in der Frequenz s untersuchen. Wir werden auch die Leistung dieser Filter im Zeitbereich durch einen Simulationsprozess überprüfen. Daher werden wir in diesem Buch niemals die inverse Laplace-Transformation durchführen.

Für eine Vielzahl von Anwendungen kann die Laplace-Transformation als Einbahnstraße betrachtet werden, um eine Gleichung in der Zeit in eine Gleichung in der Frequenz umzuwandeln. Im nächsten Abschnitt werden wir eine weitere Frage aufdecken, die schon seit einiger Zeit im Raum steht: Wie ist diese Variable s die Frequenz?

3.8 Das Geheimnis hinter *s*

Jetzt, da wir die Laplace-Transformation als mathematische Operation vorgestellt haben, wollen wir uns die physikalische Bedeutung dieser Operation ansehen. Am wichtigsten ist, dass wir zwei Fragen beantworten: Was ist diese Variable s, die die Laplace-Transformation erzeugt und wie ist s die Frequenz? Betrachten wir den Faktor, der s einbringt:

$$e^{-st}. \tag{3.54}$$

Dieser Term erscheint in allen oben genannten Laplace-Transformationsintegralen. Lassen Sie uns diesen Term genauer betrachten.

Die Variable t ist natürlich die Zeit in Sekunden. Bevor wir beschreiben, wie s die Frequenz ist, sollten wir feststellen, dass die Einheit von s pro Sekunde oder /s ist. Daher ist das Produkt st dimensionslos. Wir Ingenieure erwarten normalerweise, dass die Frequenz f in Hertz angegeben wird. Hertz heißt im Grunde genommen Zyklen pro Sekunde, also bedeuten 50 Hz 50 Zyklen pro Sekunde. In der Elektrotechnik verwenden wir jedoch auch eine andere Definition der Frequenz, die als Winkelfrequenz bezeichnet wird und durch ω gekennzeichnet ist. Dies ist $\omega = 2\pi f$ und ihre Dimension ist Radiant pro Sekunde (rad/s). Da der Radiant keine Einheit hat, hat die Winkelfrequenz eine Dimension von /s oder einfach pro Sekunde. Dies erklärt also auf eine Weise, wie s, wenn es die Frequenz wäre, eine Dimension von pro Sekunde haben kann. Wir sind jedoch noch nicht dazu gekommen, wie s die Frequenz ist.

Bevor wir über Frequenz oder Winkelfrequenz sprechen, müssen wir uns ansehen, was ein Radiant ist und wie die Dimension der Winkelfrequenz Radiant pro Sekunde ist. Wir sind es gewohnt, Winkel in Grad (°) auszudrücken – 30°, 90°, 180° usw. Dieser Ausdruck des Winkels in Grad würde als Laienausdruck eines Winkels betrachtet werden. In der Mathematik werden Winkel jedoch in Radiant (rad) statt in Grad ausgedrückt. Wenn wir die Sinus-, Kosinus- oder eine andere trigonometrische Funktion verwenden, wird erwartet, dass der als Argument übergebene Winkel in Radiant ist. Um zu verstehen, wie diese Dimension Radiant entstanden ist, müssen wir einen kurzen historischen Ausflug machen.

Um einen Winkel in Radiant auszudrücken, benötigen wir die mathematische Konstante π. π hat eine lange Geschichte und hat viele Menschen fasziniert, einschließlich der Inspiration für einen Hollywoodfilm. Die erste Verwendung der Konstante π bestand jedoch darin, den Umfang eines Kreises in Bezug auf seinen Durchmesser auszudrücken, wie in Abb. 3.2 gezeigt [8]. Es mag jetzt im 21. Jahrhundert trivial erscheinen. Aber als dies zum ersten Mal gedacht wurde, war es eine revolutionäre Idee – zwei sehr unterschiedliche Aspekte eines Kreises in Beziehung setzen zu können. Betrachten wir eine primitive Anwendung davon. Wenn Sie einen Brunnen graben wollten, könnten Sie entscheiden, wie breit (der Durchmesser) der Brunnen sein sollte und könnten den Umfang berechnen, um herauszufinden, welche Materialien Sie benötigen, um diesen Brunnen zu bauen: Ziegel,

Abb. 3.2 Der Ursprung von π

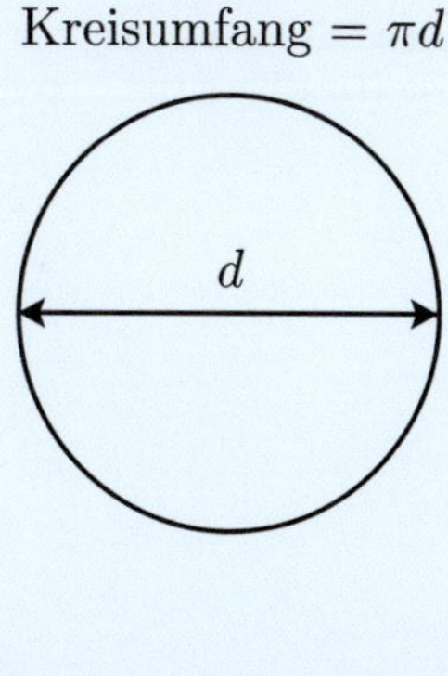

Mörtel usw. Denn das Material muss in Abhängigkeit vom Umfang des Brunnens gekauft werden. Aber wenn Sie den Brunnen graben, ist es der Durchmesser, den Sie direkt kontrollieren können.

Diese mathematische Konstante π hat einen Wert von $\frac{22}{7}$. Sie wird häufig als Beispiel für eine irrationale Zahl genannt. Eine irrationale Zahl ist ein Zahlenverhältnis, das bei der Division niemals ein Rest von null ergibt. Sie könnten also 22 durch 7 teilen und Sie würden niemals aufhören. π ist eine Konstante und hat daher keine Dimension. Eine weitere Verwendung für π ist die Darstellung von Winkeln. Wenn man sie zur Angabe von Winkeln verwendet, wird dem resultierenden Winkel die nominale Dimension Radiant zugewiesen. Der Grund, warum ich nominale Dimension sage, ist, dass Radiant eigentlich keine Dimension ist. Ein in Radiant ausgedrückter Winkel ist nur eine Zahl, aber da wir einen Winkel ausdrücken, der eine physikalische Eigenschaft ist, wäre es sinnvoll, dem Winkel eine Dimension zu geben, auch wenn es eigentlich eine Pseudodimension ist.

Um zu verstehen, wie π zur Angabe von Winkeln in Radiant verwendet werden kann, schauen Sie sich Abb. 3.3 an. Da π zur Verbindung von Durchmesser und Umfang eines Kreises verwendet wird, kann π auch als Winkel betrachtet werden, der durch den Durchmesser festgelegt wird. Aus Abb. 3.3 geht die Äquivalenz zwischen π und 180° recht deutlich hervor. Und wenn Winkel in Radiant ausgedrückt werden, ist es üblich, einen Winkel in Grad (°) in einen Winkel in Radiant umzurechnen, indem man mit dem Faktor $\frac{\pi}{180}$ multipliziert. Jetzt, da wir uns angesehen haben, wie Winkel in Radiant ausgedrückt werden, wollen wir uns als Nächstes ansehen, wie Sinus- und Kosinusfunktionen ausgedrückt werden.

Sinus und Kosinus eines Winkels θ können wie folgt ausgedrückt werden:

$$\sin\theta \quad , \quad \cos\theta. \tag{3.55}$$

Es sollte beachtet werden, dass der Winkel θ normalerweise in Radiant angegeben wird und, wenn er in Grad angegeben wird, durch Multiplikation mit dem Faktor $\frac{\pi}{180}$ in Radiant umgewandelt wird. Obwohl wir als Elektroingenieure die obigen sin - und cos-Ausdrücke ständig verwenden, bevorzugen Mathematiker einen anderen Ausdruck. In der Mathematik ist die beliebteste Art, einen Sinus oder Kosinus auszudrücken, die Verwendung der Eulerschen Gleichung [9]:

$$e^{j\theta} = \cos\theta + j\sin\theta. \tag{3.56}$$

Abb. 3.3 Verwendung von π zur Darstellung von Winkeln

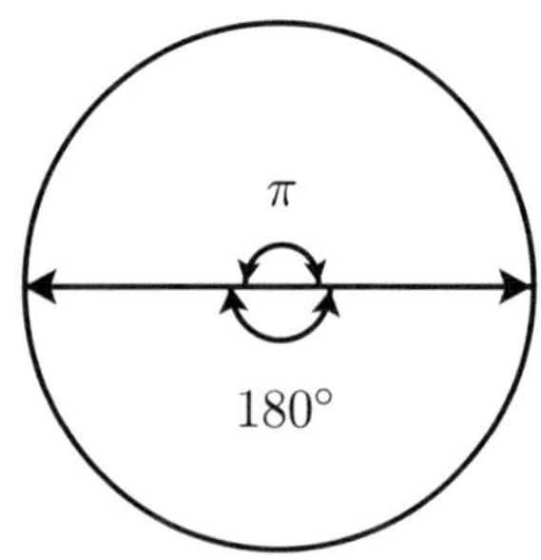

Hier ist $j = \sqrt{-1}$ die imaginäre Zahl. Diese Beziehung wurde vom Mathematiker Euler bewiesen und daher der Name. Wenn man den Exponenten eines Winkels als imaginäre Zahl betrachtet, erhält man eine komplexe Zahl, deren Realteil der Kosinus des Winkels und deren Imaginärteil der Sinus des Winkels ist. Dies mag wie eine unnötige Komplikation erscheinen, aber die Schönheit der Eulerschen Gleichung und die gemeinsame Darstellung von Sinus und Kosinus werden sofort deutlich, wenn wir sie bildlich darstellen.

Die Abb. 3.4 zeigt einen Kreis. Zur Vereinfachung, da wir nur Winkel betrachten, ist der Radius des Kreises eins. Der Kreis befindet sich in einer zweidimensionalen Ebene mit zwei Achsen, die *Re* und *Im* genannt werden. *Re,* die entlang der x-Achse oder der horizontalen Achse liegt, ist die reale Achse, während *Im,* die entlang der y-Achse oder der vertikalen Achse liegt, die imaginäre Achse ist. Diese Umbenennung der x- und y-Achsen in die realen und imaginären Achsen erfolgt, um komplexe Zahlen ausdrücken zu können, da die Eulersche Gleichung eine komplexe Zahl erzeugt. Im ersten Quadranten ist ein Vektor dargestellt, der einen Winkel θ mit der positiven realen Achse bildet. Es ist zu beachten, dass der Winkel, den ein Vektor bildet, immer in Bezug auf die positive reelle Achse gemessen wird, und zwar ausgehend von der reellen Achse und im Gegenuhrzeigersinn, bis wir den Vektor erreichen. Mit dieser Definition ist die Projektion des Vektors auf die reale Achse der Kosinus, während die Projektion auf die imaginäre Achse der Sinus ist.

Mithilfe der Eulerschen Gleichung kann also die Projektion eines Vektors auf die reelle und die imaginäre Achse den Kosinus und den Sinus des Winkels des Vektors ergeben. Und diese beiden trigonometrischen Werte können mit einem einzigen Exponenten $e^{j\theta}$ ausgedrückt werden, wobei die Potenz des Exponenten eine imaginäre Zahl ist. Nehmen wir nun an, dass dieser Vektor gegen den Uhrzeigersinn mit einer Winkelfrequenz ω rotiert. Zu jedem Zeitpunkt t ist der Winkel, den der Vektor mit der positiven realen Achse bildet, ωt. Ein beliebiger Vektor

Abb. 3.4 Eulersche Gleichung

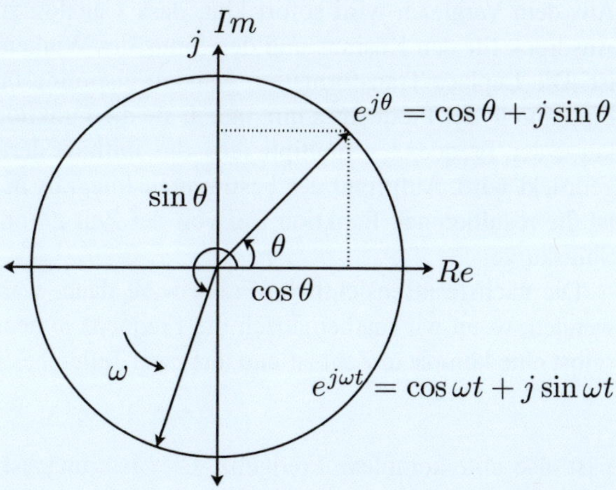

ist im dritten Quadranten dargestellt. Für diesen Vektor wird der Exponent $e^{j\omega t}$ zu folgender Beziehung führen:

$$e^{j\omega t} = \cos\omega t + j\sin\omega t. \tag{3.57}$$

An diesem Punkt werden wir aufhören, von Winkelfrequenz zu sprechen und einfach Frequenz sagen, was ω mathematisch gesehen ist. Da der resultierende Winkel in Radiant angegeben wird, ist die Dimension der Frequenz ω daher ganz offensichtlich Radiant pro Sekunde. Wenn wir also noch einmal darauf zurückkommen, wie wir von der elektrischen Frequenz in Hertz zur mathematischen Frequenz gelangen:

$$\omega = 2\pi f. \tag{3.58}$$

Wenn die elektrische Frequenz f 50 Hz beträgt, was 50 Zyklen pro Sekunde entspricht, wäre ω 100π rad/s. Die physische Bedeutung dieser Umrechnung ist folgende: Ein einzelner Zyklus einer 50 Hz Sinuswelle erstreckt sich über 2π rad oder 360°. Daher würden in 1 s 50 Zyklen 100π rad umfassen. Jede elektrische Frequenz in Hertz könnte in das Äquivalent in Radiant pro Sekunde umgewandelt werden. Ein weiteres Ergebnis der Eulerschen Gleichung ist jedoch, dass wir nun eine andere Möglichkeit haben, den Kosinus und den Sinus eines Winkels auszudrücken, und wir werden nun sehen, wie dies der Variablen s ähnelt, die aus der Laplace-Transformation resultiert.

Lassen Sie uns die beiden Exponenten zusammenstellen – der erste Exponent ist der Term in der Laplace-Transformation und der zweite Exponent ist das Ergebnis der Eulerschen Gleichung:

$$e^{-st} \quad , \quad e^{-j\omega t}. \tag{3.59}$$

Hier ist $e{-}^{j\omega t}$ die komplex Konjugierte der ursprünglichen Eulerschen Gleichung, was lediglich bedeutet, dass der imaginäre Teil das Vorzeichen ändert.

$$e^{-j\omega t} = \cos\omega t - j\sin\omega t. \tag{3.60}$$

Aus dem Vergleich wird sofort klar, dass s analog zu $j\omega$ ist und e^{-st} einfach ein Ausdruck für den Kosinus und den Sinus des Winkels st ist, wobei s die Frequenz ist. Die Laplace-Transformation wandelt also eine Funktion in der Zeit t in eine Funktion in der Frequenz s um, indem sie die Funktion in der Zeit mit einer Sinuskurve der Frequenz s multipliziert, die mithilfe der Eulerschen Gleichung ausgedrückt wird. Aufgrund des bestimmten Integrals in der Laplace-Transformation ist die resultierende Funktion frei von der Zeit t, enthält aber die Frequenz s des Sinuskurve.

Die nächste offensichtliche Frage wäre dann, warum wir eine Variable s verwenden, wenn wir mathematisch die Frequenz ω nennen. Dies liegt daran, dass s selbst eine komplexe Zahl ist und aus zwei Teilen besteht:

$$s = \sigma + j\omega. \tag{3.61}$$

s ist also eine komplexe Frequenz. Dies ist zunächst schwer zu verstehen, wenn man aus einem rein technischen Hintergrund kommt, in dem die Frequenz in Hertz angegeben wird und daran nicht viel imaginär ist. Aber der Grund, warum s komplex sein darf, liegt darin, dass in der Signalverarbeitung eine Frequenzbereichsdarstellung eines Systems ein Polynom in s enthalten kann, das Wurzeln haben kann, die nicht immer real sein müssen. Wenn man Gleichungen löst, kommt es häufig vor, dass man keine reelle Lösung findet und die Lösung am Ende eine komplexe Zahl ist. Bedeutet das also, dass s überhaupt keine physische Bedeutung hat?

Um diese komplexe Natur der Frequenz zu verstehen, betrachten wir den folgenden Term:

$$e^{st} = e^{(\sigma+j\omega)t} = e^{\sigma t}e^{j\omega t} = e^{\sigma t}(\cos\omega t + j\sin\omega t). \tag{3.62}$$

Es ist zu beachten, dass wir das Minuszeichen hier weggelassen haben, da wir nur die Auswirkung der komplexen Frequenz betrachten wollen und wir den Term in der Laplace-Transformation nicht berücksichtigen. Die Eulersche Gleichung kann verwendet werden, um – wie zuvor – den zweiten Exponenten $e^{j\omega t}$ als Kosinus und Sinus auszudrücken. Der erste Exponent $e^{\sigma t}$ ist jedoch lediglich die Änderung der Amplitude in Bezug auf die Zeit der Kosinus- und Sinuswellenformen. Der beste Weg, dies zu verstehen, besteht darin, die Wellenformen für die drei Fälle – $\sigma = 0$, $\sigma > 0$ und $\sigma < 0$ grafisch auszudrücken.

Die Abb. 3.5, 3.6 und 3.7 zeigen die Funktion $e^{\sigma t}$ $e^{j\omega t}$, wenn jeweils $\sigma = 0$, $\sigma < 0$ und $\sigma > 0$. Wenn $\sigma = 0$, hat die resultierende Sinuswelle eine konstante Größe. Wenn $\sigma < 0$, nimmt die resultierende Sinuswelle exponentiell mit der Zeit ab, bis sie gegen null geht, wenn die Zeit gegen ∞ geht. Wenn $\sigma > 0$, nimmt die resultierende Sinuswelle exponentiell mit der Zeit zu, bis sie schließlich unendlich wird, wenn die Zeit gegen ∞ geht. Dies zeigt, dass der Realteil σ der komplexen Frequenz s lediglich die Größe des Signals beeinflusst. Die periodische Frequenz des Signals hängt vom imaginären Teil der Frequenz $j\omega$ ab.

Aus den obigen Wellenformen geht ziemlich klar hervor, dass die Frequenz s aufgrund ihrer komplexen Natur die Stabilität des Ausgabe beeinflusst. Wenn die Ausgabe für $\sigma > 0$ unbeschränkt zunimmt, ist das System, das diese Ausgabe erzeugt, im Grunde instabil. Diese Art der Stabilitätsanalyse ist für verschiedene Arten von Systemstudien wie z. B. Entwicklung und Analyse von

Abb. 3.5 $e^{\sigma t}$ $e^{j\omega t}$, wenn $\sigma = 0$

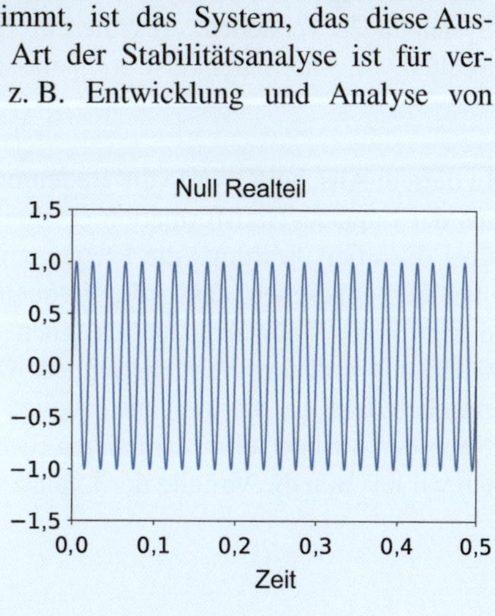

Abb. 3.6 $e^{\sigma t} e^{j\omega t}$, wenn $\sigma<0$

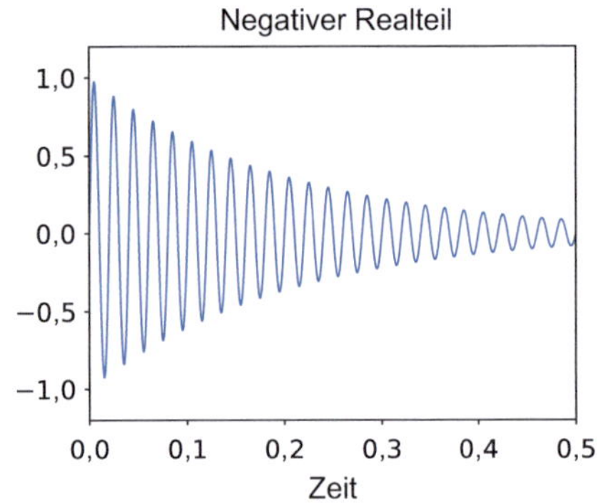

Abb. 3.7 $e^{\sigma t} e^{j\omega t}$, wenn $\sigma>0$

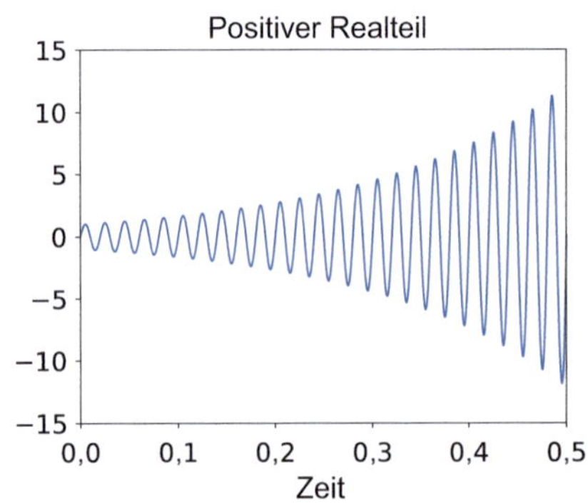

Steuerungssystemen sehr wichtig. In der Signalverarbeitung geht es jedoch bei den meisten unserer Analysen darum, das periodische Schwingungsverhalten von Systemen zu verstehen. Aus diesem Grund wird in der Signalverarbeitung der Realteil von s normalerweise weggelassen und die Frequenz s ist rein imaginär:

$$s \approx j\omega. \tag{3.63}$$

In diesem Abschnitt wurde die Bedeutung der Variablen s diskutiert, die im Ergebnis der Laplace-Transformation erscheint. Es wird normalerweise nur wenig darüber diskutiert, warum s die Frequenz ist, und es wird in der Regel als selbstverständlich angesehen, dass s die Frequenz ist, wenn wir eine Frequenzganganalyse durchführen. Wenn man jedoch einen Schritt zurücktritt und sich die Eulersche Gleichung und ihre Verwendung zur Darstellung von Sinuskurven ansieht, wird ziemlich deutlich, warum s die Frequenz ist und wie die komplexe Natur von s die Natur der Ausgabe eines beliebigen Systems bestimmt. Auf dieser Grundlage wollen wir uns nun die Vorteile der Laplace-Transformation ansehen.

3.9 Vorteil der Laplace-Transformation

Nachdem wir nun die Laplace-Transformation als Operation und die daraus resultierende Frequenzfunktion ausführlich beschrieben haben, wollen wir uns nun ansehen, wie sie uns weiterhilft. Wir haben gesehen, dass die Laplace-Transformation eine Transformation ist, die eine Integraloperation beinhaltet, und dass diese Transformation auf jede Funktion in der Zeit t angewendet werden kann. Was die Laplace-Transformation in der Signalverarbeitung so beliebt macht, ist ihre Wirkung auf viele der Funktionen, die wir sehr häufig verwenden.

In der Signalverarbeitung beginnen wir immer mit Signalen als Funktionen in der Zeit – z. B. eine Sinus- oder Kosinuskurve in Bezug auf die Zeit. Zum Beispiel kann die Spannung, die an unseren Steckdosen zu Hause anliegt, wie folgt ausgedrückt werden:

$$v(t) = V_{pk} \sin 100\pi t, \tag{3.64}$$

wobei davon ausgegangen wird, dass die Frequenz der Spannung 50 Hz beträgt, was in den meisten Teilen der Welt außer in den USA und Kanada der Fall ist, wo sie 60 Hz beträgt. Dies ist nur ein Beispiel für ein Signal. Wir könnten uns viele weitere Signale vorstellen. Ein Signal wie dieses würde als Eingangssignal in ein System eingespeist. Oft wird der Begriff „System" nur vage verwendet. Schauen wir uns an, was ein System sein könnte.

Ein System ist alles, was diese Eingabe empfangen und eine Ausgabe erzeugen könnte, der sich von der Eingabe unterscheiden könnte. Was ist eine Ausgabe? Ein weiteres Signal. Und ein System könnte mehrere Signale aus nur einer Eingabe erzeugen. Wir könnten alle von ihnen als Ausgaben nehmen oder einige Signale auswählen, die wir Ausgabe nennen. Nehmen wir ein weiteres Beispiel. Angenommen, wir wenden die oben genannte Spannung auf einen Kondensator C an. Der Strom, der in dem Zweig fließen wird, ist

$$i(t) = C\frac{dv(t)}{dt}. \tag{3.65}$$

Dieser Strom ist ein Signal, das vom Kondensator erzeugt wird. Der Kondensator kann daher als ein System bezeichnet werden, das die Spannung als Eingabesignal akzeptiert und einen Strom als Ausgabesignal erzeugt.

Wir könnten eine Reihe von passiven Komponenten – Spulen und Kondensatoren – auf verschiedene Weisen miteinander verbinden. Wir könnten die Spannung v oben an zwei Anschlüssen des Schaltkreises als Eingabe anlegen und den Stromfluss in einem beliebigen Zweig oder die Spannung in einem anderen Zweig messen und einen oder mehrere davon als Ausgaben dieses neuen Systems bezeichnen. Wir können die Gleichungen für jede Komponente schreiben, und wenn wir sie zusammenfassen, haben wir Gleichungen, die das System beschreiben. Wir könnten Substitutionen durchführen, um die Ausgabe in Bezug auf die Eingabe auszudrücken, und wir werden eine ähnliche Gleichung für unser neues System haben. Wir haben dies bereits für den LC-Filter im vorherigen Abschnitt getan.

Angenommen, wir führen die Laplace-Transformation auf die Differentialoperation des Kondensators in Gl. (3.65) durch. Wir haben dies im vorherigen Abschnitt getan, und das Ergebnis lautet:

$$I(s) = sCV(s) - Cv(0). \tag{3.66}$$

Das Ergebnis ist ein Polynom in der Variablen *s*, die wir als Frequenz gesehen haben. Es gibt den Anfangszustand $v(0)$. Oft ist es in elektrischen Schaltungen ganz normal, ein System zunächst in Ruhe zu betrachten, was bedeutet, dass zur Zeit $t = 0$ alle Variablen null sind und daher $v(0) = 0$. Was ist die Bedeutung dieser Umwandlung einer Differentialgleichung in eine Polynomgleichung? Schauen wir uns einige Beispiele an.

Nehmen Sie eine einfache Polynomgleichung:

$$x^2 + 2x + 1 = 0. \tag{3.67}$$

Eine Gleichung wie diese kann gelöst werden, um ihre Wurzeln zu erhalten – $x = -1, -1$. Das Schöne daran ist, dass wir Werte von x kennen, für die sie null wird. Nehmen Sie eine andere Gleichung:

$$\frac{x-3}{x^2 + 2x + 1}. \tag{3.68}$$

Diese Gleichung wird null für $x = 3$ und unendlich für $x = -1$. Und wir können Werte für verschiedene Werte von x grafisch darstellen und viele andere Eigenschaften wie Steigung, Maxima, Minima usw. ermitteln.

Angenommen, wir betrachten jetzt eine Differentialgleichung wie

$$\frac{d^2x}{dt^2} + 2\frac{dx}{dt} + 1 = 0\cdot \tag{3.69}$$

Um diese Gleichung zu analysieren, müssten wir sie durch Integration lösen. Die Integration müsste entweder analytisch oder numerisch durchgeführt erfolgen. Diese Differentialgleichung ist jedoch nicht so einfach zu analysieren wie ihr Gegenstück in Polynomform.

Wenn wir das Beispiel des LC-Filters betrachten, hatten wir die Ausgabespannung in Bezug auf die Eingabespannung durch das folgende Doppelintegral ausgedrückt:

$$v_o(t) = \frac{1}{LC}\int\int (v_{in}(t) - v_o(t))dt. \tag{3.70}$$

Die obige Gleichung kann mithilfe der Laplace-Transformation in die folgende Funktion in der Frequenz *s* umgewandelt werden:

$$V_o(s) = \frac{V_{in}(s) - V_o(s)}{LCs^2}. \tag{3.71}$$

Letztere ist für die Analyse viel bequemer als Erstere, einfach weil sie ein Polynom anstelle eines Differentials ist.

In den meisten praktischen Fällen führt eine große Anzahl von Signalen und Systemen, die Funktionen in der Zeit t sind, bei der Transformation mit der Laplace-Transformation zu Polynomen in der Frequenz s. Es gibt natürlich auch komplexe Signale und Funktionen der Zeit, die nach der Laplace-Transformation nicht zu einfachen Polynomen in s führen, und die transformierten Funktionen in s können auch Differentiale und/oder Integrale enthalten. In den meisten Fällen können jedoch praktische Systeme und Schaltungen mit der Laplace-Transformation in einfache Polynome umgewandelt und analysiert werden.

3.10 Digitale Signalverarbeitung

Wir haben viel über die Laplace-Transformation gesprochen. Wir müssen innehalten und etwas erkennen – alles, womit wir uns bisher in diesem Kapitel beschäftigt haben, ist zeitkontinuierlich definiert. Auch die Frequenz s, die wir in den transformierten Funktionen sehen, ist zeitkontinuierlich. Auf den ersten Blick mag das nicht viel Sinn ergeben. Wir haben Funktionen mithilfe der Laplace-Transformation vom Zeitbereich in den Frequenzbereich transformiert. Haben wir also nicht einen weiteren unabhängigen Bereich erreicht, in dem wir keine Vorstellung von Zeit haben sollten? Leider nicht. Selbst die Frequenz hat in der kontinuierlichen Zeit und in der diskreten Zeit unterschiedliche Definitionen.

In Wirklichkeit wird die Frequenz nur im kontinuierlichen Zeitbereich rigoros definiert. Im diskreten Zeitbereich müssen wir eine alternative Definition der Frequenz finden. Um dies zu tun, müssen wir einen Schritt zurückgehen und einen weiteren Blick auf die Variable s werfen, die wir bisher als Frequenz bezeichnet haben. Wir hatten einen ganzen Abschnitt, der sich damit beschäftigte, wie s tatsächlich die Frequenz ist. Jetzt schauen wir uns an, wie wir diese Variable s sonst noch wahrnehmen können.

Wir könnten die Variable s in den transformierten Funktionen als den Differentialoperator betrachten. Betrachten wir also noch einmal die Laplace-Transformation des Differentials einer zeitvariablen Funktion in Gl. (3.72):

$$\mathcal{L}\left[\frac{dx(t)}{dt}\right] = sX(s) - x(0). \tag{3.72}$$

Dies ist etwas, das wir sogar im vorherigen Abschnitt abgeleitet haben, und wir haben es verwendet, um die Gleichungen für den Kondensator und die Spule zu transformieren. Es ist jedoch möglich, eine Äquivalenz zwischen $\frac{dx(t)}{dt}$ und $sX(s)$ zu erkennen, wenn wir die Anfangsbedingung $x(0)$ weglassen. So könnten wir es als

$$\mathcal{L}\left[\frac{d}{dt}\right] \leftrightarrow s \tag{3.73}$$

betrachten. Wir versuchen, eine Äquivalenz zwischen dem Differentialoperator im Zeitbereich und der Variable s im Frequenzbereich herzustellen.

In Gl. (3.73) sagen wir, dass die Variable s, von der wir gesagt haben, dass es eine Frequenz ist, auch als Differentialoperator gesehen werden kann. Wenn s in einer transformierten Funktion erscheint, hätte die entsprechende Funktion im Zeitbereich an derselben Stelle eine Ableitung. Dies ist streng genommen mathematisch nicht korrekt, da Sie die inverse Laplace-Transformation durchführen müssen. Wir müssen jedoch einen Weg finden, Mathematik anzuwenden, und dürfen uns nicht nur streng an sie halten. Daher haben wir mit dieser Beziehung s nun als Operator und nicht nur als Frequenz dargestellt.

Diese neue Darstellung von s nimmt eine noch konkretere Form an, wenn wir betrachten, was mit der Laplace-Transformation eines Integrals einer Funktion der Zeit geschieht:

$$\mathcal{L}\left[\int x(t)dt\right] = \frac{X(s)}{s}, \tag{3.74}$$

was genau die entgegengesetzte Äquivalenz ergibt:

$$\mathcal{L}\left[\int dt\right] \leftrightarrow \frac{1}{s}. \tag{3.75}$$

Auch dies ist streng genommen nicht mathematisch korrekt, da wir Laplace-Transformationen nicht auf Operatoren anwenden können. Die Beziehung ist jedoch ziemlich offensichtlich. Wenn also eine zeitliche Ableitung auf s und ein Zeitintegral auf $\frac{1}{s}$ abgebildet wird, kann die Position von s in der transformierten Funktion verwendet werden, um den äquivalenten Operator im Zeitbereich zu erstellen.

Um dies zu veranschaulichen, nehmen Sie das Beispiel des folgenden Polynoms, von dem wir annehmen, dass es eine Funktion ist, die das Ergebnis einer Laplace-Transformation ist:

$$\frac{s^2X(s) + 2sX(s) + 3X(s)}{s}. \tag{3.76}$$

Wenn wir annehmen, dass

$$\mathcal{L}[x(t)] = X(s). \tag{3.77}$$

Die Gl. (3.76) ist äquivalent zur Funktion im Zeitbereich:

$$\int \left[\frac{d^2x(t)}{dt^2} + 2\frac{dx(t)}{dt} + 3x(t)\right] dt. \tag{3.78}$$

Wenn Sie eine Laplace-Transformation auf Gl. (3.78) durchführen und die Anfangsbedingung $x(0) = 0$ nehmen, würden Sie bei Gl. (3.76) ankommen.

Der Zweck der obigen Diskussion über die Suche nach einer Operatorqualität für s, von dem wir ursprünglich gesagt hatten, dass es die Frequenz ist, besteht darin, einen analogen Operator im diskreten Zeitbereich zu erzeugen. Es ist ziemlich einfach, das Konzept der Frequenz im kontinuierlichen Zeitbereich zu verstehen, da die Frequenz auch etwas ist, das wir physisch definieren und messen können. Im diskreten Zeitbereich, wenn wir nur Abtastwerte eines Signals haben, ist die Frequenz jedoch nicht so eine einfache Definition. Was wäre, wenn wir der Einfachheit halber annehmen, dass die Frequenz im diskreten Zeitbereich dieselbe ist wie im kontinuierlichen Bereich, weil wir nur ein Signal abtasten und sie nicht als Funktion verändern?

Die Annahme, dass die Frequenz im diskreten Zeitbereich gleich bleibt, verursacht jedoch ein Problem. Abhängig von der Abtastrate könnte die resultierende Annäherung einer Funktion im diskreten Zeitbereich zu einer sehr unterschiedlichen Wahrnehmung der Funktion führen. Eine sehr hohe Abtastrate (geringe Abtastzeitperiode) würde die Natur der Funktion im diskreten Zeitbereich ziemlich genau bewahren. Eine niedrige Abtastrate (große Abtastzeitperiode) könnte jedoch dazu führen, dass die Funktion im diskreten Bereich ziemlich unterschiedlich ist. Da die Abtastzeit eine entscheidende Rolle dabei spielt, wie ein Signal im diskreten oder digitalen Bereich dargestellt wird, wird die Annahme, dass die Frequenz im digitalen Bereich gleich bleibt, nicht korrekt sein.

Anstatt uns an die Definition von Frequenz zu halten, könnten wir über eine alternative Definition von s im diskreten Zeitbereich nachdenken. Zunächst ist es ratsam, die Variable umzubenennen, wenn wir uns die Laplace-Transformationen im digitalen Bereich ansehen. Der Name der Variable ist nur ein Name, aber um Verwirrung zu vermeiden, wird die Frequenz im digitalen Bereich üblicherweise mit z bezeichnet. Die nächste Frage lautet, was ist dieses z und wie setzen wir s in Beziehung zu z? Hier hilft die Darstellung von s als Operator. Wenn die Definition von Frequenz im digitalen Bereich aufgrund der Abtastfrequenz etwas knifflig sein könnte, könnten wir z als Operator betrachten, um herauszufinden, was es sein könnte.

Das erste Problem, auf das wir stoßen, ist, dass wir im diskreten Zeitbereich kein Differential auf die gleiche Weise definieren können. Der Grund dafür ist, dass ein Signal stetig sein muss, um es überhaupt differenzieren zu können. Ein diskretes Zeitsignal erfüllt dieses Kriterium nicht, da das Signal bei diskreten Ereignissen definiert ist. Schauen wir uns das also zunächst etwas genauer an. Die Stetigkeit einer Funktion (hier kontinuierliche Zeit) lässt sich am besten durch die L'Hospital-Regel [10] definieren, wie in Abb. 3.8 gezeigt.

Physikalisch ausgedrückt, stellt die Stetigkeit einer Funktion zu einem bestimmten Zeitpunkt t, wie in Abb. 3.8 gezeigt, die Frage: Gibt es in der Funktion zu diesem Zeitpunkt einen Sprung? Die Frage wird durch die beiden Grenzwerte beantwortet, einer von links $\lim_{h\to 0^-}$ und der andere von rechts $\lim_{h\to 0^+}$. Wenn die beiden Grenzwerte der Funktion existieren und gleich sind, gibt es keinen Sprung und die Funktion ist zu diesem Zeitpunkt stetig. Wenn diese Regel für jeden Zeitpunkt gilt, wird die Funktion als überall stetig bezeichnet. Eine solche überall stetige Funktion ist auch differenzierbar. Die Ableitung einer Funktion zu einem bestimmten Zeitpunkt t ist die Änderungsrate der Funktion zu diesem Zeitpunkt t.

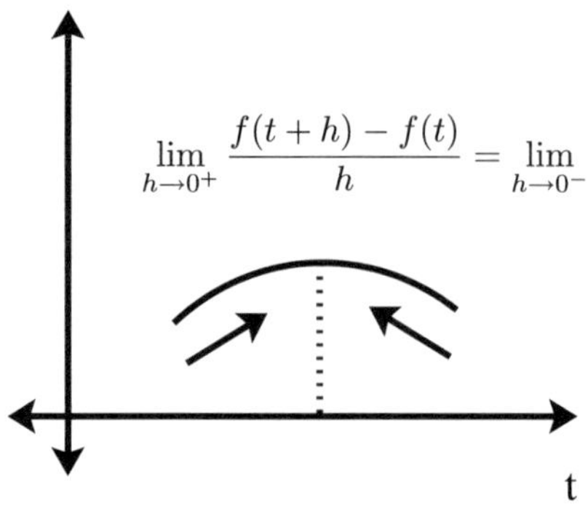

Abb. 3.8 Stetigkeitsprüfung für eine Funktion

Diese Ableitung wird endlich sein, wenn die Funktion stetig ist und keinen Sprung hat. Eine überall stetige Funktion ist daher überall differenzierbar.

Die Abb. 3.9 zeigt die gleiche Funktion wie in Abb. 3.8 in Form von Abtastwerten im digitalen Bereich. Es ist ziemlich offensichtlich, dass die L'Hospital-Regel zur Bestimmung der Stetigkeit bei solchen Abtastwerten versagt. Wenn der Stetigkeitstest fehlschlägt, schlägt auch der Differenzierbarkeitstest fehl. Hier liegt also unser Problem. Wir können die Differenzierbarkeit im digitalen Bereich nicht definieren. Wie können wir also s als Operator im digitalen Bereich übersetzen?

Lassen Sie uns zunächst die Funktion im digitalen Bereich mathematisch ausdrücken. Für eine stetige Funktion in der Zeit $x(t)$ wird die Darstellung im digitalen Bereich wie folgt geschrieben

$$x[nT] \quad , \quad \text{for } n = 0, 1, 2, \ldots \tag{3.79}$$

wobei T das Abtastzeitintervall ist. Die Definition ist recht einfach, da sie lediglich besagt, dass die stetige Funktion $x(t)$ als eine Reihe von Abtastwerten definiert ist, die ein Vielfaches des Abtastzeitintervalls T sind. Diese Abtastwerte sind lediglich ganze Zahlen n, beginnend bei null, wobei dies lediglich eine Konvention ist, um bei der Zeit t 0 s zu beginnen, aber n kann jede ganze Zahl und auch negativ

Abb. 3.9 Fehlende Stetigkeit im digitalen Bereich

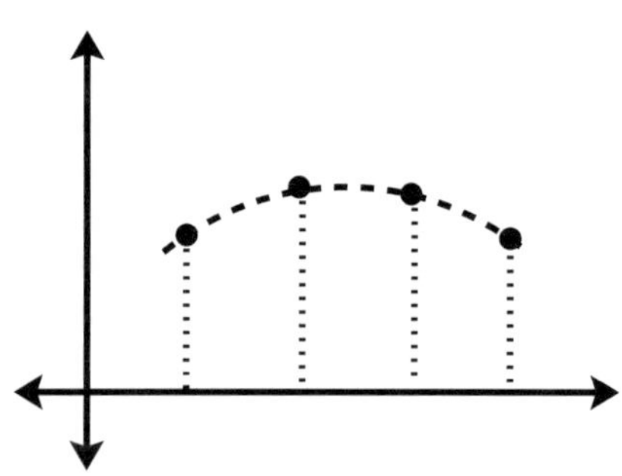

sein. Es ist durchaus üblich, das Abtastzeitintervall T wegzulassen, da es in einer digitalen Darstellung implizit ist:

$$x[n] \quad , \quad \text{for } n = 0, 1, 2, \ldots \tag{3.80}$$

Wir haben bereits gesehen, wie Stetigkeit und Differenzierbarkeit scheitern, was bedeutet, dass wir für einen bestimmten Abtastwert n keine Ableitung bei $x[n]$ definieren können. Allerdings können wir für jeden Abtastwert $x[n]$ den nächsten Abtastwert $x[n+1]$ lokalisieren, der in der Zukunft liegt, und wir können den vorherigen Abtastwert $x[n-1]$ lokalisieren. Anstelle eines Differentialoperators definieren wir bei dem Abtastwert n einen Vorschuboperator und einen Verzögerungsoperator. Beginnen wir damit, diesen Vorschuboperator z zu nennen. Über den Verzögerungsoperator werden wir bald sprechen. Wir wenden den Vorschuboperator auf die transformierte Funktion an.

Wir haben zuvor gesehen, dass für eine stetige Zeitfunktion $x(t)$ unter Anwendung der Laplace-Transformation eine Funktion in s erzeugt wird, die wir gemäß der Konvention $X(s)$ nennen. Wenn wir die Funktion $X(s)$ in den digitalen Bereich konvertieren, nennen wir sie $X(z)$. Im nächsten Abschnitt werden wir besprechen, wie diese Konvertierung stattfindet. Nehmen Sie vorerst einfach an, dass jede stetige Laplace-transformierte Funktion $X(s)$ in ihr digitales Äquivalent $X(z)$ umgewandelt werden kann. Man könnte sagen, dass indirekt ein digitales abgetastetes Signal $x[n]$ in $X(z)$ umgewandelt werden kann:

$$\mathcal{L}\{x[n]\} \leftrightarrow X(z). \tag{3.81}$$

In Wirklichkeit führen wir die Laplace-Transformation nicht direkt auf $x[n]$ aus. Wir führen die Laplace-Transformation auf $x(t)$ aus und wandeln sie in $X(s)$ um, die dann anschließend in $X(z)$ umgewandelt wird.

Mit der oben genannten Beziehung zwischen der digital abgetasteten Funktion $x[n]$ und der transformierten Funktion $X(z)$ können wir nun den Vorschuboperator definieren. Wenn der Vorschuboperator z mit der transformierten Funktion $X(z)$ multipliziert wird, entspricht dies der Laplace-Transformation von Signalabtastwerten, die um einen Abtastwert in die Zukunft verschoben werden:

$$zX(z) \leftrightarrow \mathcal{L}\{x[n+1]\}. \tag{3.82}$$

Daher bezieht sich $zX(z)$ genau wie $sX(s)$ in der Laplace-Transformation auf die Ableitung $\frac{dx(t)}{dt}$ im Zeitbereich. $zX(z)$ bezieht sich auf den Vorschuboperator, der auf $x[n]$ beim Abtastwert n angewendet wird, um den nächsten Abtastwert $n+1$ zu erzeugen, der $x[n+1]$ ist. Der Vorschuboperator z kann auf die digitale Funktion genauso angewendet werden, wie die Ableitung auf die stetige Funktion angewendet wurde.

Nun zur Verzögerungsoperator. Auch hier wieder eine Analogie zum kontinuierlichen Zeitbereich. Im kontinuierlichen Zeitbereich wurde gezeigt, dass s dem Differentialoperator $\frac{d}{dt}$ entspricht, während sein Kehrwert $\frac{1}{s}$ dem Integraloperator $\int dt$ entspricht. Wir lassen z den Vorschuboperator sein und definieren ihn wie oben. Daher könnten wir die gleiche reziproke Natur verwenden, um den

Verzögerungsoperator in Bezug auf den Vorschuboperator zu definieren. Wir bezeichnen den Verzögerungsoperator als $\frac{1}{z}$ oder $z-^{1}$. Also,

$$z^{-1}X(z) \leftrightarrow \mathcal{L}\{x[n-1]\}. \tag{3.83}$$

Der Verzögerungsoperator z^{-1} hat genau den entgegengesetzten Effekt wie der Vorschuboperator. Wenn er auf $x[n]$ beim Abtastwert n angewendet wird, erzeugt der Verzögerungsoperator den vorherigen Abtastwert $x[n-1]$ bei $n-1$.

Vorschub- und Verzögerungsoperatoren können wiederholt angewendet werden, genau wie höhere Potenzen von Ableitungen oder mehrfache Integrationen:

$$z^{k}X(z) \leftrightarrow \mathcal{L}\{x[n+k]\}, \tag{3.84}$$

$$z^{-k}X(z) \leftrightarrow \mathcal{L}\{x[n-k]\}. \tag{3.85}$$

In den obigen Beispielen führen Vorschub- oder Verzögerungsoperatoren, die k-mal angewendet werden, zu jeweils k Abtastwerten in der Zukunft $x[n+k]$ oder zu k Abtastwerten in der Vergangenheit $x[n-k]$.

Wir haben nun definiert, wie die Frequenz z im digitalen Bereich als Operator ausgedrückt werden kann. Im nächsten Abschnitt werden wir uns ansehen, wie wir eine Laplace-transformierte Funktion vom kontinuierlichen s-Bereich in den digitalen z-Bereich umwandeln können.

3.11 Umwandlung von kontinuierlich zu digital

Im vorherigen Abschnitt haben wir untersucht, wie die Frequenz s in den kontinuierlichen Laplace-Transformationsfunktionen als Ableitungsoperator wahrgenommen werden kann. Wir hatten dann eine analoge Auffassung für die Frequenz z im digitalen oder diskreten Laplace-Transformationsbereich als Vorschuboperator geschaffen. In diesem Abschnitt werden wir diskutieren, wie wir eine Funktion vom kontinuierlichen Laplace-Transformationsbereich in den digitalen Laplace-Transformationsbereich umwandeln können. Es gibt mehrere Möglichkeiten, eine Laplace-transformierte Funktion vom kontinuierlichen in den digitalen Bereich zu konvertieren. In diesem Abschnitt werden wir einige davon diskutieren und schließlich die Methode beschreiben, die empfohlen und die in diesem Buch weiterhin verwendet wird.

Um das Problem der Umwandlung vom kontinuierlichen in den digitalen Bereich zu lösen, müssen wir die umgekehrte Frage stellen: Wenn wir ein Signal im digitalen Bereich in Form von bloßen Abtastwerten hätten, wie würden wir das kontinuierliche Bereichssignal neu erstellen? Der einfachste Weg, kontinuierliche Signalsysteme in diskrete umzuwandeln und umgekehrt, ist die Verwendung des Halteglieds nullter Ordnung [1]. Konzeptionell kann das Halteglied nullter Ordnung mit Abb. 3.10 beschrieben werden. Im einfachsten Sinne bleibt das Signal zwischen zwei Abtastwerten konstant und wird auf den Wert des neuesten Abtastwerts in der Vergangenheit gehalten. Dies ist die einfachste Annäherung an ein

Abb. 3.10 Angenäherte Übertragungsfunktion eines abgetasteten Signals

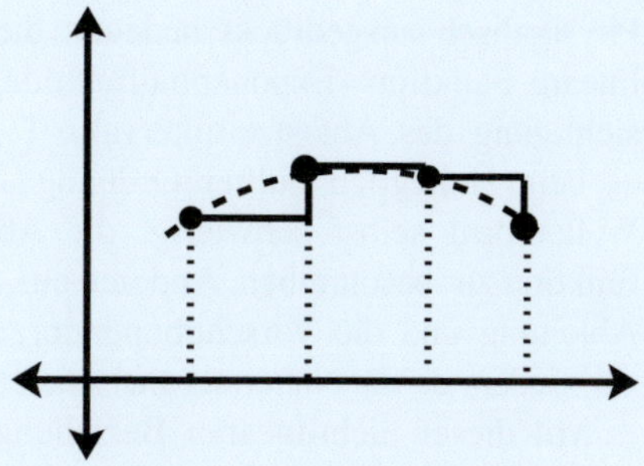

digitales Signal und es ergibt näherungsweise eine Treppenfunktion für das äquivalente kontinuierliche Signal. Obwohl dies recht einfach ist, bildet es nicht vollständig ein kontinuierliches System auf ein diskretes ab. Noch wichtiger ist, dass die Verwendung dieser Umwandlungsmethode zwischen kontinuierlichen und diskreten Systemen zu Systemen führen kann, die möglicherweise nicht stabil sind.

Eine Verbesserung gegenüber dem Halteglied nullter Ordnung in Bezug auf Genauigkeit und Stabilität ist das Halteglied erster Ordnung [1]. In diesem Fall nähern wir das Signal als lineare Funktion zwischen den Abtastwerten an. Die Abb. 3.11 zeigt dieses Konzept in Bezug auf ein abgetastetes Signal. Im Gegensatz zu Abb. 3.10 haben wir jetzt eine viel bessere Annäherung, da wir gerade Linien zwischen den Abtastwerten haben. Obwohl dies wie die ideale Lösung erscheinen mag, kann die Gerade bei komplexeren Funktionen die potenzielle Nichtlinearität des Signals zwischen zwei Abtastwerten nicht erfassen. Daher leidet auch die Methode des Halteglieds erster Ordnung bei bestimmten Arten von Funktionen unter Instabilitätsproblemen.

Die beiden letzten Methoden wurden kurz beschrieben, um eine Vorstellung von der Annäherung zu vermitteln, die bei der Umwandlung von Signalen zwischen kontinuierlichen und digitalen Bereichen erfolgt. Die Methode, die allgemein anerkannt ist, um genaue und stabile Annäherung zu erzielen, ist die bilineare Transformation oder die Trapezregel [1]. Mathematisch gesehen wird z mit s wie folgt in Beziehung gesetzt:

$$z = e^{sT}. \tag{3.86}$$

Abb. 3.11 LoopMap für die Schaltung

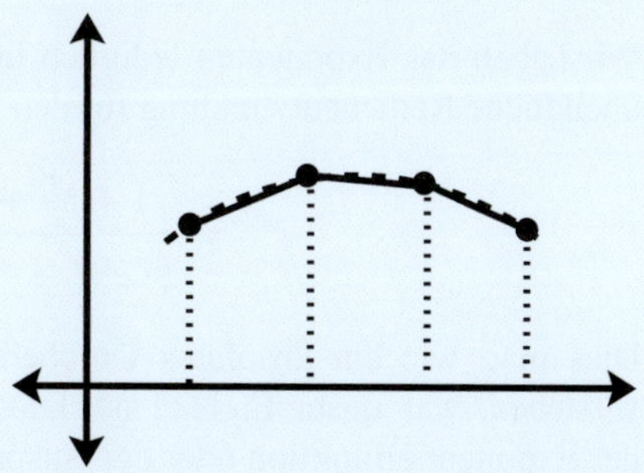

Physikalisch ausgedrückt bedeutet dies, dass der Vorschuboperator z als nichtlineare Funktion (Exponentialfunktion) des Ableitungsoperators s unter Berücksichtigung des Abtastzeitintervalls T ausgedrückt wird. Im Gegensatz dazu ist es beim Halteglied nullter Ordnung aufgrund der diskontinuierlichen Natur der Wellenform selbst schwierig, die Ableitung mit einer angenäherten Treppenfunktion zu beschreiben. Andererseits sind beim Halteglied erster Ordnung die Ableitung und die Vorschuboperatoren durch eine lineare Funktion miteinander verbunden, da die Näherung zwischen den Abtastwerten linear ist.

Mit dieser nichtlinearen Beziehung haben wir jetzt auch eine Komplikation – wenn direkt substituiert wird, wird jede Laplace-Transformation im digitalen Bereich zu einer nichtlinearen Funktion, wodurch der Hauptvorteil der Laplace-Transformation verloren geht. Dieser Vorteil besteht darin, dass zeitvariable Funktionen in Polynome in s umgewandelt werden können. Daher müssen wir eine lineare Beziehung zwischen s und z haben. Dies erzeugt einen Konflikt. Eine einfache lineare Funktion führt zu einer Näherung, die nicht immer stabil ist, wie es bei dem Halteglied erster Ordnung der Fall ist. Wie können wir also beide Bedingungen erfüllen? Eine lineare Funktion, die die Laplace-Transformation im digitalen Bereich so einfach macht wie im kontinuierlichen Zeitbereich. Dennoch muss diese lineare Funktion die nichtlineare Natur von Gl. (3.86) widerspiegeln.

Eine Möglichkeit, die nichtlineare Exponentialfunktion zu entfernen, ist die Verwendung der unendlichen Reihe:

$$e^{sT} = \sum_{k=0}^{\infty} \frac{(sT)^k}{k!} = 1 + sT + \frac{(sT)^2}{2!} + \frac{(sT)^3}{3!} + \dots \tag{3.87}$$

Jetzt haben wir zumindest die Exponentialfunktion entfernt und ein Polynom eingeführt. Und da es sich um eine unendliche Reihe handelt, ist sie nichtlinear. Dies funktioniert jedoch auch nicht wirklich gut, da wir für eine einigermaßen genaue Annäherung viele Terme mit mehreren höheren Potenzen von sT berücksichtigen müssen. Schließlich wird die Laplace-Transformation im digitalen Bereich umständlich und unübersichtlich sein.

Wir könnten Gl. (3.86) auch anders ausdrücken. Lassen Sie uns mit diesem kleinen Kunstgriff beginnen:

$$z = e^{sT} = \frac{e^{sT/2}}{e^{-sT/2}}. \tag{3.88}$$

Wir haben das Exponenten lediglich in ein Verhältnis aufgeteilt. Wir könnten die unendliche Reihenentwicklung für den Zähler und den Nenner verwenden:

$$e^{sT} = \frac{1 + \frac{sT}{2} + \frac{(\frac{sT}{2})^2}{2!} + \frac{(\frac{sT}{2})^3}{3!} + \dots}{1 - \frac{sT}{2} + \frac{(-\frac{sT}{2})^2}{2!} + \frac{(-\frac{sT}{2})^3}{3!} + \dots} \tag{3.89}$$

Dies mag wie ein absolutes Durcheinander erscheinen, aber es ist wichtig zu verstehen, was unser Endziel ist. Dieses Verhältnis muss die nichtlineare Natur der Exponentialfunktion oder der entsprechenden unendlichen Reihe mit mehreren höheren Potenzen widerspiegeln. Da wir ein Verhältnis haben, führt die Division zu einer eigenen Reihe. Es stellt sich heraus, dass selbst wenn die Gleichung so vereinfacht wird, dass sie nur Terme 1. Ordnung im Zähler und Nenner enthält, die resultierende Division immer noch eine Reihe ist, die über genügend Terme höherer Ordnung verfügt.

$$z = e^{sT} = \frac{1 + \frac{sT}{2}}{1 - \frac{sT}{2}}. \tag{3.90}$$

Diese obige Gleichung ist jedoch nur ein Verhältnis von Polynomen 1. Ordnung, aufgrund des Verhältnisses ergibt das äquivalente Polynom eine Reihe, die genau genug ist. Also haben wir jetzt das Beste aus beiden Welten – eine relativ einfache Funktion und gleichzeitig bewahrt die Transformation inhärent die Komplexität der Beziehung zwischen z und s. Das Gegenteil ist

$$s = \frac{2}{T}\frac{z - 1}{z + 1}. \tag{3.91}$$

Die Gl. (3.91) und (3.90) sind die genaueste Abbildung zwischen dem kontinuierlichen Bereich und dem digitalen Bereich und erhalten die Systemstabilität bestmöglich aufrecht.

Wir können nun eine Laplace-Transformationsfunktion vom kontinuierlichen Zeitbereich in den digitalen Bereich umwandeln. Im nächsten Abschnitt werden wir beschreiben, wie all diese Konzepte zusammenkommen und in den späteren Kapiteln für die Analyse und das Entwurf von Filtern verwendet werden.

3.12 Zusammenfügen der Teile

In den vorangegangenen Abschnitten haben wir uns mit einer Menge Theorie befasst. Es ist notwendig zu beschreiben, wie alles zusammenhängt und wie es verwendet werden kann. Für sich genommen, wie in den vorherigen Abschnitten beschrieben, kann es etwas verwirrend und in der Praxis nicht sehr nützlich sein.

Zunächst einmal sind die meisten physikalischen Prozesse deterministisch, was bedeutet, was bedeutet, dass es mathematische Gleichungen gibt, die sie steuern. Da diese Prozesse mit der Zeit fortschreiten, sind die mathematischen Gleichungen in der Regel Funktionen der Zeit zusammen mit anderen Variablen. In der Elektrotechnik kann das Verhalten von Schaltkreisen auch durch Funktionen der Zeit beschrieben werden, wie wir bei den Gleichungen von Spulen und Kondensatoren gesehen haben, die Differentialgleichungen in Bezug auf die Zeit sind. Daher ist der Ausgangspunkt in der Regel eine zeitabhängige Gleichung.

Diese zeitabhängige Gleichung kann mithilfe der Laplace-Transformation in eine Funktion (in den meisten Fällen ein Polynom) mit der Variablen s umgewandelt werden. Wir haben gezeigt, dass diese resultierende Variable s eine komplexe Frequenz ist. Daher erfassen die transformierten Gleichungen nun, wie sich das System bei Frequenzänderungen verhält, im Gegensatz zur ursprünglichen Gleichung, die die Systemänderung in Bezug auf die Zeit erfasst. Dies legt die Grundlage für die Signalverarbeitung, bei der wir den Einfluss der Frequenzvariation auf das System verstehen möchten. Ein Beispiel könnte ein einfaches Radio sein, bei dem die Funktion darin besteht, Kanäle durch Änderung der Empfangsfrequenz einstellen zu können.

Die transformierte Gleichung in s ist eine Darstellung des physikalischen Prozesses im Frequenzbereich, aber immer noch im kontinuierlichen Bereich. Wir können ein Abtastzeitintervall T wählen und dies in eine Darstellung im digitalen Bereich in einer Variablen z umwandeln. Dieses z ist die Frequenz im digitalen Bereich, kann aber auch als Vorschuboperator definiert werden. Die Interpretation von z als Vorschuboperator ermöglicht es uns, die Funktion in z in Bezug auf Abtastwerte des endgültigen Systems darzustellen.

Der letzte Schritt – die Darstellung der Funktion in z in Bezug auf die Abtastwerte des endgültigen Systems wird in den späteren Kapiteln behandelt, wenn wir mit der Implementierung digitaler Filter beginnen.

3.13 Schlussfolgerungen

In diesem Abschnitt haben wir mit grundlegenden passiven Komponenten wie der Spule und dem Kondensator begonnen und untersucht, wie der LC-Filter einen Tiefpassfilter bildet. Da der LC-Filter und seine Ausgabe-Eingabe-Gleichung ein doppeltes Integral in Bezug auf die Zeit sind, hielten wir es für notwendig, eine Transformation anzuwenden.

Wir haben die Laplace-Transformation als Möglichkeit zur Umwandlung zeitabhängiger Gleichungen und Funktionen in ihre Pendants in der Frequenz s eingeführt. Wir haben untersucht, wie viele häufig auftretende Signale sowie Schaltungsgesetze mithilfe der Laplace-Transformation in Polynome in der Frequenz s umgewandelt werden können. Wir haben auf die Einfachheit der Polynome hingewiesen und darauf, dass s eine komplexe Frequenz ist.

Wir haben weiter beschrieben, wie die Laplace-Transformation im digitalen Bereich angewendet werden kann. Zu diesem Zweck haben wir gelernt, wie s als Operator und nicht nur als Frequenz wahrgenommen werden kann. Wir haben analoge Operatoren im digitalen Bereich definiert und diese Operatoren auch als Frequenz z im digitalen Bereich wahrgenommen.

Schließlich haben wir untersucht, wie wir eine Funktion in s, die das Ergebnis der Anwendung der Laplace-Transformation auf eine Funktion in der Zeit ist, mithilfe der bilinearen Transformation in eine Funktion in z im digitalen Bereich umwandeln können. In den späteren Kapiteln werden wir sowohl Funktionen in s als auch Funktionen in z verwenden, wenn wir Filter analysieren und entwerfen.

Literatur

1. Oppenheim, A. V., & Schafer, R. W. (2001). *Discrete-Time Signal Processing.* Pearson.
2. Rao, B. V., Rajeswari, K. R., Pantulu, P. C., & Rama, K. B. (2012). *Electronic Circuit Analysis.* Pearson Education India.
3. Korn, G. A., & Korn, T. M. (1967). *Mathematical Handbook for Scientists and Engineers* (2. Aufl.). McGraw-Hill Companies.
4. Doetsch, G. (1974). *Introduction to the Theory and Application of the Laplace Transformation* (2. Aufl.). Springer.
5. van der Pol, B., & Bremmer, H. (1987). *Operational Calculus Based on the Two-Sided Laplace Integral* (3. Aufl.). Chelsea Publisher Co.
6. Izadian, A. (2019). *Laplace Transform and Its Application in Circuits.* Springer.
7. Valk, J. A. P. P. (2004). Multi-precision laplace transform inversion. *International Journal for Numerical Methods in Engineering, 60*(5), 979–996. Wiley.
8. Borwein, J. M., Borwein, P. B., & Dilcher, K. (1989). Pi, euler numbers, and asymptotic expansions. *The American Mathematical Monthly, 96*(8), 681–687. Taylor & Francis.
9. Feynman, R. P. (1977). *The Feynman Lectures on Physics* (Bd. 1). Addison-Wesley.
10. Taylor, A. E. (1952). L'hospital's rule. *The American Mathematical Monthly, 59*(1), 20–24. Taylor & Francis.

Kapitel 4
Einführung in Python

4.1 Einführung

In den vorherigen Kapiteln haben wir die Grundtheorie in Bezug auf Signalverarbeitung und digitale Systeme behandelt. Die späteren Kapitel dieses Buches werden untersuchen, wie man digitale Filter mit der vorgestellten Theorie entwirft, analysiert und implementiert. Um dieses Buch jedoch zu einem praktischen Nachschlagewerk zu machen, wird dieses Kapitel eine grundlegende Einführung in NumPy und Matplotlib geben, die in späteren Kapiteln verwendet werden.

Es ist wichtig zu beachten, dass NumPy und Matplotlib sehr umfassende Themen für sich sind und dieses Kapitel lediglich eine kurze Einführung in NumPy und Matplotlib geben wird. Es ist ratsam, dass der Leser grundlegende Kenntnisse in der Python-Programmiersprache und einigen der grundlegenden Konstrukte hat. Es gibt viele Nachschlagewerke für Python-Programmierung [1, 2]. Darüber hinaus gibt es mehrere kostenlose und kostenpflichtige Onlinetutorials, die in wenigen Stunden abgeschlossen werden können, um ein grundlegendes Komfortniveau mit der Python-Programmierung zu erreichen.

Dieses Kapitel wird nicht jeden Aspekt von NumPy oder Matplotlib abdecken, sondern sich darauf konzentrieren, die Befehle abzudecken, die im Buch verwendet werden. Das Ziel dieses Buches ist es zu beschreiben, wie man digitale Filter analysiert und implementiert, und daher wird dieses Kapitel den Leser in die für diesen Zweck notwendigen Werkzeuge einführen. Ein Experte in NumPy und Matplotlib könnte dieses Kapitel kurz überfliegen, da das Kapitel hauptsächlich für diejenigen gedacht ist, die noch nie wissenschaftliche Rechenwerkzeuge mit Python verwendet haben. Es wird dringend empfohlen, Python entweder durch die Methode zu installieren, die am Anfang des Kapitels beschrieben wird, oder durch eine andere Methode, mit der der Leser vertraut ist. Der Leser wird ermutigt, die Codeblöcke in diesem Kapitel auszuführen und die Ergebnisse selbst zu überprüfen.

S. V. Iyer, *Digitales Filterdesign mit Python für Anwendungen in der Energietechnik*, https://doi.org/10.1007/978-3-031-58983-6_4

4.2 Grundlegende Programmierumgebung

Bevor wir mit der Programmierung beginnen, befasst sich dieser Abschnitt damit, wie man eine Arbeitsumgebung auf dem Computer einrichtet, damit man parallel zu diesem Kapitel und den späteren Kapiteln programmieren kann. Alle Übungen und Codebeispiele in diesem Buch können mit freier und Open-Source-Software gelöst werden. Sie können natürlich die freien und Open-Source-Vorschläge durch proprietäre Software ersetzen, für die Sie eine Lizenz haben. Um jedoch diesem Buch zu folgen, haben Sie die Möglichkeit, nur freie (gesetzlich freie) und Open-Source-Software zu verwenden.

Die gesamte Programmierung wird mit Python und zugehörigen Paketen durchgeführt. Warum Python? Python ist eine einfach zu bedienende höhere interpretierte Sprache, die besonders für wissenschaftliche Zwecke immer beliebter wird. Zusammen mit dem Kern von Python werden wir zugehörige Pakete wie NumPy (Numerical-Python-Erweiterungen), SciPy (Scientific Python) und Matplotlib verwenden, die ebenfalls mit Python erstellt wurden. Mit dieser Reihe von Paketen, die alle frei und Open Source sind und mit der Python-Programmierung verwendet werden können, haben wir eine durchgängige Lösung für Design, Analyse, Implementierung, Simulation und Verifizierung.

Der erste Schritt wäre die Installation von Python. Es gibt viele Möglichkeiten, Python zu installieren, und noch mehr, abhängig vom Betriebssystem, das Sie normalerweise verwenden. Dieses Buch wird jedoch die anfängerfreundlichste Methode zur Installation von Python übernehmen. Der einfachste Weg, eine umfassende Liste von Python-Paketen zu installieren, ist mit der Anaconda-Distribution von Python, die unter diesem Link zu finden ist:

https://www.anaconda.com/

Wenn Sie zum Downloadbereich navigieren, können Sie den Installer für Ihr Betriebssystem – Windows, Mac OS oder Linux – herunterladen. Der Installer ist eine sehr große Datei (>600 MB). Anaconda kommt jedoch mit einer großen Sammlung von Paketen, die das Leben eines Anfängers viel einfacher machen. Daher würde ich vorschlagen, dass Sie diesen Installer herunterladen.

Installationsanweisungen für Windows, Mac OS und Linux sind in der Dokumentation verfügbar:

https://docs.anaconda.com/anaconda/install/windows/

https://docs.anaconda.com/anaconda/install/mac-os/

https://docs.anaconda.com/anaconda/install/linux/

Anaconda benötigt möglicherweise einige andere Pakete, die vor dem Starten des Installers installiert werden müssen. Daher ist es ratsam, die Anweisungen für das verwendete Betriebssystem zu lesen.

Es ist möglich, Anaconda direkt über das Startmenü Ihres Betriebssystems zu verwenden. Ich würde jedoch empfehlen, dass jeder, der in die wissenschaftliche Datenverarbeitung einsteigen möchte, etwas Zeit damit verbringt, sich mit der Befehlszeilennutzung von Anaconda vertraut zu machen. In Windows suchen Sie im Startmenü nach dem Ordner Anaconda3 und darin nach Anaconda Prompt. In Mac

OS oder Linux öffnen Sie ein beliebiges Befehlszeilen-Terminal. Dieser Link enthält alle möglichen Befehle, die Sie mit der Befehlszeile verwenden könnten:

https://docs.conda.io/projects/conda/en/latest/user-guide/tasks/manage-environments.html

Um mit der Python-Programmierung zu beginnen, ist die am meisten empfohlene Methode zur Einrichtung eines Projekts das Erstellen einer neuen Umgebung. Details zur Erstellung einer Umgebung finden Sie im obigen Link. Damit Sie jedoch schnell loslegen können, genügt der folgende Befehl:

```
conda create --name dsp python=3 numpy scipy matplotlib
```

Der obige Befehl erstellt eine Umgebung mit dem Namen „dsp" (Sie können gerne einen anderen Namen wählen) mit dem Argument (--name). Der Befehl gibt auch an, dass diese Umgebung mit den Paketen Python (speziell Version 3), NumPy, SciPy und Matplotlib erstellt werden soll. Wir haben Python Version 3 angegeben. In diesem Fall wird conda (der Anaconda-Paketinstaller) die neueste Version von Python nach 3.0.0 abrufen. Für NumPy, SciPy und Matplotlib wird conda die neuesten verfügbaren Pakete abrufen. Der Grund für die Angabe von python=3 ist sicherzustellen, dass Python Version 2 nicht installiert wird, da es sich um Legacy-Software handelt, die jedoch auf vielen Betriebssystemen standardmäßig verfügbar ist.

Jetzt, da wir diese Umgebung „dsp" erstellt haben, haben wir einen Container erstellt, in dem wir die benötigten Pakete installiert haben – NumPy, SciPy und Matplotlib. Dieser Container ist wie ein wasserdichter Behälter, in dem wir Pakete getrennt von den Paketen des Hostcomputers oder von den Paketen in anderen Umgebungen pflegen können. Dies ist die empfohlene Methode, um ein Projekt zu starten, um sicherzustellen, dass Ihr Projekt andere Projekte nicht beschädigt und im Gegenzug nicht von anderen Projekten beschädigt wird. Um in diese Umgebung zu gelangen, müssen wir sie mit diesem Befehl aktivieren:

```
conda activate dsp
```

In Ihrer Befehlsaufforderung oder Ihrem Terminal sollten Sie dsp in Klammern sehen – (dsp). Dies bedeutet, dass die Umgebung aktiv ist und wir Programme schreiben können, die diese Pakete verwenden.

4.3 Signale erzeugen: Erstellen von Numpy-Arrays

NumPy-Arrays sind das Rückgrat fast aller wissenschaftlichen Berechnungen. Ob zur Lösung von Gleichungen oder zum Training von Machine-Learning-Modellen, der grundlegende Baustein ist eine Matrix. Und NumPy bietet uns eine ganze Batterie von Werkzeugen zum Erstellen, Modifizieren, Transformieren und Manipulieren von Matrizen. Wir werden NumPy in diesem Buch ausgiebig nutzen. Die in NumPy verfügbaren Funktionen sind zu zahlreich, um sie in diesem Buch abzudecken. Wir werden Funktionen einführen, wie und wann wir sie benötigen, und Links für zusätzliche Ressourcen bereitstellen.

Um NumPy zu verwenden, müssen wir das Paket importieren:

```
import numpy as np
```

Dies importiert das Paket numpy und macht es in unserem Code als das Objekt namens np verfügbar. Um unsere Reise in das Erlernen der Nutzung von NumPy zu beginnen, wählen wir eine Aufgabe. Unsere erste Aufgabe besteht darin, eine Sinuswelle zu erstellen und zu plotten. Dies wird uns nicht nur helfen, ein Array zu erstellen, sondern es auch mit Matplotlib zu plotten. Um eine Sinuswelle erzeugen zu können, speichern wir die Werte des Signals zu verschiedenen Zeitpunkten in einem NumPy-Array, um sie mit Matplotlib plotten zu können. Es gibt viele Möglichkeiten, dies zu tun, aber ich werde eine Methode beschreiben. Wir müssen das Array definieren, das die Zeitpunkte enthält. Dafür lassen Sie uns zuerst entscheiden, was wir von dem Signal wollen.

Nehmen wir an, wir wollen 1 s der Wellenform. Nehmen wir an, diese Wellenform hat eine Frequenz von 50 Hz, was einer Zeitperiode von 20 ms entspricht. Die nächste Frage ist, wie viele Abtastwerte für eine glatte Wellenform ausreichend wären. Die Antwort auf diese Frage ist eigentlich ziemlich vage. Normalerweise hängt die Anzahl der Abtastwerte, die ausreichend sind, um eine beliebige Wellenform darzustellen, von der Rate ab, mit der die Wellenform sich ändert. Wieder ist zu betonen, dass wir Signale zur Analyse erzeugen und noch nicht begonnen haben, sie zu verarbeiten, was später kommen wird. Daher ist es in diesem ersten Schritt ratsam, ziemlich genaue Wellenformen zu erzeugen, um die reale Welt nachzuahmen.

Typischerweise würde ich beim Erzeugen von Wellenformen empfehlen, eine Erzeugungsfrequenz von mindestens dem 1000fachen der höchsten Frequenz in einem bestimmten Signal zu verwenden. Nur eine Faustregel, und Sie sind willkommen, etwas anderes auszuprobieren. Für unsere Zwecke kann die Erzeugungsfrequenz also auf 1 MHz gewählt werden.

```
f = 50.0
T = 1/ f
fg = 1.0 e+6
Tg = 1/ fg
t_duration = 1.0
```

Wir wählen eine Zeitdauer von 1 s, was bedeutet, dass die Dauer der Wellenform 1 s beträgt. Dies legt die Anzahl der benötigten Abtastwerte fest, entsprechend unserer Wahl der Erzeugungsfrequenz.

Schauen wir uns Arrays in NumPy an. Der einfachste Weg, ein Array zu erzeugen, besteht darin, die array-Methode zu verwenden und eine Python-Liste an die array-Funktion zu übergeben.

```
a = np . array ([1 , 2 , 3 , 4])
```

Dies erzeugt ein Objekt, dessen Typ bestimmt werden kann durch:

```
type (a)
```

```
numpy.ndarray
```

Das ndarray ist das array-Objekt in NumPy und enthält die primären Daten, die das erstellte Array sind. Das ndarray-Objekt hat auch mehrere Attribute und Methoden, die mit dem Array verbunden und äußerst nützlich sind.

Die array-Methode kann verwendet werden, um verschiedene Arten von Arrays zu erzeugen, und ist eine sehr nützliche Methode. Wenn wir jedoch ein Array erzeugen möchten, das eine Sequenz von Zahlen ist, gibt es eine andere sehr praktische Methode namens arange. Als Beispiel:

```
b = np . arange (1 , 5)
```

Dies wird genau das gleiche Array erzeugen. Die Syntax der arange-Methode ist:

```
np . arange ( [ start , ] stop [ , step ] )
```

Start ist optional und wird, wenn übersprungen, als 0 angenommen, und step ist optional und wird, wenn übersprungen, als 1 angenommen.

Der Hauptunterschied zur rohen Python-range()-Methode besteht darin, dass arange() im Gegensatz zu range() Gleitkommazahlen als Argumente akzeptieren kann. Daher ist es möglich, Folgendes zu tun:

```
b = np . arange (1 , 5 , 0.5)
```

```
Dies erzeugt: array([1, 1.5, 2, 2.5, 3, 3.5, 4, 4.5])
```

Beachten Sie, wie die arange()-Methode das stop-Argument nicht im Array hat – diese obere Grenze ist vom Array ausgeschlossen.

Jetzt, da wir wissen, wie man ein Array erstellt und vor allem ein Array von Zahlen als Sequenz, können wir diese Methode verwenden, um das Array von Zeitpunkten zu erzeugen.

```
t_array = np . arange (0 , t_duration , Tg)
```

Dies wird ein Array von 0 bis (aber nicht einschließlich) t_duration (was 1 s ist) mit einem Zeitschritt von Tg (1 µs) erzeugen.

4.4 Array-Manipulation

Jetzt, da wir gesehen haben, wie man Arrays mit NumPy erstellt, ist der nächste Schritt, zu lernen, wie man sie manipuliert. Es gibt zwei Formen der Manipulation – das Durchführen von Berechnungen oder das Anwenden von Funktionen, und das andere ist das Extrahieren von Teilen eines Arrays, um ein anderes Array zu erstellen. Beide Formen der Manipulation werden in diesem Buch intensiv genutzt. In diesem Abschnitt werden wir uns mit dem Extrahieren von Teilen eines Arrays befassen, während der nächste Abschnitt sich mit dem Anwenden von Funktionen auf ein Array befassen wird.

Die Extraktion eines Teils eines Arrays wird als Slicing bezeichnet. Dieses Konzept existiert in den Kern-Python-Listen und wurde auf NumPy-Arrays übertragen, obwohl das Slicing in NumPy-Arrays im Vergleich zu regulären Python-Listen viel leistungsfähiger ist. Slicing wird in der Regel auf ähnliche Weise durchgeführt wie der Zugriff auf ein Element eines Arrays. Betrachten wir ein Beispielarray:

```
a = np . arange (10)
```

erzeugt

```
array([0, 1, 2, 3, 4, 5, 6, 7, 8, 9])
```

Um auf das Element am Index 3 zuzugreifen:

```
a [ 3 ]
```

wird 3 erzeugen, da die Indizes in Numpy-Arrays wie in den Kern-Python-Listen ab 0 gezählt werden. Wenn wir versuchen, auf ein Element zuzugreifen, das nicht existiert, erhalten wir einen index out of range-Fehler.

Wir haben im obigen Fall ein einzelnes Element extrahiert. Die allgemeine Methode zum Durchführen eines Slices ist:

```
<array >[[ start ] : stop [ : step ] ]
```

Wieder ist start optional, und wenn es übersprungen wird, ist es 0. Step ist ebenfalls optional, und wenn es übersprungen wird, ist es 1. Als Beispiel,

```
a [ : 3 ]
```

erzeugt:

```
array([0, 1, 2])
```

Das Slicing stoppt immer als 1 Element vor dem angegebenen stop auf eine Weise, die der Arbeitsweise der arange-Methode ähnelt. Also ist stop Index 3, aber der Slice gibt Elemente bis zum Elementindex $3-1=2$ zurück. Das Folgende ist ein Beispiel mit start und step:

```
a [ 2 : 7 : 2 ]
```

erzeugt:

```
array([2, 4, 6])
```

Mit diesem Hintergrund wollen wir uns das gerade erstellte Zeitpunktarray genauer ansehen.

```
t_array [ : 5 ]
```

erzeugt:

```
array([0.e+00, 1.e-06, 2.e-06, 3.e-06, 4.e-06])
```

Dies zeigt, dass der Unterschied zwischen zwei aufeinanderfolgenden Abtastwerten 1 μs beträgt, was der erzeugenden Frequenz von 1 MHz entspricht.

```
t_array . s i z e ()
```

erzeugt

```
999999
```

size() ist eine Methode, die bei jedem NumPy-Array verfügbar ist und die Größe des Arrays liefert.

Obwohl es noch viel mehr zum Slicing und Extrahieren in Bezug auf NumPy-Arrays gibt, werden wir hier vorerst aufhören. Im nächsten Kapitel wird das Konzept des Slicings zur Abtastung eines Signals und zur Anwendung des digitalen Filters verwendet.

4.5 Erzeugung von Wellenformen: Sinus- und Kosinusfunktionen

Im vorherigen Abschnitt haben wir gesehen, wie das Zerteilen verwendet werden kann, um Teile eines NumPy-Arrays zu extrahieren. Eine andere Möglichkeit, ein Array aus einem vorhandenen Array zu erstellen, besteht darin, eine Funktion auf das Array anzuwenden. Jede Programmiersprache ermöglicht die Berechnung eines Arrays in Bezug auf ein anderes Array. Da NumPy jedoch hauptsächlich für wissenschaftliche Berechnungen entwickelt wurde, im Gegensatz zu anderen Programmiersprachen, die für die allgemeine Programmierung entwickelt wurden, ist das Anwenden einer Funktion auf ein NumPy-Array viel einfacher und vor allem viel schneller.

Betrachten wir den Fall eines einfachen Arrays:

```
a = np . arange (0 , 3 , 0.5)
```

Angenommen, wir möchten jedes Element des Arrays mit 5 multiplizieren. In den meisten anderen Programmiersprachen würden wir durch das Array schleifen und unsere Berechnung für jedes Element des Arrays durchführen. Wir könnten dasselbe auch mit diesem NumPy-Array tun.

```
x = np . array ([5* i for i in a ] )
```

Wir verwenden die Python-Listen-Abstraktionen, um das NumPy-Array als Liste zu behandeln und eine neue Liste zu erstellen.

Der obige Code wird funktionieren. Wenn jedoch eine Funktion oder eine Berechnung auf ein einzelnes Element wie oben angewendet wird, ist die empfohlene Methode zur Erstellung des neuen Arrays, NumPy durch das folgende Array schleifen zu lassen:

```
x = 5*a
```

In dem obigen Fall erkennt NumPy, dass die Operation „5*“ auf jedes Element des Arrays „a“ angewendet werden muss und durchläuft das Array, während die Operation ausgeführt wird. Das Ergebnis ist das gleiche. Der Grund, warum dies bevorzugt wird, liegt in der Leistung. NumPys Schleifenmethode ist viel schneller als das Durchlaufen einer for-Schleife. Dies ist ein erheblicher Vorteil, wenn die Arrays groß und die endgültigen Berechnungen viel schneller sind. Darüber hinaus ist es viel bequemer, die Operation einfach wie oben zu schreiben und NumPy herausfinden zu lassen, wie sie auf jedes Element des Arrays angewendet werden soll, anstatt eine Schleife zu schreiben.

Diese Methode zur Erstellung eines neuen Arrays kann auch mit mathematischen Funktionen verwendet werden, z. B. mit der Sinusfunktion. Die Sinusfunktion ist mit dem Math-Modul verfügbar, das mit Python geliefert wird. NumPy hat jedoch auch eine Sinusfunktion. Der einfachste Weg zur Verwendung ist np.sin. Zum Beispiel:

```
np . sin (30*np . pi /180)
```

Ich berechne den Sinus von 30°, indem ich Grad in Radiant umwandle, indem ich mit $\pi/180$ multipliziere (π ist als np.pi verfügbar), da die np.sin-Methode den Winkel in Radiant benötigt. Dies ergibt:

```
0.49999999999999994
```

was wirklich 0,5 ist, abgesehen von der Auflösung des Dezimalbruchs.

Das Gleiche kann für den Kosinus durchgeführt werden:

```
np . cos (30*np . pi /180)
```

ergibt

```
0.8660254037844387
```

was wirklich $\frac{\sqrt{3}}{2}$ ist.

Wo NumPy-Methoden groß punkten, ist, dass sie Arrays direkt in einer ähnlichen Weise wie im obigen Beispiel behandeln können. Das Argument muss keine Zahl sein, die der Winkel in Radiant ist, sondern kann auch ein Array sein, das die Zahlen als Radiant hat, und die Funktion wird auf alle Elemente angewendet. Definieren wir ein Array von Winkeln:

```
a = np . array ([0 , 30 , 45 , 90])* np . pi /180
```

Grundsätzlich sind 0, 30, 45 und 90° alle in Radiant umgewandelt, indem das Array mit $\pi/180$ multipliziert wird. Diese Form der Multiplikation eines Arrays mit einem Skalar führt dazu, dass jedes Element des Arrays mit dem Skalar multipliziert wird, wie wir es oben getan haben. Anwendung der Sinusfunktion

```
np . sin (a)
```

ergibt

```
array([0.        , 0.5       , 0.70710678, 1.        ])
```

NumPy hat eine riesige Auswahl an mathematischen Funktionen – trigonometrisch, logarithmisch, Quadratwurzel und Exponenten –, die auf Arrays angewendet werden können. Die Kosinusfunktion kann ebenfalls angewendet werden:

```
np . cos (a)
```

ergibt

```
array([1.00000000e+00, 8.66025404e-01, 7.07106781e-01,
 6.12323400e-17])
```

Diese Methode der Anwendung von Funktionen auf Arrays wird in diesem Buch sehr oft verwendet, da wir Signale erzeugen und manipulieren.

4.6 Plotten mit Matplotlib

Matplotlib ist eines der beliebtesten Plot-Pakete, die mit Python verfügbar sind, und es ist auch kostenlos und Open Source. In diesem Buch werden wir nur Maplotlib für alle unsere Plot-Zwecke verwenden. Matplotlib bietet eine riesige Auswahl an Funktionen zur Erzeugung von Plots sowie zur Gestaltung von Plots, von denen viele wir in diesem Abschnitt beginnen, aber später im Buch erweitern werden.

Um Matplotlib zu verwenden, müssen wir das Pyplot-Paket importieren:

```
import maptplotlib . pyplot as plt
```

Das Importieren von maptplotlib.pyplot als plt ist lediglich eine Konvention, die in den meisten wissenschaftlichen Rechenprojekten befolgt wird, aber nicht notwendig ist. Wir können jetzt anfangen, plt in unserem Code zu verwenden. Bevor wir zum Plotten der Sinus- und Kosinuswellenformen springen, lassen Sie uns zuerst die plot-Funktion überprüfen.

Lassen Sie uns ein Array erzeugen:

```
a = np . arange (10)
```

Wir können dies plotten durch:

```
plt . plot (a)
plt . show ()
```

Wir erhalten eine gerade Linie, wie in Abb. 4.1 zu sehen ist.

Ein solches Diagramm ist ziemlich nutzlos. Nehmen wir an, wir multiplizieren a mit 4 und plotten es erneut.

```
a = a*4
plt . plot (a)
plt . show ()
```

Das Wiederholen des Plots ergibt eine steilere Linie, wie in Abb. 4.2 gezeigt. Es ist ziemlich offensichtlich, wenn man die Abb. 4.1 und 4.2 vergleicht, dass die plot-Funktion jedes Element des Arrays „a“ in Bezug auf den Index des Elements plottet.

Wir können auch eine x-Achse angeben, anstatt nur den Index zu verwenden. Lassen Sie uns ein weiteres Array aus „a“ erstellen:

```
x = a *0.1
```

Wir erstellen künstlich eine Zeitskala als x-Achse. Jetzt:

```
plt . plot (x , a)
plt . show ()
```

erzeugt Abb. 4.3. Wir geben dem plot-Befehl explizit an, dass das Array x (erstes Argument) die x-Achse und das Array a (zweites Argument) die y-Achse sind. Die x- und y-Achse werden nur aus Positionsargumenten bestimmt. Die einzige Be-

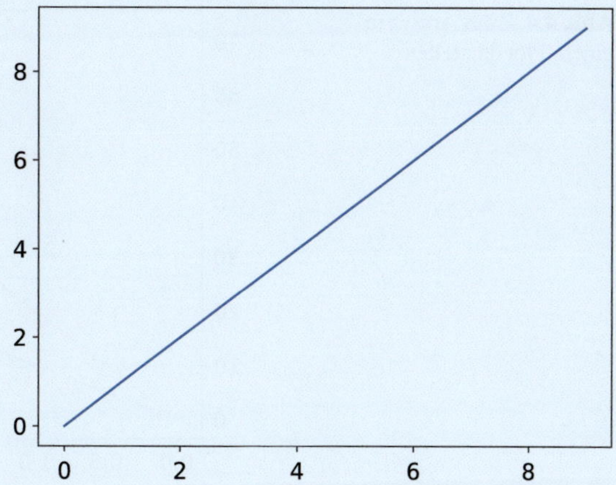

Abb. 4.1 Plotten einer Sequenz von Ganzzahlen

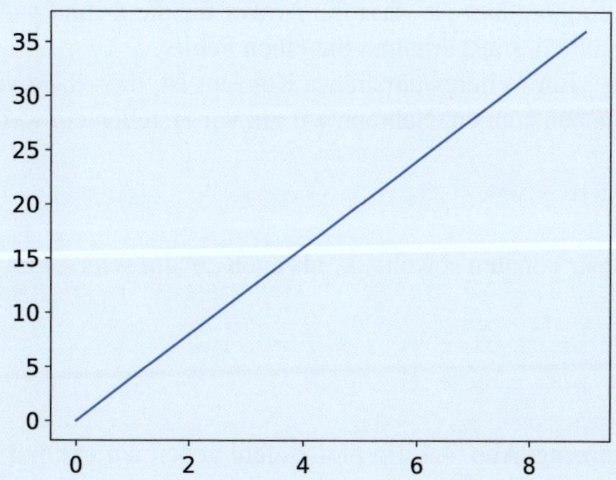

Abb. 4.2 Plotten eines Vielfachen einer Sequenz von Ganzzahlen

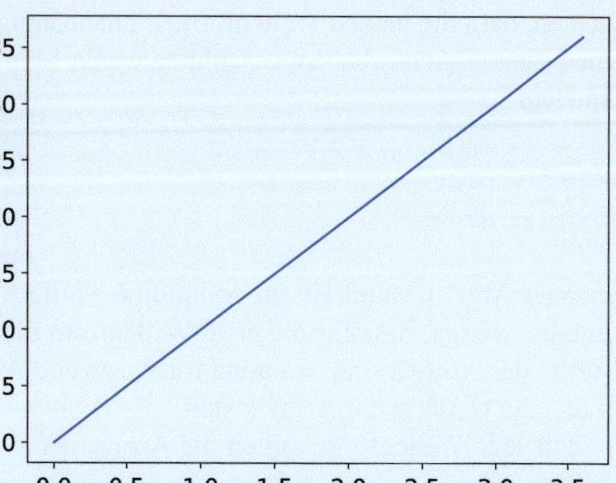

Abb. 4.3 Plotten eines Arrays in Bezug auf ein anderes Array

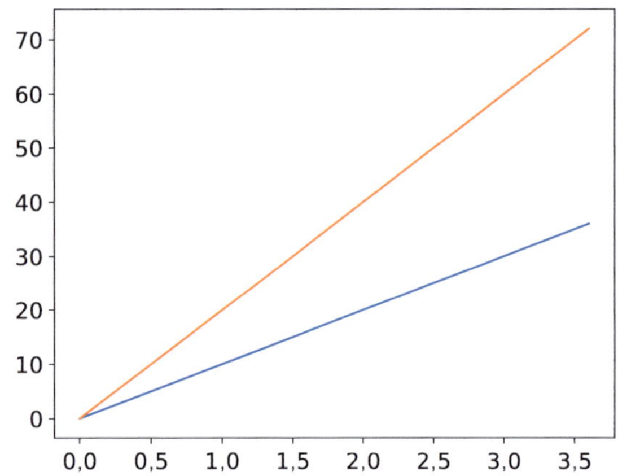

Abb. 4.4 Zwei Arrays in einem Plot darstellen

dingung hier ist, dass die Arrays für die x- und y-Achse die gleiche Größe haben sollten, sonst erhalten Sie einen Fehler.

Ein weiteres nützliches Konzept ist, dass Sie zwei Wellenformen in einem Plot haben können. Nehmen wir an, wir erstellen ein weiteres Array „b“, so dass:

```
b = 2*a
```

Wir könnten sowohl „a“ als auch „b“ im selben Plot wie folgt darstellen:

```
plt . plot (x , a , x , b)
plt . show ()
```

erzeugt Abb. 4.4. Im plot-Befehl geben wir explizit an – plotte das Array a auf der y-Achse in Bezug auf das Array x auf der x-Achse sowie das Array b auf der y-Achse in Bezug auf das Array x auf der x-Achse. Es ist äußerst wichtig zu beachten, dass die beiden Wellenformen unabhängig sind. Sie müssen nicht eine gemeinsame x-Achse haben, obwohl es wenig Sinn machen würde, damit herumzuspielen.

```
plt . plot (x , a , b , x)
plt . show ()
```

erzeugt Abb. 4.5 und ist für Matplotlib völlig akzeptabel. Alle Plot-Funktionen müssen wissen, dass für die erste Wellenform die x-Achse das Array x und die y-Achse das Array a sind, während für die zweite Wellenform die x-Achse das Array b und die y-Achse das Array x sind.

Für jede Wellenform sollten die Arrays der x- und y-Achse die gleiche Länge haben.

```
plt . plot (x , a , b , x [ 1 : ] )
```

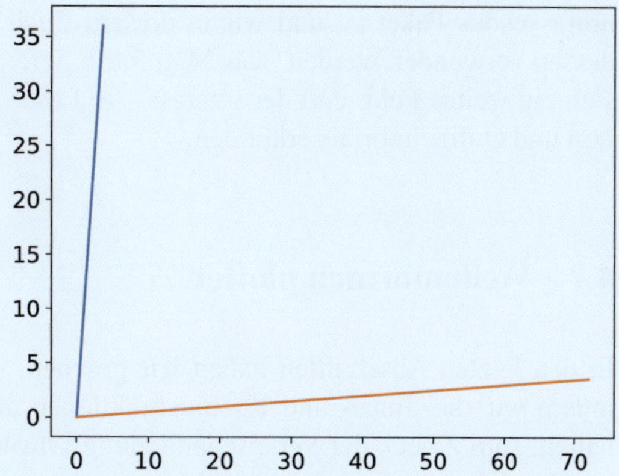

Abb. 4.5 Umkehrung der Plot-Achsen

Das wird nicht funktionieren. Die zweite Wellenform hat inkompatible x- und y-Achsen-Arrays, da wir das Slicing verwenden, um die Länge von x zu verringern. Der gesamte Befehl scheitert. Die Wellenformen müssen jedoch nicht die gleiche Länge untereinander haben. Zum Beispiel:

```
plt . plot (x , a , b [ 1 : ] , x [ 1 : ] )
plt . show ()
```

wird gut funktionieren, weil für die zweite Wellenform das Array der x-Achse und das Array der y-Achse die gleiche Länge haben, da das gleiche Slicing angewendet wurde. Die Längen der Arrays des ersten Plots, die größer sind als die Längen der Arrays des zweiten Plots, sind jedoch völlig akzeptabel und führen nicht zu einem Fehler.

Wir könnten das Array-Slicing strategisch verwenden, um Teile eines Arrays zum Plotten zu extrahieren. Betrachten Sie z. B. die folgenden Arrays:

```
x_short = x [ : : 2 ]
b_short = b [ : : 2 ]
```

Wir verwenden das step-Argument des Slicings, um jedes alternierende Element der Arrays x und b auszuwählen. Die resultierenden Arrays x_short und y_short haben jeweils die halbe Länge von x und b. Aber:

```
plt . plot (x , a , x_short , b_short )
plt . show ()
```

funktioniert auch perfekt. Denn alles, was zählt ist, dass in jeder Wellenform das y-Achsen-Array mit seinem x-Achsen-Array kompatibel sein muss.

In diesem Abschnitt haben wir die grundlegende Plot-Funktionalität von Matplotlib untersucht. Es ist wichtig zu beachten, dass Matplotlib ein sehr umfassendes Paket ist und wir in diesem Buch nur einen sehr kleinen Bruchteil dessen verwenden werden, was Matplotlib liefern kann. Datenvisualisierung ist an sich ein weites Feld, und der interessierte Leser sollte die Matplotlib-Dokumentation und Onlinetutorials erkunden.

4.7 Wellenformen plotten

In den letzten Abschnitten haben wir gesehen, wie wir Arrays erzeugen können, indem wir die Sinus- und Kosinusfunktionen auf jedes Element anwenden. Wir hatten, zum Zweck der Veranschaulichung, Musterarrays mit einigen Winkeln verwendet. Wir hatten auch einige Musterarrays geplottet. In diesem Abschnitt werden wir diese beiden Konzepte zusammenbringen, um Sinus- und Kosinuswellenformen zu erstellen und zu plotten, die wir später im Buch verwenden werden.

Im Allgemeinen wird für eine Sinuskurve der Frequenz f der Winkel zu einem Zeitpunkt t als Phasenwinkel bezeichnet und beträgt:

$$\theta = 2\pi ft = \omega t. \tag{4.1}$$

Das bedeutet, wir können den Sinus und Kosinus erzeugen als:

$$\sin \omega t, \tag{4.2}$$

$$\cos \omega t. \tag{4.3}$$

Wir haben bereits das Zeitpunktarray im vorherigen Abschnitt erzeugt. Wir können Sinus- und Kosinusarrays für jeden Zeitpunkt mit dem folgenden Codeblock erzeugen.

```
omega = 2*np . pi * f
sin_array = np . sin (omega* t_array )
cos_array = np . cos (omega* t_array )
```

Wir haben eine weitere Variable omega definiert und die Funktionen np.sin und np.cos auf das Array omega*t_array angewendet, das lediglich omega multipliziert mit jedem Element des Zeitpunktarrays ist. Der gesamte Codeblock ist daher:

```
f = 50.0
omega = 2*np . pi * f
T = 1/ f
fg = 1.0 e+6
Tg = 1/ fg
t_duration = 1.0
t_array = np . arange (0 , t_duration , Tg)
sin_array = np . sin (omega* t_array )
cos_array = np . cos (omega* t_array )
```

Mit den obigen Sinus- und Kosinusarrays können wir nun die plot-Funktion im vorherigen Abschnitt verwenden, um die Wellenformen zu plotten.

```
plt . plot ( t_array , sin_array )
plt . show ()
```

erzeugt die Sinuswellenform, wie in Abb. 4.6 gezeigt.

```
plt . plot ( t_array , cos_array )
plt . show ()
```

erzeugt die Kosinuswellenform, wie in Abb. 4.7 gezeigt. Wir könnten die beiden Plots in einem Befehl zusammenfassen, um den in Abb. 4.8 gezeigten Plot zu erhalten:

```
plt . plot ( t_array , sin_array , t_array , cos_array )
plt . show ()
```

Abb. 4.6 Sinuswelle

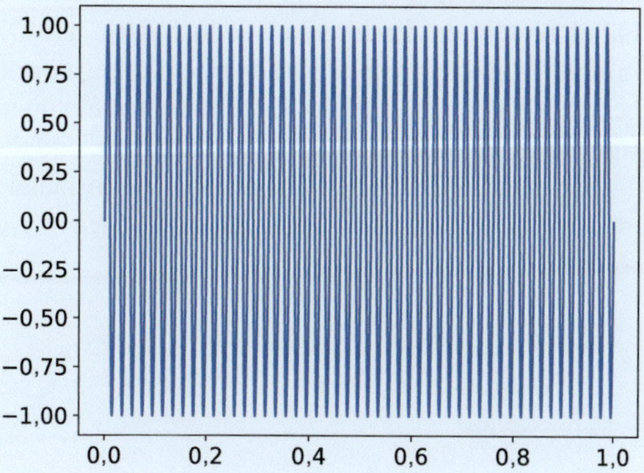

Abb. 4.7 Kosinuswelle

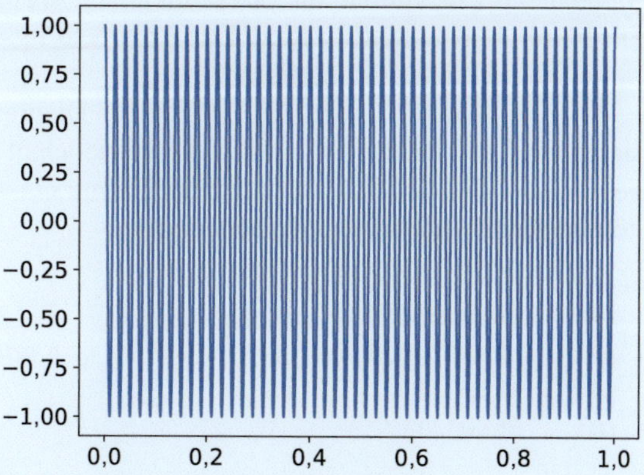

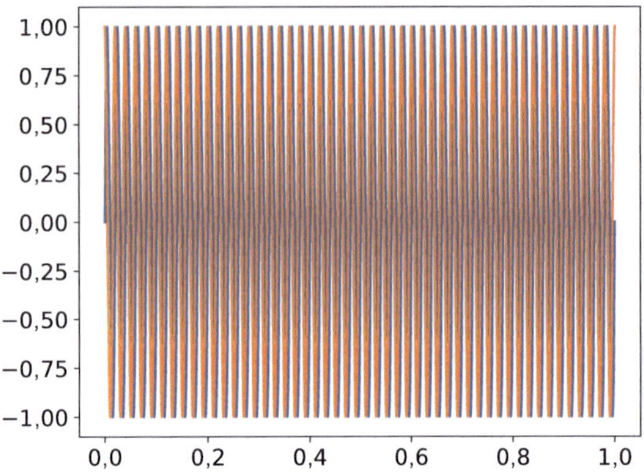

Abb. 4.8 Sinus- und Kosinuswellen

Wie aus den obigen Diagrammen recht offensichtlich ist, würde ein bisschen visuelles Design sie etwas nützlicher machen. Bei der Verwendung von Matplotlib führen die obigen Befehle zu einem neuen Fenster, das einige interaktive Funktionen wie Zoom hat, wo Sie einen Teil des Diagramms erweitern können. In einigen Fällen besteht das Endergebnis jedoch darin, ein Diagramm zu erstellen, das direkt in eine Bilddatei gespeichert werden kann, normalerweise zum Zweck der Einbeziehung in einen Bericht. Es gibt viele Befehle, um Diagramme zu verschönern. Einige davon sind jedoch sehr gebräuchlich, und diese werden unten gezeigt.

Die übliche Größe des Diagramms ist normalerweise etwas klein. Um eine Dimension des Diagramms anzugeben, können wir die figure-Methode mit plt verwenden.

```
plt . figure ( f i g s i z e =(10 ,8))
plt . plot ( t_array , sin_array , t_array , cos_array )
plt . show ()
```

Die figure-Methode erstellt zunächst ein neues Diagramm. Bis eine neue figure-Methode auftritt, führen alle plot-Funktionen dazu, dass Wellenformen zu diesem Diagramm hinzugefügt werden. Das Argument figsize hilft, das als nächstes generierte Diagramm zu konfigurieren.

Wie Sie bemerken, wird der Bereich des Diagramms von der plot-Methode basierend auf den Daten festgelegt. Das ist vielleicht nicht das, was Sie wollen. Angenommen, Sie möchten, dass das Diagramm einen x-Bereich von 0 bis 0,04 hat, können Sie die xlim-Methode verwenden:

```
plt . figure ( f i g s i z e =(10 ,8))
plt . plot ( t_array , sin_array , t_array , cos_array )
plt . xlim ([0 , 0.04])
plt . show ()
```

um Abb. 4.9 zu erzeugen. Die xlim-Methode akzeptiert als Argumente entweder den Start und das Ende des x-Achsen-Diagramms oder ein einzelnes Argument als Liste, die den Start und das Ende als Listenelemente hat.

Auf ähnliche Weise könnten Sie auch den y-Achsen-Bereich mit der ylim-Methode ändern:

```
plt . figure ( f i g s i z e =(10 ,8))
plt . plot ( t_array , sin_array , t_array , cos_array )
plt . xlim ([0 , 0.04])
plt . ylim ([−1.5, 1 . 5 ] )
plt . show ()
```

Abb. 4.10 hat sowohl die x- als auch die y-Achsenbereiche definiert, um das Diagramm deutlicher sichtbar zu machen.

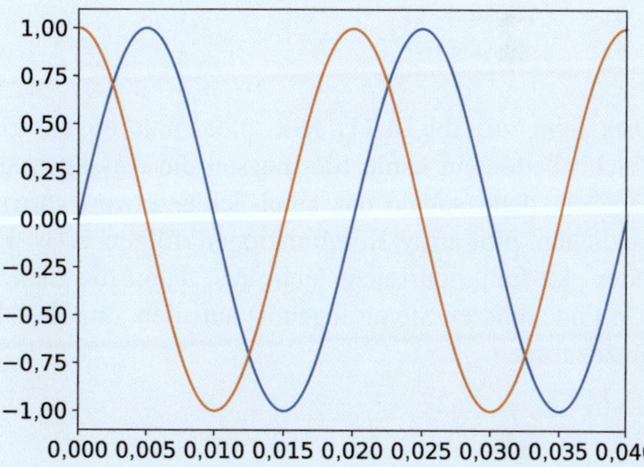

Abb. 4.9 Sinus- und Kosinuswellen mit x-Achsen-Zoom

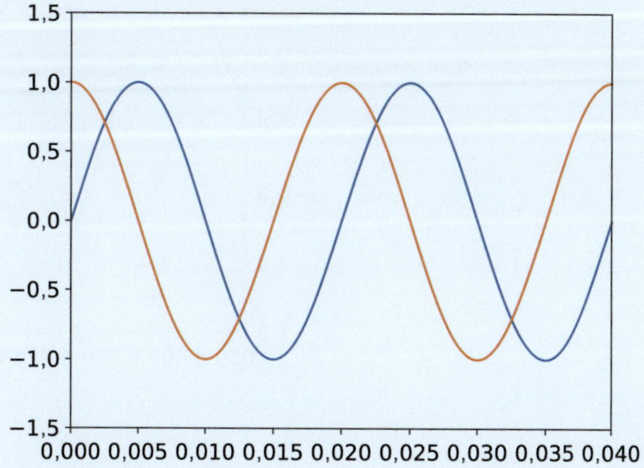

Abb. 4.10 Sinus- und Kosinuswellen mit einem x- und y-Achsen-Zoom

Da es in diesem Diagramm nur zwei Wellenformen gibt, können Sie eine Wellenform aus der anderen in Abb. 4.10 herausfinden. Aber wenn es viele gibt, verlieren Sie den Überblick, es sei denn, Sie kennzeichnen sie speziell und markieren die Etiketten irgendwo im Diagramm. In diesem Fall benötigen Sie eine Legende. Um eine Legende hinzuzufügen, müssen Sie einige Dinge tun. Zuerst müssen wir unsere plot-Anweisungen aufteilen. Wie bereits erwähnt, erstellt eine figure()-Methode ein neues Plot-Objekt. Alle nachfolgenden plot-Funktionen führen dazu, dass Wellenformen zu dieser Abbildung hinzugefügt werden. Wenn die nächste figure()-Methode auftritt, wird ein neues Diagramm für die folgenden plot-Funktionen erstellt.

```
plt . figure ( f i g s i z e =(10, 8))
plt . plot ( t_array , sin_array , label =' sin ' )
plt . plot ( t_array , cos_array , label ='cos ' )
plt . xlim ([0 , 0.04])
plt . ylim ([−1.5, 1 . 5 ] )
plt . legend ()
plt . show ()
```

Dies führt zu Abb. 4.11. Jede plot-Funktion hat ein Label, das eine beliebige Zeichenkette sein kann. Sie müssen die Aussagen aufteilen, wenn Sie ein Label angeben, denn sobald das label-Schlüsselwort auftritt, können danach keine zusätzlichen plot-array-Kombinationen folgen. Das Hinzufügen eines Labels zu jeder plot-Funktion reicht nicht aus, damit die Labels im Plot angezeigt werden. Am Ende müssen Sie plt.legend() aufrufen, um diese Labels zur Legende des Plots hinzuzufügen.

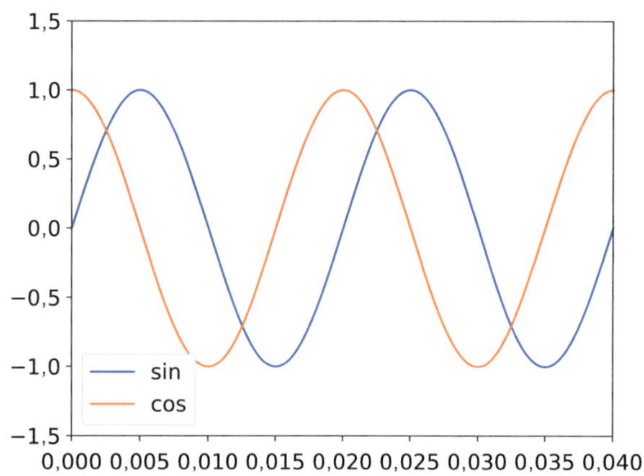

Abb. 4.11 Diagramm mit einer Legende

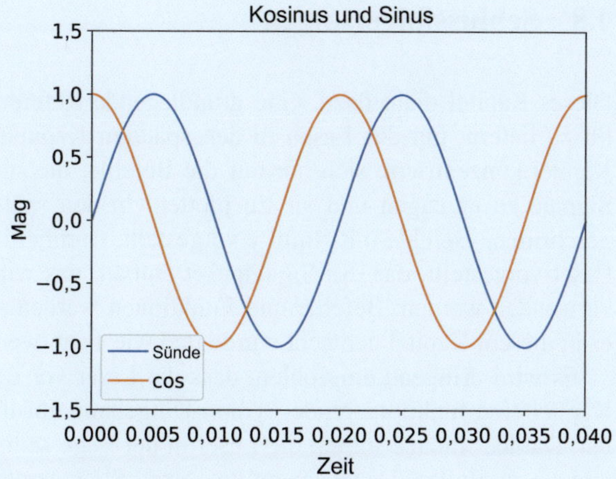

Abb. 4.12 Diagramm mit Namen und Dimensionen

Dem Diagramm, das jetzt viel klarer aussieht als zuvor, könnten wir die letzten Schliffe hinzufügen. Wir könnten unserem Diagramm einen Namen geben, indem wir die title()-Methode verwenden, und den x- und y-Achsen Namen geben, indem wir die xlabel()- und ylabel()-Methoden verwenden:

```
plt . figure ( f i g s i z e =(15 ,10))
plt . plot ( t_array , sin_array , label =' sin ' )
plt . plot ( t_array , cos_array , label ='cos ' )
plt . xlim (0 , 0.04)
plt . ylim (−1.5, 1.5)
plt . legend ()
plt . t i t l e ( ' cosine and sine ' )
plt . xlabel ( 'Time ' )
plt . ylabel ( 'Mag ' )
```

erzeugt das Diagramm von Abb. 4.12.

Wie bereits erwähnt, ist Matplotlib ein sehr umfangreiches Diagrammpaket und eine detaillierte Beschreibung aller verfügbaren Funktionen geht über den Rahmen dieses Buches hinaus. Datenvisualisierung ist jedoch eine wertvolle Fähigkeit, und ich würde den interessierten Leser ermutigen, nach Onlinetutorials zu diesem Thema zu suchen.

4.8 Schlussfolgerungen

Dieses Kapitel dient dazu, eine grundlegende Referenz zu NumPy und Matplotlib zu liefern, um das Lesen in den späteren Kapiteln etwas zu erleichtern. Das Kapitel konzentrierte sich nur auf die Befehle, die später verwendet werden, um Signale zu erzeugen und sie zu plotten. In den späteren Kapiteln werden fortgeschrittene Befehle mit NumPy vorgestellt. Darüber hinaus wird auch das SciPy-Paket vorgestellt, das das Signalpaket enthält, das wir für die Signalverarbeitung verwenden werden. Befehle und Funktionen werden schrittweise vorgestellt, wie es in diesem Kapitel gemacht wurde und wie es notwendig erscheint.

Es wird dringend empfohlen, dass die Leser vor dem Übergang zum nächsten Kapitel eine funktionierende Python-Umgebung auf ihren Computern haben sollten. Darüber hinaus sollten die Leser in der Lage sein, Wellenformen zu erzeugen und sie zu plotten. Das Konzept des Array-Slicings wird im nächsten Kapitel ausführlicher behandelt, obwohl es ratsam ist, mit den gegebenen Beispielen vertraut zu sein.

Literatur

1. Downey, A. B. (2015). *Think Python: How to Think Like a Computer Scientist* (2. Aufl.). O'Reilly.
2. Beazley, D., & Jones, B. K. (2013). *Python Cookbook* (3. Aufl.). O'Reilly.

Kapitel 5
Digitale Implementierung von analogen Filtern

5.1 Einführung

In Kap. 3 haben wir einige grundlegende Theorien zur Signalverarbeitung behandelt. Wir haben die Laplace-Transformation eingeführt und die Vorteile ihrer Verwendung insbesondere in der Elektrotechnik untersucht, da sie viele der häufig auftretenden zeitvariablen Signale in Polynome in der Frequenz umwandelt. Wir haben auch untersucht, wie die Laplace-Transformation im digitalen Bereich angewendet werden kann und die letztendliche Übersetzung in eine Zeitbereichsgleichung in Bezug auf Signalabtastwerte.

In diesem Kapitel werden wir die Laplace-Transformation und den digitalen Umwandlungsprozess verwenden, um digitale Modelle für die in der Energietechnik häufig auftretenden Komponenten zu erzeugen. Wir beginnen mit passiven Komponenten wie Spulen und Kondensatoren und leiten die digitalen Modelle für sie ab. Dann stellen wir Python-Code vor, um diese Modelle in einer Simulation zu implementieren. Wir werden Simulationsergebnisse untersuchen, um zu überprüfen, ob diese Modelle ihren analogen Gegenstücken entsprechen. Schließlich leiten wir das digitale Modell für den LC-Filter ab. Wir wiederholen den Prozess der Ableitung des mathematischen Modells und der Implementierung des digitalen Modells mit Python-Code.

Das Hauptziel dieses Kapitels besteht darin, dem Leser zu vermitteln, dass die meisten Filterungen, die digital durchgeführt werden, in Bezug auf analoge Schaltungen wahrgenommen werden können [1, 2]. In vielerlei Hinsicht bildet der LC-Filter die Grundlage für die meisten Filterungen, die in der Energietechnik implementiert werden. Dieses Kapitel schlägt die Brücke zwischen bekannten analogen Schaltungen und der digitalen Welt der Filter. Im nächsten Kapitel werden wir

S. V. Iyer, *Digitales Filterdesign mit Python für Anwendungen in der Energietechnik*, https://doi.org/10.1007/978-3-031-58983-6_5

beginnen, Filter ohne Bezug zu analogen Schaltungen zu untersuchen. Bevor wir dies jedoch tun, wird dieses Kapitel dem Leser beschreiben, dass digitale Filter sich unter der Haube sehr ähnlich zu ihren analogen Gegenstücken verhalten.

5.2 Digitale Implementierung eines Kondensatorfilters

In diesem Abschnitt beginnen wir mit dem Schreiben von Code, der einen Kondensator emuliert. Der erste Schritt besteht darin, einen Kondensator als mathematisches System im Gegensatz zu einer Schaltungskomponente auszudrücken [1, 2]. Daher müssen wir, um den Kondensator emulieren zu können, ihn als eine Blackbox wahrnehmen, die einen Eingang erhält und einen Ausgang erzeugt. Im vorherigen Kapitel haben wir untersucht, wie das Verhalten des Kondensators aus den Gleichungen, die ihn beschreiben, abgeleitet werden kann. In diesem Abschnitt beginnen wir mit den Gleichungen, um ein Blackbox-Modell für den Kondensator abzuleiten.

Abb. 5.1 zeigt einen Kondensator, der über zwei Knoten verbunden ist. Dies ist typischerweise der Fall, wenn ein Kondensator als Filter in einer Schaltung verwendet wird, um Hochfrequenzströme zu umgehen und eine glatte Spannung darüber zu erzeugen. Wie zuvor ist die Spannung über den Kondensator

$$v(t) = \frac{1}{C} \int i(t) dt. \tag{5.1}$$

Wir haben bereits gesehen, dass wir eine Laplace-Transformation auf die obige Gleichung anwenden können, um dies in eine Gleichung mit der Frequenz s umzuwandeln:

$$V(s) = \frac{1}{sC} I(s). \tag{5.2}$$

In den obigen Gleichungen drücken wir die Spannung über den Kondensator in Bezug auf den Strom im Zweig aus. Wie bereits erwähnt, besteht der Zweck des Anschlusses eines Kondensators darin, eine glatte Spannung über den Knoten zu erzeugen, zwischen denen der Kondensator verbunden ist. Die Ausgangsspannung

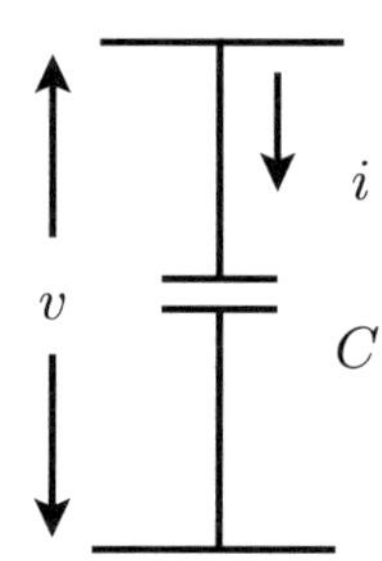

Abb. 5.1 Zweig mit Kondensator

$v(t)$ über den Kondensator ist daher der Ausgang der Blackbox, für die wir versuchen, ein Modell abzuleiten. Aus den obigen Gleichungen geht hervor, dass die Spannung durch den Strom im Zweig bestimmt wird. Daher ist der Strom im Zweig der Eingang zum Modell.

Die obigen Gleichungen waren Zeitbereich- und Frequenzbereichsgleichungen für den Kondensator, aber im kontinuierlichen Bereich. Wir können dies in den digitalen Bereich umwandeln, indem wir die bilineare Transformation verwenden, die die kontinuierliche Frequenz s in Bezug auf die digitale Frequenz z ausdrückt:

$$s = \frac{2}{T}\frac{z-1}{z+1}. \tag{5.3}$$

Die detaillierte Beschreibung der obigen Ableitung finden Sie in Kap. 3. Die Substitution der obigen ergibt die umgewandelte Funktion im digitalen Bereich:

$$V(z) = \frac{1}{C}\frac{T}{2}\frac{z+1}{z-1}I(z). \tag{5.4}$$

Mit der obigen Gleichung haben wir ein Modell für den Kondensator im digitalen Bereich. Die Frage stellt sich jedoch, wie wir aus einer solchen Gleichung einen Filter in einem Prozessor implementieren können. In der obigen Gleichung ist z immer noch eine komplexe Frequenz im digitalen Bereich. In Kap. 3 hatten wir beschrieben, wie sowohl s als auch z als komplexe Frequenzen sowie als Operatoren wahrgenommen werden können. z ist der Vorschuboperator und $\frac{1}{z}$ oder $z-^{1}$ ist der Verzögerungsoperator. Lassen Sie uns die obige Gleichung neu anordnen:

$$2C(z-1)V(z) = T(z+1)I(z). \tag{5.5}$$

Wie zuvor gelernt, erzeugt z als Vorschuboperator eine Reihe von Abtastwerten im Zeitbereich, die um einen Abtastwert in die Zukunft verschoben sind:

$$zV(z) \leftrightarrow \mathcal{L}\{v[n+1]\}. \tag{5.6}$$

Hier ist n der Index des Abtastwerts, $n = 0, 1, 2, \ldots$. Dies folgt aus unserem Wissen:

$$V(z) \leftrightarrow \mathcal{L}\{v[n]\}, \tag{5.7}$$

wobei es eine Äquivalenz zwischen einem Term in der digitalen Laplace-Bereich und dem abgetasteten zeitveränderlichen Signal gibt.

Wenn der Vorschuboperator angewendet wird, wird die transformierte Gleichung in Bezug auf digitale Abtastwerte:

$$2C[v(n+1) - v(n)] = T[i(n+1) + i(n)]. \tag{5.8}$$

Die obige Gleichung wird als Differenzengleichung bezeichnet, analog zu einer Differentialgleichung im kontinuierlichen Zeitbereich.

Eine Differenzengleichung wie die oben genannte wird iterativ gelöst. Für jeden Abtastwert n gilt Gl. (5.8). Nehmen Sie z. B. einen bestimmten Abtastwert, n = 10:

$$2C[v(11) - v(10)] = T[i(11) + i(10)]. \tag{5.9}$$

Normalerweise, wenn wir einen Abtastwert auswählen, hier $n = 10$, befinden wir uns an diesem Zeitpunkt. Wir haben Informationen über den 10. Abtastwert, der unsere Gegenwart ist, und wir haben auch Informationen über die Vergangenheit – Abtastwerte 0 bis 9. Wir haben jedoch keine Informationen über die Zukunft – das ist der 11. Abtastwert. Am wichtigsten ist, $v(11)$ ist unbekannt, weil wir nicht wissen, was die zukünftige Ausgabe sein wird, da $v(11)$ die Ausgabe des Modells ist. Daher müssen wir die Art und Weise ändern, wie wir unsere Differenzengleichung schreiben, da Gl. (5.8) Abtastwerte aus der Zukunft enthält.

Im Allgemeinen, wenn eine Laplace-transformierte Gleichung im digitalen Bereich in den Zeitbereich mit diskreten Abtastwerten umgewandelt wird, führt der Operator z immer zu zukünftigen Abtastwerten von Signalen. Um dieses Problem zu beseitigen, entfernen wir alle Verweise auf z und ersetzen sie durch z^{-1}. Gl. (5.8) kann umgeschrieben werden, indem beide Seiten durch z geteilt werden:

$$2C(1 - z^{-1})V(z) = (1 + z^{-1})I(z). \tag{5.10}$$

Wir haben den Vorschuboperator z durch den Verzögerungsoperator $z{-}^{1}$ ersetzt. Lassen Sie uns sehen, wie die transformierte Differenzengleichung in Bezug auf den Verzögerungsoperator aussieht:

$$2C[v(n) - v(n-1)] = T[i(n) + i(n-1)]. \tag{5.11}$$

Nehmen wir nun den gleichen 10. Abtastwert – $n = 10$:

$$2C[v(10) - v(9)] = T[i(10) + i(9)]. \tag{5.12}$$

Die obige Gleichung benötigt den 10. Abtastwert (den gegenwärtigen Augenblick) und den 9. Abtastwert (ein Abtastwert in die Vergangenheit) sowohl des Eingangsstroms i als auch der Ausgangsspannung v. Diese Gleichung kann nun gelöst werden. Was kennen wir? $i(10)$ – der gegenwärtige Strom, weil er der Eingang ist. $i(9)$ – der vergangene Eingang, der im Speicher aus der vorherigen Iteration gespeichert werden kann. $v(9)$ ist ebenfalls bekannt, weil es die vergangene Ausgabe ist und ebenfalls aus der vorherigen Iteration im Speicher gespeichert werden kann. $v(10)$ ist die einzige Unbekannte, weil wir sie noch berechnen müssen und dies die gegenwärtige Ausgabe des Modells ist. Also ist

$$v(n) = \frac{T[i(n) + i(n-1)] + 2Cv(n-1)}{2C} \tag{5.13}$$

die Gleichung, die wir für jeden Abtastwert lösen werden, um den gegenwärtigen Ausgabewert zu erhalten.

5.3 Programmierung des Kondensatorfilters

Im vorherigen Abschnitt haben wir ein mathematisches Modell für eine digitale Filteremulation eines Kondensators abgeleitet. Wir haben das Modell als Differenzengleichung in Bezug auf diskrete Eingangs- und Ausgangsabtastwerte ausgedrückt. In diesem Abschnitt werden wir den Code für dieses digitale Filtermodell erstellen.

Bevor wir das digitale Modell des Kondensators codieren, müssen wir die Grundlage dafür legen, wie ein digitales System simuliert wird. Im vorherigen Kapitel hatten wir Sinus- und Kosinuswellenformen mit NumPy erzeugt und sie mit Matplotlib geplottet. Lassen Sie uns dieses Konzept verwenden und mit der Erzeugung des Eingangssignals für das digitale Modell beginnen. Lassen Sie uns den Eingangsstrom *i* als einfache Sinuswelle nehmen:

```
import numpy as np
import matplotlib.pyplot as plt

Imag = 5.0                  # Amps
f = 50                      # Hertz
omega = 2*np.pi*f           # rad/s
Tg = 1.0e-6             # microseconds
t = np.arange(0, 1.0, 1.0e-6)
i = Imag*np.sin(omega*t)
```

Der obige Codeblock erzeugt zwei NumPy-Arrays t und i, die wir darstellen können:

```
plt.plot(t, i)
plt.xlim([0, 0.06])
plt.title(''Input current'')
plt.xlabel(''Time'')
plt.ylabel(''Amps'')
plt.show()
```

was die Darstellung von Abb. 5.2 erzeugt.

Das Signal in Abb. 5.2 ist das Stromsignal, das mit einer Auflösung von 1 μs erzeugt wurde. Durch die Wahl einer Zeitschrittauflösung von 1 μs stellen wir ein ziemlich genaues Signal sicher. Allerdings müsste der Zeitschritt in Bezug auf die Auflösung und die Frequenz des zu erzeugenden Signals gewählt werden. Für ein Signal von 50 Hz erzeugt ein Zeitschritt von 1 μs ein genaues Signal. Dieses Signal ist jedoch das simulierte Signal. In einer praktischen Anwendung würde dieses Signal von einem Sensor erhalten werden. Wie bereits in Kap. 2 erklärt, ist der erste Schritt bei jeder digitalen Implementierung die Abtastung.

Die Wahl der Abtastfrequenz hängt von unserer beabsichtigten Anwendung ab. Am wichtigsten ist, dass die Abtastung so durchgeführt werden muss, dass das resultierende digitale System das Signal von Interesse mit ausreichender Genauigkeit erfasst. Um die Abtastfrequenz zu wählen, verwenden wir das Nyquist-Kriterium. Theoretisch müssen Sie nach dem Nyquist-Kriterium mit einer Frequenz von mindestens dem Doppelten der Frequenz des Signals von Interesse abtasten. In der Praxis müssen Sie jedoch mit einer Frequenz von mindestens dem 10Fachen der Frequenz des Signals von Interesse abtasten.

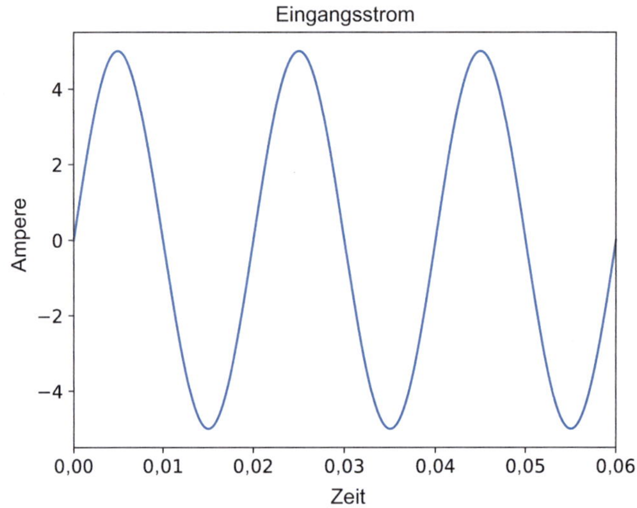

Abb. 5.2 Eingangsstrom

Da wir ein Signal mit einer Frequenz von 50 Hz haben, wählen wir eine Abtastfrequenz von 5000 Hz. Wir tasten also mit einer Frequenz ab, die 100-mal größer ist als das Signal. Wie kodieren wir das? Eine Abtastfrequenz von 5000 Hz ergibt ein Abtastzeitintervall von 200 µs. Da das Eingangssignal mit einem Zeitschritt von 1 µs erzeugt wird, bedeutet dies, dass die Abtastung 200 Signaldatenelemente, die erzeugt werden, überspringt. Daher können wir bequem das NumPy-Array-Slicing verwenden:

```
T = 200.0e-6    # Sampling time period of 200 mico secs
  or 5 kHz
no_of_samples = int(T/Tg)
t_samples = t[::no_of_samples]
i_samples = i[::no_of_samples]
```

Wir haben zwei neue NumPy-Arrays t_samples und i_samples erstellt. i_samples ist der abgetastete Strom, den wir im nächsten Schritt für das digitale Modell verwenden werden. Das Array t_samples wird zu einem späteren Zeitpunkt zum Plotten verwendet, enthält aber die Zeitpunkte, zu denen die Abtastung durchgeführt wird. Damit haben wir nun einen ADC simuliert.

Bevor wir den digitalen Filter implementieren, lassen Sie uns das abgetastete Signal im Vergleich zum ursprünglichen Signal darstellen:

```
plt.plot(t, i, label=''orig'')
plt.plot(t_samples, i_samples, label=''samp'')
plt.xlim([0, 0.02])
```

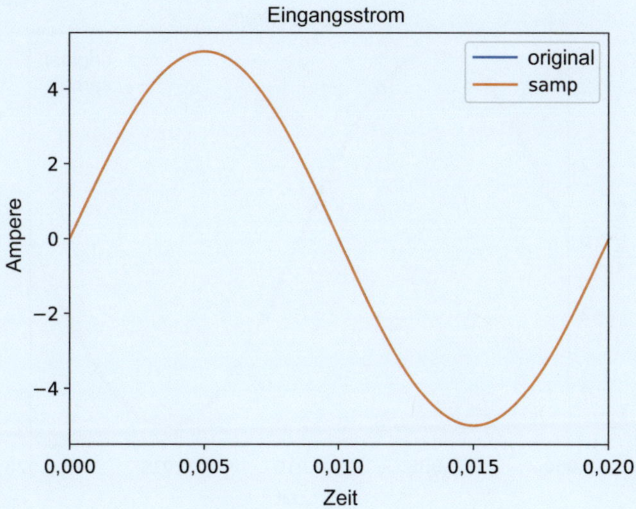

Abb. 5.3 Abtastung des Eingangsstroms

Die obigen plot-Befehle erzeugen die Darstellung von Abb. 5.3. Hier scheint ein Fehler vorzuliegen, da die beiden Wellenformen überlappen. Auf den ersten Blick scheint es, als ob die Abtastung fehlgeschlagen und die abgetasteten Ströme i_samples und i die gleichen Arrays sind. Der Grund für die Überlappung liegt jedoch in der Einstellung von Matplotlib. Wenn Signale auf die oben beschriebene Weise dargestellt werden, interpoliert die plot-Funktion zwischen den Abtastwerten mit einer geraden Linie. Aufgrund dieser Interpolation überlappen die beiden Plots.

Um explizit zwischen der abgetasteten Wellenform und dem ursprünglichen simulierten Signal zu unterscheiden, verwenden wir das Argument „ds“ im plot-Befehl:

```
plt.plot(t, i, label=''orig'', ds=''steps'')
plt.plot(t_samples, i_samples, label=''samp'',
 ds=''steps'')
plt.xlim([0, 0.02])
```

Wenn „ds“ auf „steps“ gesetzt wird, wird die Interpolation zwischen den Datenpunkten deaktiviert, und der Plot erzeugt nun eine Treppenstufe zwischen zwei Datenpunkten. Abb. 5.4 zeigt das abgetastete Stromsignal als Treppenwellenform im Vergleich zum ursprünglichen Signal, das immer noch eine glatte Sinuswelle ist. Das ursprüngliche Signal erscheint immer noch als glatte Wellenform, obwohl „ds = steps“ an es übergeben wurde. Dies ist auf die Auflösung der Wellenform zurückzuführen, da wir einen Zeitschritt von 1 μs gegenüber einem Abtastzeitintervall von 200 μs verwenden.

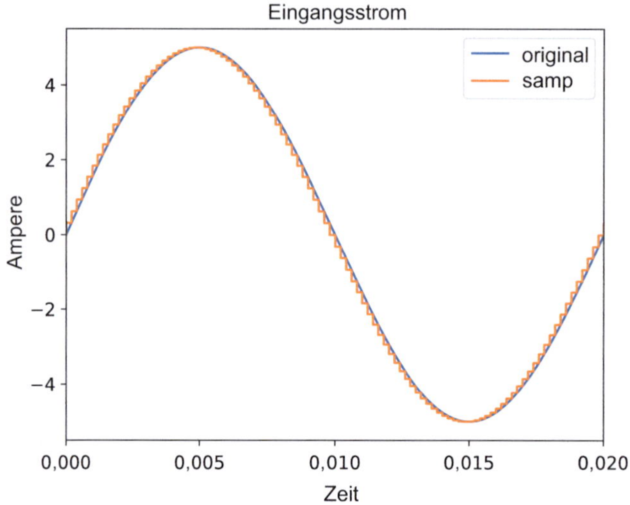

Abb. 5.4 Abtastung des Eingangsstroms

Da wir Abtastwerte aus dem Eingangsstrom extrahiert haben, um unser digitales Modell von Gl. (5.13) zu implementieren, müssen wir durch diese Abtastwerte schleifen. Lassen Sie uns dieses Modell erneut betrachten, um unsere Implementierung zu planen:

$$v(n) = \frac{T[i(n) + i(n-1)] + 2Cv(n-1)}{2C}. \tag{5.14}$$

Für jeden Abtastwert verwenden wir gegenwärtige und vergangene Abtastwerte, sowohl des Eingangs als auch des Ausgangs. Daher wird es in diesem Fall nicht möglich sein, bequem eine Funktion auf das NumPy-Array anzuwenden, wie wir es getan haben, als wir eine Sinuswelle erzeugten. Durch das Durchlaufen der Abtastwerte erhalten wir die Flexibilität, benutzerdefinierten Code zu schreiben. Darüber hinaus führt das Durchlaufen der Abtastwerte zu einer digitalen Modellimplementierung, die in Hardware übersetzt werden kann.

Es gibt zwei Möglichkeiten, durch ein NumPy-Array zu schleifen. Die erste ist die Verwendung der Methode np.nditer, die die Elemente des Arrays als iterierbar zurückgibt. Zum Beispiel:

```
for i_val in np.nditer(i_samples):
    # code
```

Mit der obigen for-Schleife wird jedes Element des i_samples-Arrays als Variable i_val für den Codeblock innerhalb der for-Schleife verfügbar sein. Eine solche for-Schleife ist für viele Fälle ausreichend. Es gibt jedoch eine andere Möglichkeit, durch ein NumPy-Array zu iterieren, die nicht nur jedes Element, sondern auch den Index jedes Elements liefert. Dazu wird die Methode np.ndenumerate verwendet:

```
for i_index, i_val in np.ndenumerate(i_samples):
    # code
```

Die Methode np.ndenumerate erstellt ein iterierbares Objekt aus dem Array, das ein Tupel mit dem Index sowie dem Element zurückgibt. In diesem Buch werden wir diese Methode zum Durchlaufen eines NumPy-Arrays verwenden, da sie auch den Index liefert, der nützliche Daten darstellt.

Mit der festgelegten Abtastmethode und einer Möglichkeit, Berechnungen für jeden Abtastwert durchzuführen, ist der nächste Schritt die Implementierung des Modells. Der erste Schritt im Modell besteht darin, die Variablen und den benötigten Speicherplatz zu bestimmen. Im Modell von Gl. (5.13) gibt es den Eingangsstrom i und die Ausgangsspannung v. Im Allgemeinen bezeichnen wir bei der Implementierung eines digitalen Filters den Eingang des Filters als u und den Ausgang des Filters als y. Der nächste Schritt besteht darin, Speicherplatz für diese Variablen zu reservieren. Aus Gl. (5.13) geht hervor, dass wir für jede Berechnung des Ausgangs den aktuellen Eingang, den unmittelbaren vorherigen Abtastwert des Eingangs und den unmittelbaren vorherigen Abtastwert des Ausgangs benötigen. Sowohl für den Eingang als auch für den Ausgang benötigen wir zwei Abtastwerte – einen für die aktuellen Signalwerte und einen für die Signalwerte in der unmittelbaren Vergangenheit. Daher werden die folgenden Array-Initialisierungen ausreichen:

```
u = np.array([0.0, 0.0])
y = np.array([0.0, 0.0])
```

Wir haben den Eingang u und den Ausgang y als Arrays mit zwei Elementen deklariert und die Elemente auf 0 initialisiert. Wir könnten eines der Elemente als aktuellen Wert und das andere Element als unmittelbaren vorherigen Abtastwert zuweisen. Zum Beispiel könnte u[0] $u[n]$ sein, während u[1] $u[n-1]$ sein könnte, während y[0] $y[n]$ sein könnte, während y[1] $y[n-1]$ sein könnte. Innerhalb der for-Schleife kann der Filter wie folgt implementiert werden:

```
u[0] = i_val
y[0] = ( T*u[0] + T*u[1] + 2*C*y[1] ) / (2*C)
```

Wir haben das Modell des Kondensators in eine Zeile Python-Code übersetzt. Der aktuelle Eingang u[0] wird das aktuelle Element i_val sein, das iteriert wird. Der einzige verbleibende Schritt besteht darin, die Eingangs- und Ausgangsabtastwerte zu speichern. Wir haben u und y als Arrays von 0 initialisiert. Das bedeutet, dass bei der allerersten Iteration u[1] und y[1] 0 sein werden. Dies ist sinnvoll, da wir von einem System im Ruhezustand ausgehen. Nach Durchführung der oben genannten Berechnung müssen wir den aktuellen Wert von Eingang und Ausgang speichern.

```
u[1] = u[0]
y[1] = y[0]
```

In einer Hardwareanwendung wird der Signalwert y[0], der $y[n]$ kennzeichnet, weiter in einem Regelkreis oder für eine andere Berechnung verwendet. In unserem Fall müssen wir diese Ausgangsabtastwerte in einem Array speichern, damit wir den Ausgang als Wellenform darstellen können. Zu diesem Zweck müssen wir ein Ausgangsarray definieren. Eine Möglichkeit, ein Ausgangsarray zu definieren und zu erstellen, besteht darin, es mit der Methode np.zeros zu initialisieren.

```
v_samples = np.zeros(i_samples.size)
```

Die Methode np.zeros erstellt ein Array der gleichen Größe wie i_samples. Dies wird durch das Attribut size eines NumPy-Arrays bereitgestellt. Jedes NumPy-Array hat ein size-Attribut, das die Anzahl der Elemente im Array zurückgibt. Die Methode zeros akzeptiert ein Integer-Argument und erstellt ein NumPy-Array mit so vielen Elementen und initialisiert alle auf 0.

Nach jeder Berechnung können wir den Ausgang jedes Abtastwerts dem Array v_samples zuweisen.

```
v_samples[i_index] = y[0]
```

Hier kommt der Index i_index zum Einsatz. Wir können ein bestimmtes Element des Ausgangsarrays dem aktuellen Wert des Modellausgangs zuweisen.

Wir können nun den gesamten Code für den Kondensator wie folgt auflisten:

```
import numpy as np
import matplotlib.pyplot as plt

C = 10.0e-6                 # Farad
Imag = 5.0                      # Amps
f = 50                          # Hertz
omega = 2*np.pi*f               # rad/s
Tg = 1.0e-6                 # microseconds
t = np.arange(0, 1.0, Tg)
i = Imag*np.sin(omega*t)

T = 200.0e-6                    # Sampling time period of
                                # 200 mico secs or 5 kHz
no_of_samples = int(T/Tg)
t_samples = t[::no_of_samples]
i_samples = i[::no_of_samples]

v_samples = np.zeros(i_samples.size)

u = np.zeros(2)
y = np.zeros(2)

for i_index, i_val in np.ndenumerate(i_samples):
    u[0] = i_val
    y[0] = ( T*u[0] + T*u[1] + 2*C*y[1] ) / (2*C)
    u[1] = u[0]
    y[1] = y[0]
    v_samples[i_index] = y[0]

plt.plot(t, i, label=''orig'')
plt.plot(t_samples, i_samples, label=''samp'')
plt.xlim([0, 0.02])
plt.title(''Input current'')
plt.xlabel(''Time'')
plt.ylabel(''Amps'')
plt.legend()

plt.figure()
plt.plot(t_samples, i_samples, label=''input'')
plt.plot(t_samples, v_samples, label=''output'')
plt.title(''Input and output'')
plt.xlabel(''Time'')
plt.ylabel(''Amps and Volts'')
plt.legend()

plt.show()
```

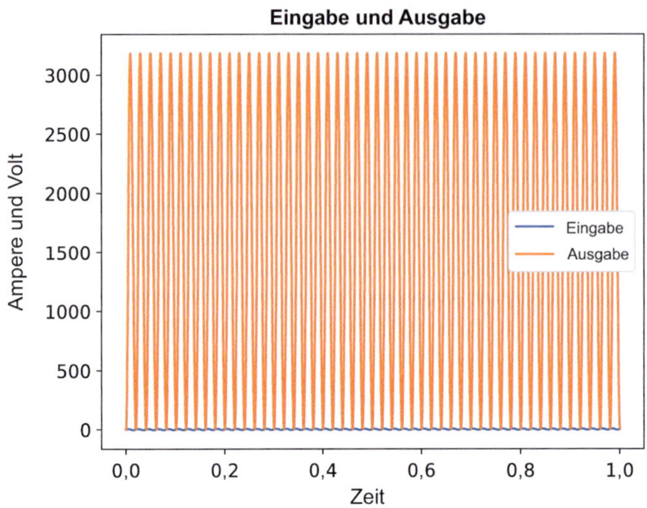

Abb. 5.5 Eingang und Ausgang des Filters

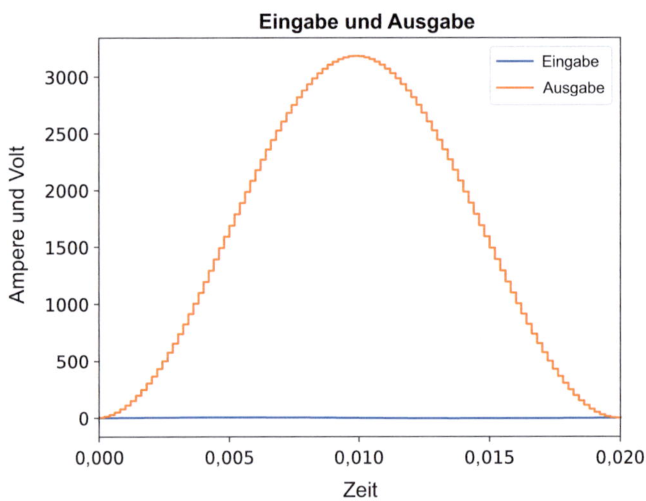

Abb. 5.6 Vergrößerte Darstellung der Ausgabe des Kondensatormodells

Wir haben den Wert des Kondensators auf 10 μF festgelegt. Wir erstellen zwei Plots. Der erste ist das Stromsignal und die abgetastete Eingabe zum digitalen Modell. Dieser Plot ist der gleiche wie in Abb. 5.4. Mit der Methode plt.figure() erzeugen wir einen neuen Plot, auf den wir die Eingangsstromabtastwerte und die Ausgangsspannungsabtastwerte in Bezug auf die Zeitabtastwerte plotten.

Abb. 5.5 zeigt den Eingangsstrom und die Ausgangsspannung des digitalen Kondensatormodells. Abb. 5.6 zeigt die vergrößerte Darstellung der Ausgabe des digitalen Kondensatormodells. Ein kurzer Kommentar zur Größe der Wellenformen. Der Spitze-Spitze-Wert der Ausgangsspannung wird erwartet zu:

$$V_{p-p} = 2 \times \frac{5}{2\pi \times 50 \times 10 \times 10^{-6}} = 3183{,}09\,\text{V}. \tag{5.15}$$

Daher wird der extrem große Spitzenwert der Spannungswellenform erwartet. Es gibt jedoch einen Aspekt, der beunruhigend erscheint. Die Ausgangsspannungswellenform scheint einen Gleichspannungsversatz zu haben, obwohl der Eingang eine reine Wechselspannung ist. Die Antwort auf dieses Rätsel wird in einigen Abschnitten gegeben.

Um diesen Abschnitt abzuschließen, haben wir das digitale Modell des Kondensators als Python-Code implementiert und es durch Plotten verifiziert. Es ist wichtig zu beachten, dass die tatsächliche Implementierung des digitalen Kondensators die wenigen Codezeilen innerhalb der for-Schleife sind. Einer der Vorteile der Implementierung des digitalen Modells innerhalb einer solchen for-Schleife besteht darin, dass es nun mit minimalen Änderungen in Hardware übersetzt werden kann. Bei der Implementierung eines digitalen Modells in Hardware wie einem Mikrocontroller wird das Modell normalerweise wiederholt innerhalb einer Interrupt-Service-Routine (ISR) ausgeführt. Diese ISR wird normalerweise so konfiguriert, dass sie mit einem Timer-Interrupt läuft, um sicherzustellen, dass die Abtastung in regelmäßigen Abständen erfolgt. Daher befindet sich der Code, den wir in diesem Abschnitt erstellt haben, bereits genau in der gleichen Umgebung, wie sie in der Hardware erforderlich wäre.

5.4 Der Spulenfilter

In den letzten Abschnitten haben wir das digitale Modell für den Kondensator erstellt und es mit Python-Code implementiert. Unser letztendliches Ziel ist es, einen LC-Filter digital implementieren zu können. Daher wäre ein Zwischenschritt auf diesem Weg, ein digitales Modell für eine Spule zu erstellen und es auf genau die gleiche Weise zu implementieren, wie wir es für einen Kondensator getan haben [1, 2]. In diesem Abschnitt beginnen wir mit dem digitalen Modell für die Spule, wie in Abb. 5.7 gezeigt.

Genau wie wir es für den Kondensator getan haben, müssen wir entscheiden, was der Eingang zum digitalen Spulenmodell und was der Ausgang aus dem Modell sein werden. Wie bereits in Kap. 3 angegeben, spielen Spulen und Kondensatoren in einer Schaltung sehr unterschiedliche Rollen, was ihren Einsatz als Filter betrifft. Das Hauptmerkmal der Spule ist, dass sie jede Änderung des durch sie fließenden Stroms durch Erzeugung einer induzierten Spannung, die der Stromänderung entgegenwirkt, behindert. Aus diesem Grund ist die Spule normalerweise ein Serienelement zu einer Spannungsquelle, die große hochfrequente Oberschwingungen enthalten kann. Daher wird der Strom durch die Spule – obwohl

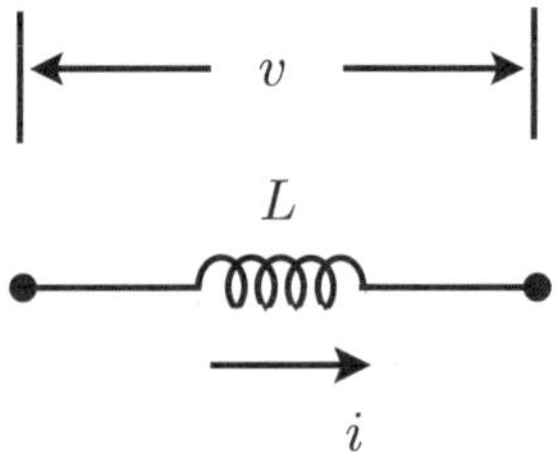

Abb. 5.7 Eine Induktivität

die angelegte Spannung hochfrequente Oberschwingungen hat und sich schnell in Bezug auf die Zeit ändert – als Wellenform viel glatter sein.

Beginnen wir damit, diese Aussagen oben mit einigen Gleichungen und später einigen Plots zu quantifizieren. Als erster Schritt ist jedoch leicht zu erkennen, dass der Eingang zum Spulenmodell die Spannung v über die Spule ist, während der Ausgang des Modells der Strom i durch die Spule ist. Dies liegt daran, dass die Spule als Filter verwendet wird und einen relativ glatteren Strom für eine bestimmte über sie angelegte Spannung erzeugt.

Betrachten wir erneut die Gleichung für die Spule, die den Strom durch die Spule in Abhängigkeit von der Spannung über die Spule ausdrückt:

$$i(t) = \frac{1}{L}\int v(t)dt. \tag{5.16}$$

Wir haben in Kap. 3 gesehen, dass wir eine Laplace-Transformation durchführen können, um dies umzuschreiben zu:

$$I(s) = \frac{1}{sL}V(s). \tag{5.17}$$

Der obige kontinuierliche Frequenzausdruck kann in den digitalen Bereich umgewandelt werden, indem die bilineare Transformation von Gl. (5.4) verwendet wird:

$$I(z) = \frac{1}{L\frac{2}{T}\frac{z-1}{z+1}}V(z) = \frac{T}{2L}\frac{z+1}{z-1}V(z). \tag{5.18}$$

Um ein implementierbares Modell für die obige digitale Frequenzdarstellung erstellen zu können, folgen wir genau den gleichen Schritten wie für den Kondensator. Wir interpretieren z als Operator neben seiner Funktion als digitale Frequenz. Umordnung des obigen Ausdrucks ergibt:

$$2L(z-1)I(z) = T(z+1)V(z). \tag{5.19}$$

Um das Problem zu vermeiden, dass aufgrund des Vorschuboperators z in der obigen Gleichung zukünftige Abtastwerte eines Signals benötigt werden, können wir beide Seiten durch z teilen, um

$$2L(1-z^{-1})I(z) = T(1+z^{-1})V(z) \tag{5.20}$$

zu erzeugen.

Die obige Gleichung kann in einen Ausdruck im Zeitbereich in Bezug auf Signalwerte übersetzt werden, wie wir es mit dem Kondensator gemacht haben. Wir verwenden unser Wissen über

$$z^{-1}V(z) \leftrightarrow \mathcal{L}\{v[n-1]\}, \tag{5.21}$$

$$z^{-1}I(z) \leftrightarrow \mathcal{L}\{i[n-1]\}. \tag{5.22}$$

Dies führt zu folgendem Ausdruck im Zeitbereich:

$$2L[i(n) - i(n-1)] = T[v(n) + v(n-1)]. \tag{5.23}$$

Der obige Ausdruck gilt für jeden Abtastwert nT, wobei $n = 0, 1, 2, \ldots$ gilt.

Wie bereits in den vorherigen Abschnitten mit dem Kondensator diskutiert, kann eine solche Gleichung iterativ gelöst werden. Wir könnten den aktuellen Wert des Ausgangsstroms $i[n]$ unter Verwendung des aktuellen Werts der Eingangsspannung $v[n]$ und der vergangenen Abtastwerte von Strom $i[n-1]$ und Spannung $v[n-1]$ berechnen.

$$i(n) = \frac{T[v(n) + v(n-1)] + 2Lv(n-1)}{2L}. \tag{5.24}$$

Das obige digitale Modell der Spule ähnelt sehr dem digitalen Modell des Kondensators (5.13). Dies ist im Allgemeinen die Form einer typischen integralen Beziehung zwischen einem Eingang und einem Ausgang. Im nächsten Abschnitt werden wir den Code für das obige mathematische Modell von Gl. (5.24) vorstellen.

5.5 Programmierung des Spulenfilters

In diesem Abschnitt werden wir den Code für die Implementierung des digitalen Modells der Spule von Gl. (5.24) vorstellen. Da dies sehr ähnlich zur Implementierung des digitalen Modells des Kondensators ist, das bereits behandelt wurde, wird ein großer Teil dieses Abschnitts eine Wiederholung sein.

Wie im Fall der Kondensatorimplementierung verwenden wir einen Generierungszeitschritt von 1 μs. Da die Eingabe in das digitale Modell die Spannung sein wird, wählen wir eine 240-V (RMS)-, 50-Hz-Sinuswelle für die Eingabe.

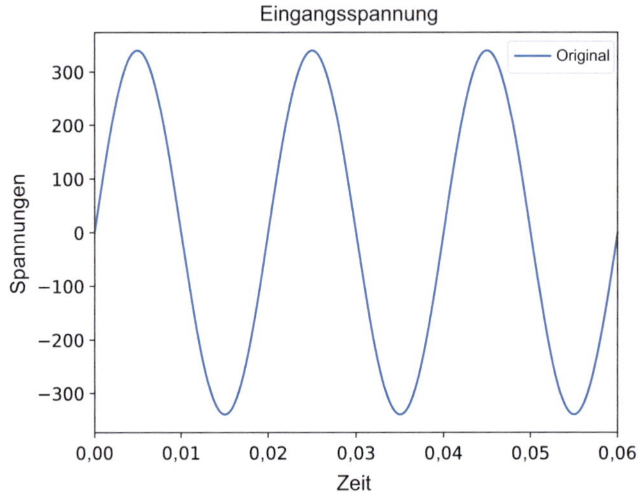

Abb. 5.8 Eingangsspannung

```
import numpy as np
import matplotlib.pyplot as plt

L = 1.0e-3                    # Henry
Vmag = np.sqrt(2)*240         # Volts
f = 50                           # Hertz
omega = 2*np.pi*f                # rad/s
Tg = 1.0e-6                   # microseconds
t = np.arange(0, 1.0, Tg)
v = Vmag*np.sin(omega*t)
```

Wir haben eine 1-mH-Spule als Beispiel gewählt. Wir könnten dieses Signal wie folgt plotten, um das Diagramm von Abb. 5.8 zu erhalten:

```
plt.plot(t, v, ds=''steps")
plt.xlim([0, 0.06])
plt.title(''Input voltage")
plt.xlabel(''Time")
plt.ylabel(''Volts")
plt.show()
```

Wir könnten diese Eingangsspannung mit 5 kHz abtasten, was zu einem Abtastzeitintervall von 200 µs führt. Wir könnten ein v_samples-Array mit NumPy-Array-Slicing erzeugen:

```
T = 200.0e-6    # Sampling time period of 200 mico
    secs or 5 kHz
no_of_samples = int(T/Tg)
t_samples = t[::no_of_samples]
v_samples = v[::no_of_samples]
```

Wir müssen unseren digitalen Filtereingang und -ausgang einrichten sowie ein Ausgangsstrom-NumPy-Array erstellen, das wir schließlich plotten können.

```
i_samples = np.zeros(v_samples.size)
u = np.zeros(2)
y = np.zeros(2)
```

Wir initialisieren das Ausgangsarray i_samples als ein Array von Nullen, das die gleiche Größe hat wie das Eingangsspannungsabtastwertarray. Da wir das digitale Modell von Gl. (5.24) implementieren werden, benötigen wir nur einen vergangenen Abtastwert der Eingangsspannung und des Ausgangsstroms. Die Eingabe u und der Ausgang y des digitalen Modells können Arrays von jeweils zwei Elementen mit Anfangswerten von 0 sein.

Sobald wir das Eingangsspannungsabtastwertarray haben, können wir durch es schleifen und unser Modell für jedes Element implementieren, wodurch wir jeden Abtastwert des Ausgangsstroms berechnen:

```
for v_index, v_val in np.ndenumerate(v_samples):
    u[0] = v_val
    y[0] = ( T*u[0] + T*u[1] + 2*L*y[1] ) / (2*L)
    u[1] = u[0]
    y[1] = y[0]
    i_samples[v_index] = y[0]
```

Die Implementierung ähnelt sehr der des Kondensators. Wir schleifen nun durch das Spannungsarray und weisen den Ausgang des Modells dem Stromabtastwertarray zu.

Der gesamte Code für die Implementierung des digitalen Modells der Spule lautet wie folgt:

```
import numpy as np
import matplotlib.pyplot as plt

L = 1.0e-3                # Henry
Vmag = np.sqrt(2)*240     # Volts
f = 50                        # Hertz
omega = 2*np.pi*f             # rad/s
Tg = 1.0e-6               # microseconds
t = np.arange(0, 1.0, Tg)
v = Vmag*np.sin(omega*t)

T = 200.0e-6    # Sampling time period of 200 mico secs
    or 5 kHz
no_of_samples = int(T/Tg)
t_samples = t[::no_of_samples]
v_samples = v[::no_of_samples]
i_samples = np.zeros(v_samples.size)
u = np.zeros(2)
y = np.zeros(2)

for v_index, v_val in np.ndenumerate(v_samples):
    u[0] = v_val
    y[0] = ( T*u[0] + T*u[1] + 2*L*y[1] ) / (2*L)
    u[1] = u[0]
    y[1] = y[0]
    i_samples[v_index] = y[0]

plt.plot(t, v, label=``orig'', ds=``steps'')
plt.plot(t_samples, v_samples, label=``samp'',
  ds=``steps'')
plt.xlim([0, 0.02])
plt.title(``Input voltage'')
plt.xlabel(``Time'')
plt.ylabel(``Volts'')
plt.legend()

plt.figure()
plt.plot(t_samples, v_samples, label=``input'',
  ds=``steps'')
plt.plot(t_samples, i_samples, label=``output'',
  ds=``steps'')
plt.xlim([0, 0.02])
plt.title(``Input and output'')
plt.xlabel(``Time'')
plt.ylabel(``Volts and Amps'')
plt.legend()
plt.show()
```

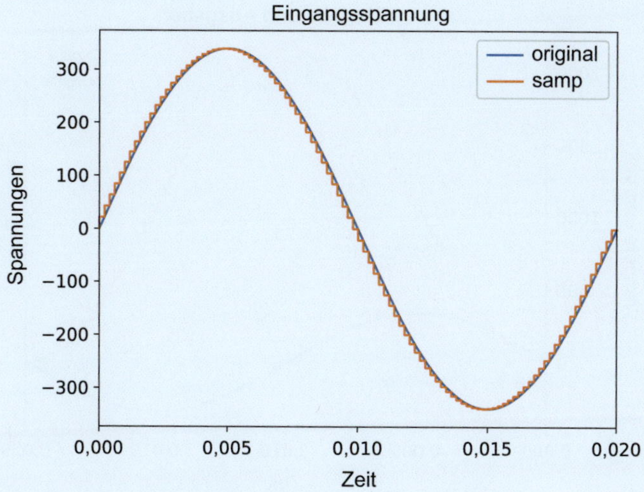

Abb. 5.9 Abgetastete Eingangsspannung

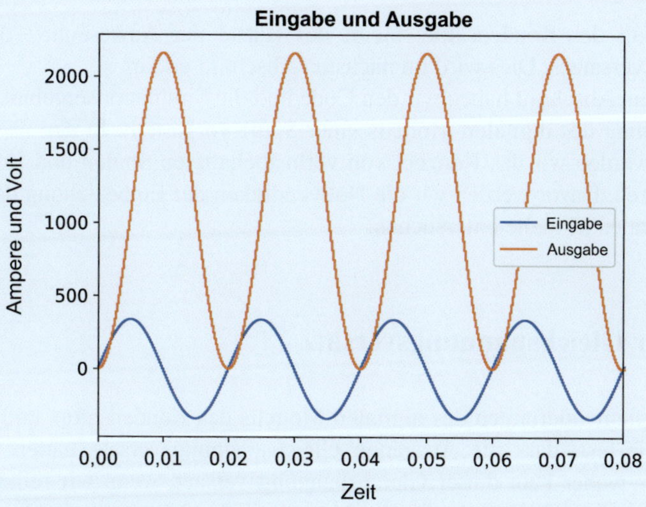

Abb. 5.10 Eingangsspannung und Ausgangsstrom

Die Ergebnisse sind die Diagramme der Abb. 5.9, 5.10 und 5.11.

Die Größe des Ausgangsstroms kann durch die folgende Gleichung erklärt werden:

$$I_{p-p} = 2 \times \frac{240\sqrt{2}}{2\pi \times 50 \times 10^{-3}} = 2160{,}75\,\text{A}. \tag{5.25}$$

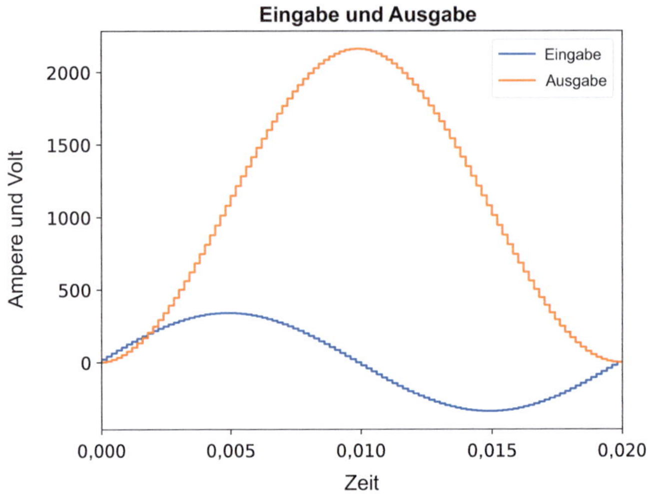

Abb. 5.11 Vergrößerte Eingabe gegen Ausgabe

Wie im Fall des Kondensators bleibt das Rätsel der Anwesenheit des Gleichspannungsversatzes. Dies wird im nächsten Abschnitt erklärt.

In diesem Abschnitt haben wir den Code und die Simulationsergebnisse der Implementierung des digitalen Modells einer Spule vorgestellt. In den nächsten Abschnitten werden wir das Konzept von verlustbehafteten Spulen und Kondensatoren einführen. Davor werden wir die Notwendigkeit der Einbeziehung des Verlusts in die digitalen Modelle untersuchen.

5.6 Der Gleichspannungsversatz

In den Implementierungen des digitalen Modells des Kondensators und der Spule stellten wir fest, dass die Ausgänge Gleichspannungsversatz hatten. Die erste Frage ist – woher kam dieser Gleichspannungsversatz, wenn wir reine Wechselstromsinuswellen als Eingabe für die Modelle liefern? Ist es ein Fehler im Code? In diesem Abschnitt werden wir den Grund für diesen Gleichspannungsversatz untersuchen.

Die Antwort ist nein, das ist kein Fehler. Es liegt in der Natur der Integration als Operation, dass sie einen Versatz erzeugt. Unbestimmte Integration (ohne obere und untere Grenzen) erzeugt immer eine Integrationskonstante. Zum Beispiel:

$$\int \sin t \;\; dt = -\cos t + A \tag{5.26}$$

wobei A die Integrationskonstante oder der Integrationsversatz ist.

Schauen wir uns an, was passiert, wenn wir die Operation der Integration auf eine Sinuswelle anwenden. Numerisch gesehen ist die Integration einfach die Fläche unter der Kurve. Wir nehmen den Produktwert der Funktion zu einem bestimmten Zeitpunkt und den Integrationsschritt. Dieses Produkt wird zu einer Summe hinzugefügt, die das Ergebnis der Integration ist. Die Frage stellt sich, was wird der Anfangswert der Summe oder der Integration sein?

Im Falle der Integration der oben genannten Sinuswelle könnten wir, wenn wir die genaue Funktion der Eingangswelle im Voraus kennen, den Anfangswert der Integration wählen, um einen Integrationsversatz zu vermeiden. Zum Beispiel, wenn

$$f(t) = \int \sin t \ dt \tag{5.27}$$

Theoretisch wissen wir, dass das Integral einer Sinuswelle eine Kosinuswelle mit einem negativen Zeichen ist:

$$f(t) = -\cos t. \tag{5.28}$$

Um die Integrationszeitkonstante zu eliminieren, müssten wir sicherstellen, dass der Anfangswert (bei Zeit $t=0$) dieser Funktion $f(t)$

$$f(0) = -1 \tag{5.29}$$

ist. Hier definieren wir die Ausgangsfunktion $f(t)$ mit einem Anfangswert (bei Zeit $t=0$) ungleich null. Dies war möglich, weil wir wussten, dass wir eine Sinuswelle $\sin t$ integrieren. In der Praxis jedoch, wenn wir ein Signal in Echtzeit integrieren, kennen wir die Natur des Eingangssignals nicht. Daher können wir nicht genau eine Funktion für das Ausgangssignal wählen, so dass ein Integrationsversatz vollständig eliminiert werden kann. Im Gegenteil, es ist ganz normal, die Integration mit einem Anfangswert von 0 zu beginnen. In unserer Implementierung des digitalen Modells des Kondensators und der Spule folgt die Integration dem Anfangswert des Eingangs bei Zeit $t=0$. Wir haben die Eingänge zu beiden Modellen als Sinuswellen betrachtet, die Werte von 0 bei Zeit $t=0$ haben. Gleichzeitig beginnt der Integrationsausgang auch bei 0.

Wenn wir einen Anfangswert der Integration von 0 wählen, d. h. $f(0)=0$:

$$f(0) = -\cos 0 + A = 0. \tag{5.30}$$

Wir enden mit einem Integrationsversatz ungleich null, $A=1$. Daher ist die vollständige Gleichung der Integration

$$f(t) = \int \sin t dt = -\cos t + 1. \tag{5.31}$$

Ein kurzer Blick auf die obige Gleichung und es ist ziemlich offensichtlich, dass das Integral einen Gleichspannungsversatz haben wird. Im obigen Fall liegt die gesamte Wellenform über 0, da der kleinstmögliche Wert von $\cos t$ -1 und daher das Minimum von $f(t)$ 0 sind. Aus den Simulationsergebnissen der letzten beiden Abschnitte ist dies genau das, was wir bekommen haben – eine Wellenform mit einem Gleichspannungsversatz. Daher sind die Simulationsergebnisse des Kondensators und der Spule nicht falsch, und ein Gleichspannungsversatz ist zu erwarten.

5.7 Haben wir in der Realität Versatzwerte?

Im vorherigen Abschnitt haben wir gesehen, dass die von uns in den Simulationen des digitalen Kondensators und der digitalen Spule beobachteten Gleichstromversatzwerte zu erwarten waren, da sie dem mathematischen Modell entsprechen, das wir zu lösen versuchten. Mit dieser Bestätigung, dass unser Code nicht falsch ist, stellt sich die nächste Frage: Wie ist das möglich? In der Praxis ist das nicht der Fall. Wenn Sie eine Wechselspannungssinuswelle an eine Spule anlegen, hat der Strom durch die Spule keinen Gleichstromversatz. Wie bekommen wir also unsere digitalen Modelle dazu, das nachzuahmen, was in der Praxis passiert?

Zunächst basiert unser Wissen darüber, was in der Praxis passiert, auf stabilen Zuständen. Wenn eine reine Wechselspannungssinuswelle als Spannung über eine Spule angelegt wird, fließt im stabilen Zustand auch der Strom durch die Spule als reine Wechselspannungswelle ohne Gleichstromversatz. Und was passiert vor dem stabilen Zustand? Gleichstromversatzwerte sind möglich. Das größte Beispiel für diese Art von Transienten entsteht bei Maschinen wie Transformatoren und Motoren. Wenn Maschinen direkt angeschlossen gestartet werden, was bedeutet, dass eine beliebige Wechselspannung an ihre Anschlüsse angelegt wird, ziehen diese Maschinen sehr hohe Einschaltströme, die bekanntermaßen Gleichstromversatzwerte aufweisen. Je nach Leistung der Maschine kann es mehrere Zyklen dauern, bis diese Transienten verschwinden.

Unsere Erwartung, dass die Anwendung einer reinen Wechselspannungssinuswelle als Eingangssignal an eine Spule oder einen Kondensator einen Ausgang erzeugt, der ebenfalls rein wechselnd ist, ist daher falsch. Je nach Art des digital modellierten Elements oder Bauteils ist es möglich, dass Gleichstromversatzwerte entweder vorübergehend oder sogar dauerhaft auftreten. Im Falle der Spule oder des Kondensators haben wir aus ihren mathematischen Gleichungen gesehen, dass Gleichstromversatzwerte zu erwarten sind. Lassen Sie uns zunächst untersuchen, was dies aus physikalischer Sicht bedeutet [3].

Betrachten wir eine Spule. Anfangs nehmen wir an, dass der durch die Spule fließende Strom null ist. Unter dieser Bedingung wird auch der magnetische Fluss im Spulenkern anfangs null sein. Lassen Sie uns eine reine Sinuswellenspannung über die Spule anlegen und Schritt für Schritt untersuchen, wie sich der Strom ändern wird. Die Größe der induzierten Spannung wird durch das faradaysche Gesetz bestimmt:

$$e \propto N\frac{d\phi}{dt}. \tag{5.32}$$

In der obigen Gleichung ist N die Anzahl der Windungen der Spule, ϕ ist der magnetische Fluss, und e ist die induzierte Spannung.

Die induzierte Spannung hängt von der Änderungsrate des mit der Spule verknüpften magnetischen Flusses ab. Daher kann auch eine umgekehrte Beziehung aufgebaut werden. Der magnetische Fluss kann in Bezug auf die induzierte Spannung ausgedrückt werden:

$$\phi \propto \int e dt. \tag{5.33}$$

Die Anzahl der Windungen wurde zur Vereinfachung weggelassen. Wir können die induzierte Spannung erweitern:

$$\phi \propto \int (v - iR) dt, \tag{5.34}$$

wobei R der parasitäre Wicklungswiderstand der Spule, v die extern angelegte Spannung und i der Strom durch die Spule sind.

Wir steuern die externe Spannung v. Um zu bestimmen, wie sich der Strom durch die Spule verhält, kehren wir zur grundlegenden Eigenschaft der Spule zurück. Die Spule lässt nicht zu, dass sich der durch sie fließende Strom sofort ändert, da der Strom und der magnetische Fluss in einer proportionalen Beziehung stehen:

$$\phi \propto i. \tag{5.35}$$

Der magnetische Fluss kann sich wiederum nicht drastisch ändern, da das Magnetfeld sich aufbaut, während die im Feld gespeicherte Energie allmählich zunimmt.

Dies führt uns zu der folgenden ungefähren Beziehung zum Zeitpunkt $t = 0^+$, wenn die externe Spannung angelegt wird:

$$\phi \propto \int v dt. \tag{5.36}$$

Damit sind wir wieder bei unserer integralen Beziehung. Wenn wir die Integrationskonstante vernachlässigen und die angelegte Spannung eine Sinuswelle war, wäre der magnetische Fluss ϕ eine negative Kosinuswelle.

Dies führt uns zu einem Widerspruch. Wenn der magnetische Fluss ϕ in diesem speziellen Fall eine negative Kosinuswelle ist, bedeutet das, dass er auf ein negatives Maximum springen wird. Dies ist eine direkte Verletzung dessen, was wir oben festgestellt haben. Der Fluss kann sich nicht drastisch ändern, sondern baut sich allmählich auf, während die im Magnetfeld gespeicherte Energie zunimmt. Die einzige Antwort liegt in der Einbeziehung der Integrationskonstante:

$$\phi \propto \phi_{ac} + \phi_0. \tag{5.37}$$

Die obige Gleichung macht deutlich, wie der Gleichspannungsversatz im Strom in Bezug auf den Gleichspannungsversatz ϕ_0 im Magnetfeld visualisiert werden kann. Dieser Gleichspannungsversatz wird auftreten, um sicherzustellen, dass der Fluss im Kern anfangs 0 ist, aufgrund der Eigenschaft der Spule, dass das Magnetfeld in ihrem Kern allmählich aufgebaut wird. Eine sehr ähnliche Argumentation kann für den Kondensator verwendet werden, außer dass im Fall eines Kondensators ein elektrisches Feld vorliegt.

Jetzt, da wir die physikalische Bedeutung der Gleichspannungsversatzwerte beschrieben haben, ist die nächste Frage, warum sie im stabilen Zustand verschwinden. Die Spule, die wir in den vorherigen Abschnitten simuliert haben, hatte nie einen Wicklungswiderstand. In Gl. (5.34) berücksichtigt der magnetische Fluss den Wicklungswiderstand der Spule. Dieser Wicklungswiderstand repräsentiert den Verlust der Spule. Der Verlust der Spule kann eine Kombination von Verlusten sein – die einfachen ohmschen Verluste in der Wicklung, magnetische Kernverluste wie Hysterese und Wirbelstromverluste und alle anderen Verluste. Schließlich wird der Gleichstromversatz, der im magnetischen Fluss sowie im Strom auftritt, durch die Verluste abgebaut. Das gleiche Argument gilt auch für den Kondensator. Es gibt Verluste im Kondensator – ohmsche Anschlussverluste und elektrische Feldverluste.

Dieser Abschnitt beschrieb die Art der Versatzwerte in Spulen und Kondensatoren. Um am besten zu verstehen, wie sie auftreten und schließlich abklingen, werden wir in den nächsten Abschnitten Kondensatoren und Spulen mit ihren Verlusten modellieren und ihre digitalen Modelle simulieren.

5.8 Verlustbehafteter Kondensator

Im vorherigen Abschnitt haben wir den Ursprung von Gleichspannungsversatz in Spule und Kondensator untersucht. In diesem Abschnitt werden wir ein Modell für einen verlustbehafteten Kondensator erstellen und es simulieren [3]. Die Simulation wird deutlich machen, wie der Gleichspannungsversatz mit der Zeit abnimmt und in einer reinen Wechselstromwellenform im stationären Zustand resultiert.

Um mit der Einbeziehung von Verlusten in das digitale Modell des Kondensators zu beginnen, gehen wir zurück zu den Grundlagen des Kondensators. Abb. 5.12 zeigt einen Kondensator, der aus zwei metallischen Anschlüssen besteht, die durch ein dielektrisches Material getrennt sind, das den Fluss von elektrischem Strom durch ihn verhindert, aber die Kraftlinien eines elektrischen Feldes durchlässt. Wenn eine externe Spannung an den Anschlüssen des Kondensators angelegt wird, sammelt sich Ladung an den Anschlüssen an, und über das Dielektrikum bildet sich ein elektrisches Feld, wie gezeigt. Das Phänomen ist weit komplexer als diese kurze Beschreibung, aber für unser Ziel, ein mathematisches Modell zu erstellen, müssen wir nicht sehr tief gehen.

Wir möchten ein mathematisches Modell für den Kondensator entwickeln, das die Verluste berücksichtigt. In Abb. 5.12 gibt es keinen Verlust und der Kondensator ist lediglich die detaillierte Version von Abb. 5.1. Lassen Sie uns die Verluste definieren, die wir modellieren möchten. Es gibt einen ohmschen Verlust, der mit den Anschlüssen des Kondensators sowie den Leitungen zum Kondensator verbunden ist. Dieser Verlust ist der ohmsche Verlust, der nur einen parasitären

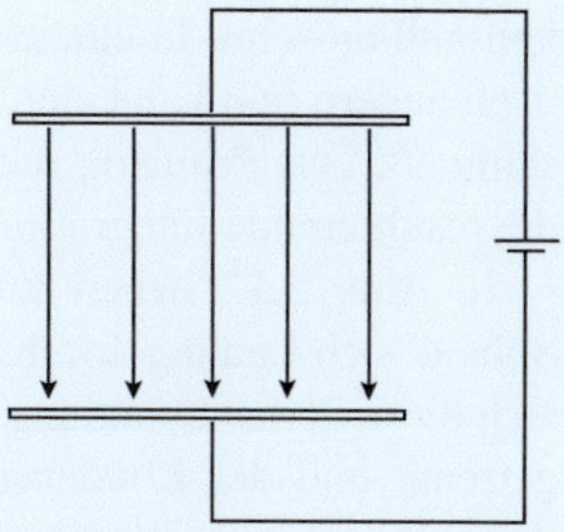

Abb. 5.12 Eingangsspannung und Ausgangsstrom

Widerstand zur Modellierung benötigt. Der Verlust, der uns jedoch interessiert, ist der Verlust, der mit dem elektrischen Feld verbunden ist. Das elektrische Feld wird im Dielektrikum des Kondensators erzeugt, wenn die Anschlüsse des Kondensators Ladung ansammeln. Die Ladung an den Kondensatoranschlüssen und die Spannung über den Anschlüssen sind durch die Kapazität verbunden:

$$Q = CV. \tag{5.38}$$

Hier ist es wichtig, zwischen der externen Spannungsquelle, die an den Kondensatoranschlüssen angeschlossen ist, und der Spannung über den Kondensatoranschlüssen zu unterscheiden. Diese beiden Größen sind nicht gleich. Anfangs, wenn der Kondensator ungeladen ist, ist die Spannung über den Anschlüssen null. Das Anlegen einer externen Spannungsquelle verursacht einen Strom *i*, der durch die Impedanz außerhalb des Kondensators begrenzt wird. Wenn Strom fließt, erhöht sich die Ladung an den Kondensatoranschlüssen:

$$Q = \int idt. \tag{5.39}$$

Wenn sich die Ladung an den Kondensatoranschlüssen ansammelt, erhöht sich die Spannung über den Kondensatoranschlüssen. Mit der Erhöhung der Spannung über den Anschlüssen erhöht sich die Stärke des elektrischen Feldes durch das Dielektrikum. Die Stärke des elektrischen Feldes ist direkt proportional zur über die Anschlüsse angelegten Spannung.

$$\overline{\mathcal{E}} \propto v = \frac{1}{C}\int idt. \tag{5.40}$$

Ein weiterer Faktor, der die Stärke des elektrischen Feldes beeinflusst, ist die Konstruktion des Kondensators – der Abstand zwischen den Anschlüssen und die Art des dielektrischen Mediums. Daher wird, solange eine Spannung über die Anschlüsse angelegt ist, ein elektrisches Feld über sie aufgebaut, das proportional dazu ist.

Die Spannung *v*, die das Ergebnis unseres digitalen Modells war, hatte einen Gleichspannungsversatz aufgrund der Integration, die mit dem Eingangsstrom *i* durchgeführt wurde. Wir haben bereits untersucht, wie die Integration zu einer Integrationskonstante führt. Physisch stellt diese Integrationskonstante sicher, dass die Ausgangsspannung (und das resultierende elektrische Feld) allmählich von null ansteigt. In einem Kondensator kann das elektrische Feld sich nicht drastisch ändern und kann sich nur ändern, wenn sich Ladung an den Anschlüssen ansammelt. Das Problem, das im vorherigen Simulationsergebnis auftrat, war, dass die resultierende Integrationskonstante bestehen blieb und nie abnahm.

In Abb. 5.12 haben wir einen reinen Kondensator ohne Verlust betrachtet. Sobald sich Ladung im Kondensator ansammelt, bleibt sie so, wie sie ist, bis sich die externe Spannung ändert. Darüber hinaus, wenn die externe Spannung getrennt und der Kondensator offengelassen würden, würde die Ladung an den Anschlüssen unbegrenzt erhalten bleiben. Dies ist in der Praxis offensichtlich nicht der Fall. Es ist bekannt, dass die Ladung in einem Kondensator „ausläuft". In technischen Begriffen hat der Kondensator einen Verlust, der mit der Ladung verbunden ist, der zu einem kontinuierlichen Verlust der Ladung im Verhältnis zur Zeit führt. Wenn ein Kondensator von einer externen Gleichspannungsquelle geladen wird, wird er kontinuierlich Ladung aufgrund dieser Verlustkomponente verlieren. Daher wird kontinuierlich Strom von der externen Spannungsquelle fließen, um die verlorene Ladung zu ersetzen. Wenn der Kondensator von der externen Quelle getrennt wird, wird die Ladung schließlich auf null abfallen und den Kondensator vollständig entladen lassen.

Um diese Verlustkomponente zu modellieren, müssen wir einen Widerstand anschließen. Dieser Widerstand muss Verluste abbauen, solange die Kondensatoranschlüsse Ladung haben. Wie wir bereits gesehen haben, wenn die Kondensatoranschlüsse Ladung haben, ist eine Spannung über den Anschlüssen vorhanden, und daher ist ein elektrisches Feld im Dielektrikum vorhanden. Um einen Verlust abzubauen, solange die Spannung über dem Kondensator nicht null ist, müssen wir einen Widerstand parallel zum Kondensator und über die Anschlüsse anschließen, wie in Abb. 5.13 gezeigt.

Aus Abb. 5.13 zeigt die gestrichelte Linie die neue Grenze des Kondensatormodells. Der parallel geschaltete Widerstand ist intern zum Modell und führt zu einem Strom $\frac{v}{R}$, solange eine Spannung über den Kondensatoranschlüssen vor-

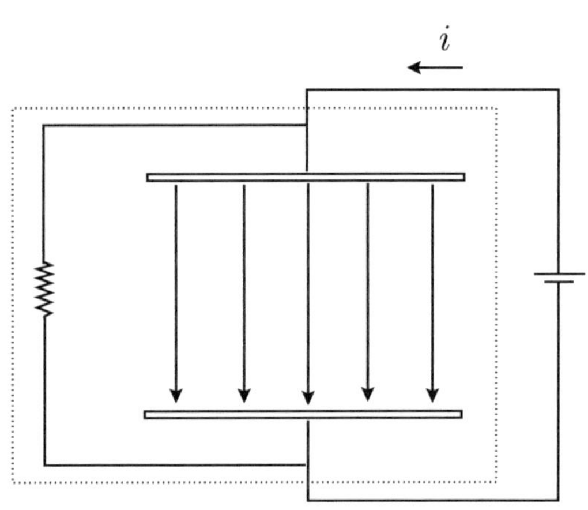

Abb. 5.13 Verlustbehafteter Kondensator mit parallelem Widerstand

handen ist. Mit dieser Ergänzung kann die Spannung über den Kondensator ausgedrückt werden als

$$v = \frac{1}{C}\int \left(i - \frac{v}{R}\right) dt. \tag{5.41}$$

Um ein digitales Modell zu erstellen, folgen wir den üblichen Schritten. Zuerst führen wir die Laplace-Transformation durch:

$$V(s) = \frac{1}{sC}\left(I(s) - \frac{V(s)}{R}\right). \tag{5.42}$$

Diese kontinuierliche Frequenzgleichung wird mit Gl. (5.4) in den digitalen Bereich umgewandelt:

$$V(z) = \frac{1}{C\frac{2}{T}\frac{z-1}{z+1}}\left(I(z) - \frac{V(z)}{R}\right). \tag{5.43}$$

Die Umordnung ergibt

$$2C(z-1)V(z) = T(z+1)\left(I(z) - \frac{V(z)}{R}\right). \tag{5.44}$$

Wie zuvor wandeln wir die obige Gleichung mit Vorschuboperator z in eine Gleichung mit Verzögerungsoperator $z–^1$ um:

$$2C(1-z^{-1})V(z) = T(1+z^{-1})\left(I(z) - \frac{V(z)}{R}\right). \tag{5.45}$$

Die transformierte Differenzengleichung ist:

$$2Cv[n] - 2Cv[n-1] = Ti[n] + Ti[n-1] - \frac{T}{R}v[n] - \frac{T}{R}v[n-1]. \tag{5.46}$$

Der aktuelle Abtastwert der Ausgabe des digitalen Modells kann in Bezug auf den aktuellen Abtastwert der Eingabe und die vergangenen Abtastwerte der Eingabe und der Ausgabe ausgedrückt werden:

$$v[n] = \frac{Ti[n] + Ti[n-1] + 2Cv[n-1] - \frac{T}{R}v[n-1]}{2C + \frac{T}{R}}. \tag{5.47}$$

Dies ist unser neues Modell, um mit $n = 0, 1, 2, \ldots$ iterativ zu simulieren.

Die Änderung im Code für den verlustbehafteten Kondensator ist minimal. Die Implementierung des digitalen Modells ändert sich, und es gibt eine weitere zusätzliche Variable R, die der parallele Verlustwiderstand ist.

```
import numpy as np
import matplotlib.pyplot as plt

C = 10.0e-6           # Farad
R = 2000.0            # Ohm
Imag = 5.0            # Amps
f = 50                # Hertz
omega = 2*np.pi*f     # rad/s
Tg = 1.0e-6           # microseconds
t = np.arange(0, 1.0, Tg)
i = Imag*np.sin(omega*t)

T = 200.0e-6    # Sampling time period of 200 mico
 secs or 5 kHz
no_of_samples = int(T/Tg)
t_samples = t[::no_of_samples]
i_samples = i[::no_of_samples]

v_samples = np.zeros(i_samples.size)

u = np.zeros(2)
y = np.zeros(2)

for i_index, i_val in np.ndenumerate(i_samples):
    u[0] = i_val
    y[0] = ( T*u[0] + T*u[1] + 2*C*y[1] - T*y[1]/R ) /
    (2*C + T/R)
    u[1] = u[0]
    y[1] = y[0]
    v_samples[i_index] = y[0]
```

```
plt.plot(t, i, label='orig', ds='steps')
plt.plot(t_samples, i_samples, label='samp', ds='steps')
plt.xlim([0, 0.02])
plt.title('Input current')
plt.xlabel('Time')
plt.ylabel('Amps')
plt.legend()

plt.figure()
plt.plot(t_samples, i_samples, label='input',
 ds='steps')
plt.plot(t_samples, v_samples, label='output',
 ds='steps')
plt.xlim([0, 0.08])
plt.title('Input and output')
plt.xlabel('Time')
plt.ylabel('Amps and Volts')
plt.legend()

plt.show()
```

Abb. 5.14 zeigt die Simulationsergebnisse, wenn der Verlustwiderstand zum Modell hinzugefügt wird. Der Strom hat den gleichen anfänglichen Gleichspannungsversatz, aber man sieht, dass dieser in wenigen Zyklen auf null abfällt. Es sollte beachtet werden, dass der gewählte Wert von R = 2000 Ω für einen Verlustwiderstand ziemlich klein ist und ein solcher Widerstand zu einem sehr großen unrealistischen Verlust führen wird. Ein realistischerer Wert wäre R = 50.000 Ω. Dieses Ergebnis wird in Abb. 5.15 gezeigt, wo der Gleichspannungsversatz im Strom allmählich abnimmt und selbst nach 1 s noch nicht vollständig abgeklungen ist.

Nächste Frage – wie lange wird es dauern, bis der Gleichspannungsversatz verschwindet? Dies wird durch die Zeitkonstante des Kondensator-Widerstand-Kreises bestimmt. Für einen Kreis mit nur einem Kondensator und einem Widerstand über ihm ist die Zeitkonstante RC – das Produkt ihrer parametrischen Werte. Die Zeit, die der Kreis benötigt, um sich nach einem Transienten (und der Start ist ein Transient) zu beruhigen, beträgt 4RC. Ein Kreis gilt als beruhigt, wenn die Ausgabe des Kreises innerhalb einer Marge von 2 % vom endgültig erwarteten Wert liegt. Im Falle von R = 2000 Ω betragen die Zeitkonstante 0,02 s und die Beruhigungszeit 0,08 s. Im Falle von R = 50.000 Ω betragen die Zeitkonstante 0,5 s und die Beruhigungszeit 2 s.

In diesem Abschnitt haben wir ein digitales Modell für einen praktischen Kondensator vorgestellt. Dieses verhält sich genau wie ein realer physischer Kondensator in einer Schaltung, sowohl während Transienten als auch im stationären Zustand. Wir können nun den gleichen Prozess wiederholen, um im nächsten Abschnitt ein mathematisches Modell für eine verlustbehaftete Spule zu erhalten.

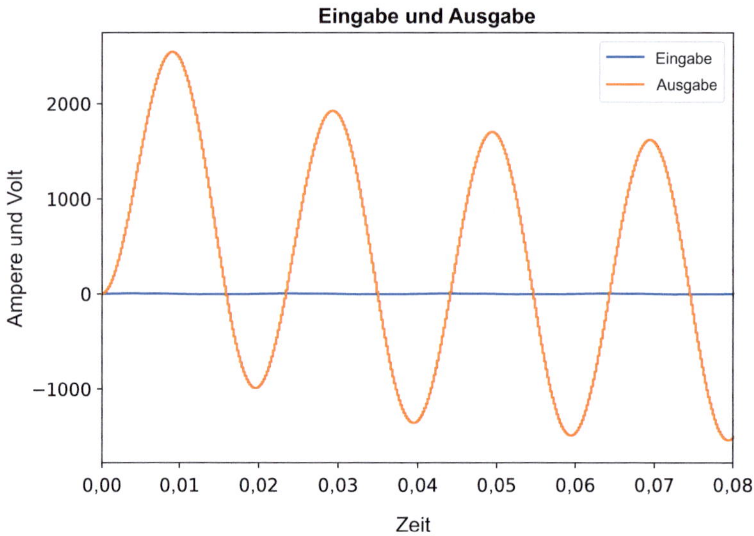

Abb. 5.14 Gleichspannungsversatz nimmt mit Verlustdissipation ab

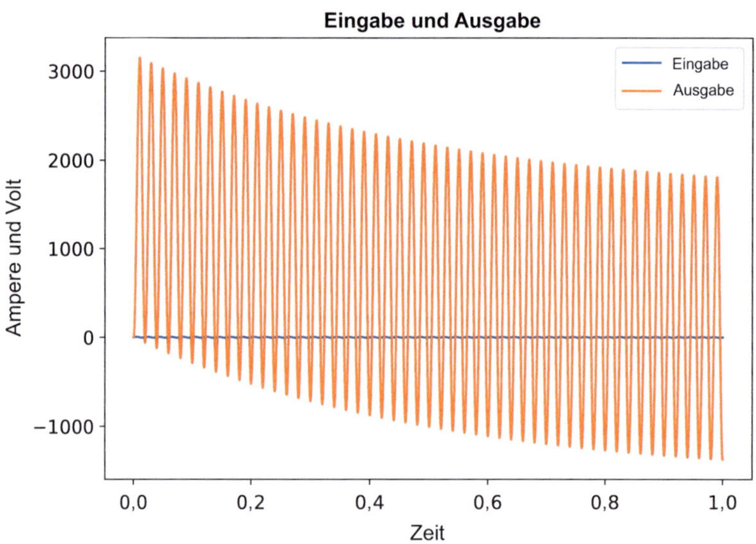

Abb. 5.15 Gleichspannungsversatz nimmt allmählich ab

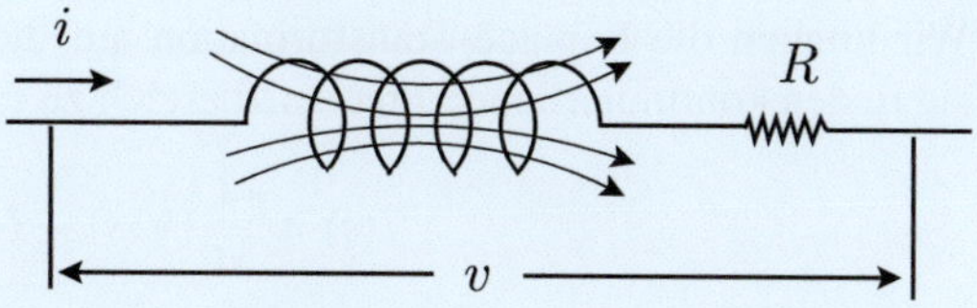

Abb. 5.16 Verlustbehaftete Spule mit Widerstand in Reihe

5.9 Mathematisches Modell einer verlustbehafteten Spule

Im vorherigen Abschnitt haben wir einen verlustbehafteten Kondensator modelliert und simuliert. Wir haben gesehen, wie das Anschließen eines Widerstands parallel zum Kondensator die Verluste im elektrischen Feld erfasst und diese Verluste zum Abfall des Gleichspannungsversatzes im Ausgangsstrom führen. In diesem Abschnitt müssen wir ein digitales Modell für eine verlustbehaftete Spule erstellen, indem wir einen Verlustwiderstand in die Spule einbeziehen [3].

Im Falle einer Spule wird der Verlust etwas anders modelliert als bei einem Kondensator. Im Falle des Kondensators ist der Verlust mit dem elektrischen Feld verbunden. Und das elektrische Feld im Dielektrikum ist direkt proportional zur Spannung über den Kondensatoranschlüssen. Daher war es sinnvoll, zur Modellierung des Verlusts des Kondensators einen Widerstand über den Kondensator zu schalten. Dieser Widerstand zieht einen Strom, solange eine Spannung über dem Kondensator anliegt, was wiederum bedeutet, dass ein elektrisches Feld über den Anschlüssen besteht.

Bei einer Spule hängt der Verlust mit dem magnetischen Feld im Kern zusammen. Das magnetische Feld ist abhängig von dem Strom durch die Spule, wobei der magnetische Fluss im Kern direkt proportional zum durch die Spule fließenden Strom ist.

$$\phi \propto i. \tag{5.48}$$

Um daher den Verlust in der Spule zu modellieren, schalten wir einen Widerstand in Reihe dazu. Solange ein Strom durch die Spule fließt, wird es ein magnetisches Feld geben, und dieser Strom wird auch einen Verlust im Serienwiderstand erzeugen. Ein sehr analoges Konzept zum Kondensator, außer dass der Widerstand in Reihe mit der Spule steht. Aber das hat mit der Form der Energie zu tun, die in der Spule als Element im Vergleich zum Kondensator gespeichert wird. Dies ist in Abb. 5.16 dargestellt.

Die Gleichung für die Spule ändert sich, da der Abfall über den Serienwiderstand ausgeschlossen werden muss, um das Integral auf den Spannungsabfall über der Spule allein anzuwenden:

$$i = \frac{1}{L} \int (v - iR) dt. \tag{5.49}$$

Wir können die Laplace-Transformation auf die obige Gleichung anwenden, um sie in den kontinuierlichen Frequenzbereich zu überführen:

$$I(s) = \frac{1}{sL}[V(s) - I(s)R]. \tag{5.50}$$

Umrechnung vom kontinuierlichen Frequenzbereich in den digitalen Frequenzbereich mithilfe der bilinearen Transformation:

$$I(z) = \frac{1}{L\frac{2}{T}\frac{z-1}{z+1}}[V(z) - I(z)R]. \tag{5.51}$$

Um eine Zeitbereichsdifferenzengleichung in Bezug auf Signalmuster zu erhalten, sind einige Schritte der Umordnung und Vereinfachung erforderlich:

$$2L(z-1)I(z) = T(z+1)(V(z) - I(z)R), \tag{5.52}$$

$$2L(1-z^{-1})I(z) = T(1+z^{-1})(V(z) - I(z)R). \tag{5.53}$$

Die transformierte Differenzengleichung ist:

$$2Li[n] - 2Li[n-1] = Tv[n] + TV[n-1] - Ti[n]R - Ti[n-1]R. \tag{5.54}$$

Der endgültige Ausdruck für den aktuellen Abtastwert des Ausgangsstroms in Bezug auf den aktuellen Abtastwert der Eingangsspannung und die vergangenen Abtastwerte der Eingangsspannung und des Ausgangsstroms ist

$$i[n] = \frac{Tv[n] + Tv[n-1] + 2Li[n-1] - Ti[n-1]R}{2L + TR}. \tag{5.55}$$

Der Code für die verlustbehaftete Spule benötigt geringfügige Änderungen im Vergleich zum Code einer reinen Spule. Eine zusätzliche Widerstandsvariable R wird zugewiesen. Die endgültige Implementierung der Spule ändert sich innerhalb der Schleife.

```
import numpy as np
import matplotlib.pyplot as plt

L = 1.0e-3                 # Henry
R = 0.05                   # Ohm

Vmag = np.sqrt(2)*240      # Volts
f = 50                     # Hertz
omega = 2*np.pi*f          # rad/s
Tg = 1.0e-6                # microseconds
t = np.arange(0, 1.0, Tg)
v = Vmag*np.sin(omega*t)

T = 200.0e-6   # Sampling time period of 200 mico secs
    or 5 kHz
no_of_samples = int(T/Tg)
t_samples = t[::no_of_samples]
v_samples = v[::no_of_samples]

i_samples = np.zeros(v_samples.size)

u = np.zeros(2)
y = np.zeros(2)

for v_index, v_val in np.ndenumerate(v_samples):
    u[0] = v_val
    y[0] = ( T*u[0] + T*u[1] + 2*L*y[1] - T*y[1]*R ) /
    (2*L + T*R)
    u[1] = u[0]
    y[1] = y[0]
    i_samples[v_index] = y[0]
```

```
plt.plot(t, v, label='orig', ds='steps')
plt.plot(t_samples, v_samples, label='samp', ds='steps')
plt.xlim([0, 0.02])
plt.title('Input voltage')
plt.xlabel('Time')
plt.ylabel('Volts')
plt.legend()

plt.figure()
plt.plot(t_samples, v_samples, label='input',
ds='steps')
plt.plot(t_samples, i_samples, label='output',
ds='steps')
plt.xlim([0, 0.08])
plt.title('Input and output')
plt.xlabel('Time')
plt.ylabel('Volts and Amps')
plt.legend()

plt.show()
```

Die Ergebnisse sind in den Abb. 5.17 und 5.18 dargestellt. Abb. 5.17 zeigt den schnellen Abfall des Gleichspannungsversatzes im Ausgangsstrom bei einem Serienwiderstand R = 0,05 Ω. Ein so großer Widerstand ist normalerweise nicht realistisch. Abb. 5.18 zeigt den allmählichen Abfall des Gleichspannungsversatzes im Ausgangsstrom bei einem kleineren Serienwiderstand R = 0,01 Ω. Die Zeitkonstante eines Spule-Widerstand (L-R)-Schaltkreises ist $\frac{L}{R}$. Die Einschwingzeit ist 4-mal die Zeitkonstante, d. h. $4\frac{L}{R}$. Im ersten Fall mit R = 0,05 Ω beträgt die Einschwingzeit 0,08 s. Im zweiten Fall mit R = 0,01 Ω beträgt die Einschwingzeit 0,4 s.

In diesem Abschnitt haben wir ein digitales Modell für eine praktische Spule erstellt, das sich genauso verhält, wie eine echte Spule in einer Schaltung. Damit haben wir nun die grundlegenden Bausteine, um ein digitales Modell für einen LC-Filter zu entwickeln.

5.10 Modellierung des LC-Filters

In den vorangegangenen Abschnitten haben wir die digitalen Modelle für Kondensatoren und Spulen entwickelt und Verlustkomponenten hinzugefügt, um Modelle zu erzeugen, die sich wie praxisnahe Komponenten verhalten. In diesem Abschnitt werden wir das digitale Modell für den LC-Filter [3] erstellen. Wir könnten den gleichen Ansatz wie zuvor verwenden, indem wir die Laplace-Transformation auf die Differentialgleichungen anwenden, die die Schaltung beschreiben. Allerdings

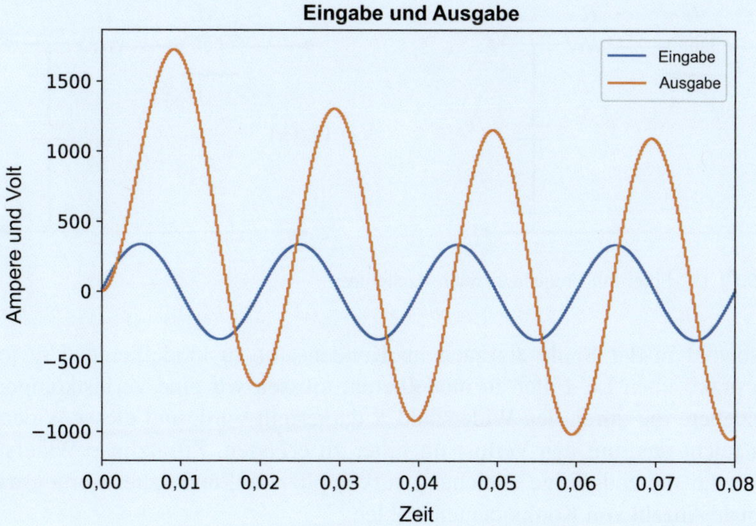

Abb. 5.17 Schneller Abfall des Gleichspannungsversatzes bei großem Serienwiderstand

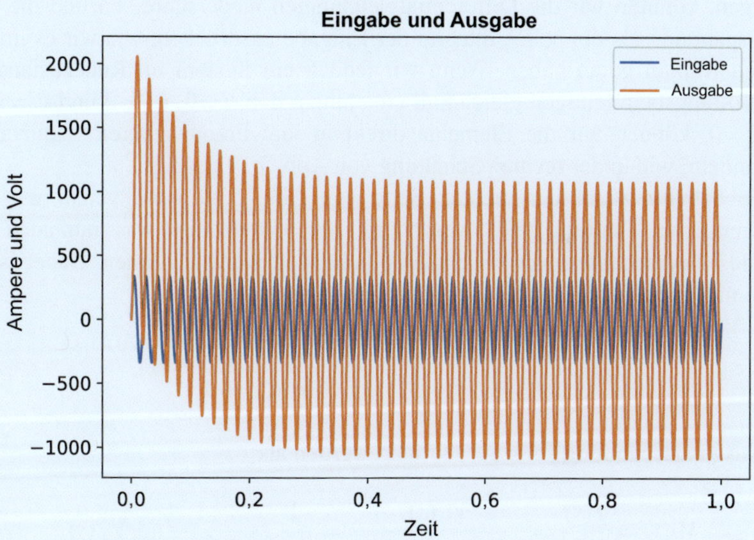

Abb. 5.18 Allmählicher Abfall des Gleichspannungsversatzes

werden wir einen anderen praktischen Ansatz vorstellen, der zur Erzeugung von Übertragungsfunktionen für Filter mit mehreren Spulen und Kondensatoren verwendet werden kann.

Abb. 5.19 zeigt den LC-Filter, den wir im vorherigen Kapitel kurz besprochen haben. Wir haben einen Widerstand R in Serie mit der Spule eingefügt. Wir könnten auch einen Parallelwiderstand über den Kondensator C einfügen, um den Ver-

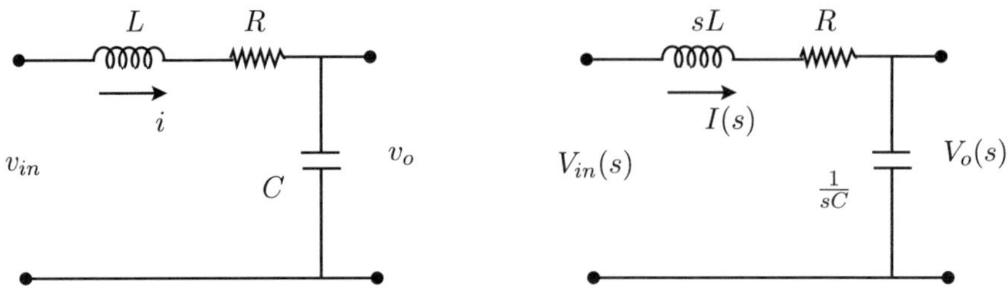

Abb. 5.19 LC-Filter mit Frequenzbereichsdarstellung

lust sowohl in der Spule als auch im Kondensator zu modellieren. Um jedoch einen praktischen LC-Filter zu modellieren, müssen wir eine Verlustkomponente einbeziehen, die durch den Widerstand R dargestellt wird, und dieser Widerstand allein reicht aus, um den Verlust im Filter zu erfassen. Zusätzliche Widerstände würden nur die endgültige Gleichung verkomplizieren, und daher werden wir die minimale Anzahl von Komponenten wählen.

Die Schaltung auf der linken Seite in Abb. 5.19 ist der LC-Filter. Um eine Gleichung für die Ausgangsspannung v_o in Bezug auf die Eingangsspannung v_{in} zu erzeugen, könnten wir die Differentialgleichungen niederschreiben und die Ausgangsspannung als doppeltes Integral der Eingabe ausdrücken, wie wir es im vorherigen Kapitel getan haben. Wenn wir jedoch ein System im Ruhezustand mit allen Anfangsbedingungen gleich null annehmen, d. h. $i=0$, $v_{in}=0$ und $v_o=0$ zur Zeit $t=0$, können wir die Elemente direkt in ihre Frequenzbereichsäquivalente umwandeln, wie in der rechten Schaltung von Abb. 5.19 gezeigt.

Die Schaltung auf der rechten Seite von Abb. 5.19 kann genau wie eine herkömmliche Schaltung gelöst werden, mit dem Unterschied, dass nun auch Spulen und Kondensatoren wie Widerstände behandelt werden können. Daher ist der Strom im Frequenzbereich s

$$I(s) = \frac{V_{in}(s)}{R + sL + \frac{1}{sC}} = \frac{sC}{LCs^2 + RCs + 1} V_{in}(s). \tag{5.56}$$

Die Ausgangsspannung kann ausgedrückt werden als

$$Vo(s) = \frac{I(s)}{sC} = \frac{V_{in}(s)}{LCs^2 + RCs + 1} = \frac{1}{LC} \frac{1}{s^2 + \frac{R}{L}s + \frac{1}{LC}} V_{in}(s). \tag{5.57}$$

Wir können dies in den diskreten Bereich umwandeln, indem wir die bilineare Transformation (5.4) verwenden:

$$Vo(z) = \frac{1}{LC} \frac{1}{\left(\frac{2}{T}\frac{z-1}{z+1}\right)^2 + \frac{R}{L}\left(\frac{2}{T}\frac{z-1}{z+1}\right) + \frac{1}{LC}} V_{in}(z). \tag{5.58}$$

Wie zuvor muss dies erweitert und neu angeordnet werden. Das Endergebnis ist

$$V_o(z) = \frac{\frac{1}{LC}(z^2 - 2z + 1)}{\left[\left(\frac{2}{T}\right)^2 + \frac{2}{T}\frac{R}{L} + \frac{1}{LC}\right]z^2 + \left[-2\left(\frac{2}{T}\right)^2 + \frac{2}{LC}\right]z + \left[\left(\frac{2}{T}\right)^2 - \frac{2}{T}\frac{R}{L} + \frac{1}{LC}\right]} V_{in}(z). \quad (5.59)$$

Die obige Gleichung ist ein wenig unordentlich, hauptsächlich aufgrund des zweiten Ordnungsterms in s. Natürlich werden höhere Ordnungsterme in s wie s^3, $s^4 \cdots$ noch schwieriger zu lösen und umzuordnen sein. Im nächsten Kapitel werden wir diese Substitutionen vermeiden und einen Python-Befehl einführen, der Übertragungsfunktionen automatisch vom kontinuierlichen s-Bereich in den digitalen z-Bereich umwandelt.

Es ist eine einfache Angelegenheit, sowohl Zähler als auch Nenner durch z^2 zu teilen, um die obige Gleichung in Bezug auf die Verzögerungsoperatoren $z-^1$ und z^{-2} anstelle der Vorschuboperatoren z^1 und z^2 auszudrücken. Der endgültige Zeitbereichsausdruck in Bezug auf Signalmuster ist

$$\left[\left(\frac{2}{T}\right)^2 + \frac{2}{T}\frac{R}{L} + \frac{1}{LC}\right] v_o[n] + \left[-2\left(\frac{2}{T}\right)^2 + \frac{2}{LC}\right] + v_o[n-1] \quad (5.60)$$

$$+\left[\left(\frac{2}{T}\right)^2 - \frac{2}{T}\frac{R}{L} + \frac{1}{LC}\right] v_o[n-2] = \frac{1}{LC}(v_{in}[n] - 2v_{in}[n-1] + v_{in}[n-2]) \quad (5.61)$$

Das oben genannte digitale Modell kann auf genau die gleiche Weise programmiert werden wie Spulen und Kondensatoren. Wir werden eine lange Liste von Variablendeklarationen für die Spule L, den Widerstand R und den Kondensator C haben. Darüber hinaus haben wir jetzt zwei vorherige Muster sowohl für den Eingang $v_{in}[n-1]$, $v_{in}[n-2]$ als auch für den Ausgang $v_o[n-1]$, $v_o[n-2]$. Daher werden die Eingabe- und Ausgabevariablen als Arrays mit 3 Elementen anstelle von nur 2 deklariert – das 0. Element als das aktuelle Muster, das erste Element als das erste vorherige Muster $n-1$ und das zweite Element als das zweite vorherige Muster $n-2$.

```
import numpy as np
import matplotlib.pyplot as plt

t_duration = 1.0
t_step = 1.0e-6

no_of_data = int(t_duration/t_step)

# Time array which is integers from 0 to 1 million -1
time_array = np.arange(no_of_data)*t_step

C = 1000.0e-6              # 1000 microFard capacitor
R = 0.05                   # 0.05 Ohm resistance as loss
L = 0.001                  # 1 milli Henry inductor
frequency = 50.0           # Hertz
omega = 2*np.pi*frequency  # rad/s
mag = np.sqrt(2)*240.0     # Voltage

ip_voltage_signal = mag*np.sin(time_array*omega)

t_sample = 200.0e-6        # 5kHz
no_of_skip = int(t_sample/t_step)

tsample_array = time_array[::no_of_skip]
ip_voltage_samples = ip_voltage_signal[::no_of_skip]

# Initialize our output
op_voltage_samples = np.zeros(ip_voltage_samples.size)

# Filter input
u = np.zeros(3)
y = np.zeros(3)

# Calculate our output
for volt_index, volt_value in np.ndenumerate
(ip_voltage_samples):

    # Implementation of the filter
    u[0] = volt_value
    y[0] = ( (1/(L*C))*(u[0] + 2*u[1] + u[2]) - \\

( -2*(2/t_sample)*(2/t_sample) + (2/(L*C)) )*y[1] - \\
( (2/t_sample)*(2/t_sample) - (R/L)*(2/t_sample) + \\
(1/(L*C)) )*y[2] ) / ( (2/t_sample)*(2/t_sample) + \\
(R/L)*(2/t_sample) + (1/(L*C)))
```

```
        u[2] = u[1]        # u(n-2) = u(n-1)
        y[2] = y[1]        # y(n-2) = y(n-1)
        u[1] = u[0]        # u(n-1) = u(n)
        y[1] = y[0]        # y(n-1) = y(n)

        op_voltage_samples[volt_index] = y[0]
        # End of filter implementation

    plt.plot(time_array, ip_voltage_signal, \
            label='full', ds='steps')
    plt.plot(tsample_array, ip_voltage_samples, \
            label='sample', ds='steps')
    plt.title('Input voltage with sampling effect')
    plt.xlabel('Time')
    plt.ylabel('Volts')
    plt.legend()

    plt.figure()
    plt.plot(tsample_array, op_voltage_samples, \
            label='output', ds='steps')
    plt.title('Output voltage')
    plt.xlabel('Time')
    plt.ylabel('Volts')
    plt.legend()

    plt.figure()
    plt.plot(tsample_array, ip_voltage_samples, \
            label='input', ds='steps')
    plt.plot(tsample_array, op_voltage_samples, \
            label='output', ds='steps')
    plt.title('Input and output')
    plt.xlabel('Time')
    plt.ylabel('Volts')
    plt.legend()

    plt.show()
```

In diesem Abschnitt haben wir das digitale Modell für den LC-Filter zusammen mit dem Code vorgestellt. Die Simulationsergebnisse des LC-Filters werden im nächsten Abschnitt mit einer detaillierten Analyse der Filterleistung vorgestellt.

5.11 Leistungsanalyse des LC-Filters

Im vorherigen Abschnitt haben wir das digitale Modell für den LC-Filter entwickelt und den Python-Code geschrieben. Wir hatten die Simulationsergebnisse zurückgestellt, da es mehrere Aspekte der Simulation gibt, die wir untersuchen möchten. In diesem Abschnitt werden wir die Leistung des digitalen LC-Filters unter verschiedenen Testbedingungen untersuchen.

Zunächst einmal wollen wir die Ergebnisse der Ausführung des Codes im vorherigen Abschnitt darstellen. Speziell haben wir eine Eingangsspannung von 240 V, 50 Hz (RMS), eine Spule $L = 1$ mH, einen Kondensator $C = 1000$ μF und einen parasitären Serienwiderstand $R = 0{,}05$ Ω. Die Abb. 5.20, 5.21 und 5.22 sind die Simulationsergebnisse. Abb. 5.20 zeigt, dass der Ausgang eine anfängliche Schwingung hat, die nach einigen Zyklen abklingt. Abb. 5.21 zeigt eine vergrößerte Darstellung des Eingangs und des Ausgangs für die ersten Zyklen. Diese Darstellung zeigt, dass die Ausgangsspannung verzerrt zu sein scheint. Abb. 5.22 zeigt die vergrößerte Darstellung des Eingangs und des Ausgangs für die nächsten Zyklen, wobei der Ausgang als viel glattere Sinuswelle erscheint.

Ein paar schnelle Beobachtungen – was sind die anfänglichen Schwingungen in der äußeren Hüllkurve und auch die Verzerrungen im Ausgang während der ersten Zyklen? Ein LC-Schaltkreis ist ein Resonanzschaltkreis, wie im nächsten Kapitel ausführlich besprochen wird. Ein Resonanzschaltkreis wird Schwingungen nach einem Transienten zeigen – und in diesem Fall ist das Anlegen des anfänglichen Eingangs ein Transient. Die Schwingungen werden abklingen, wenn es eine Verlustkomponente gibt, die in unserem Fall durch den Serienwiderstand modelliert

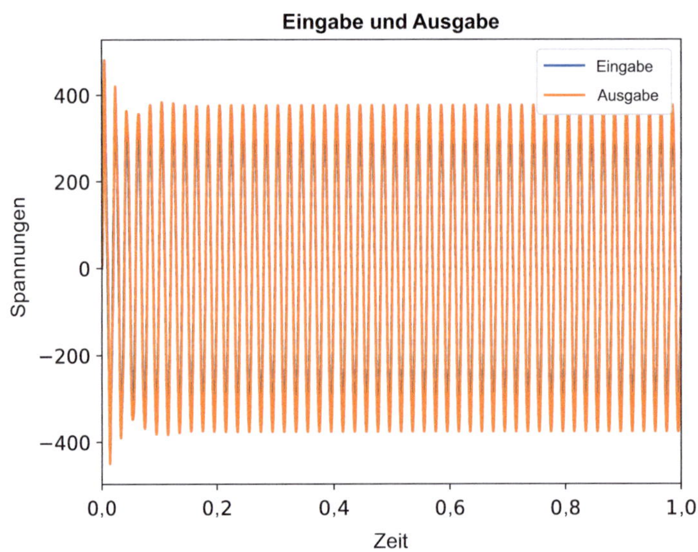

Abb. 5.20 Eingangs- und Ausgangshüllkurven des LC-Filters

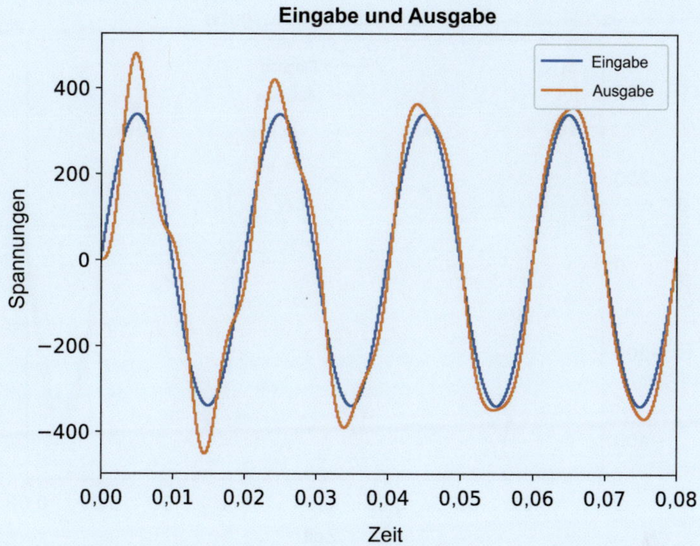

Abb. 5.21 Vergrößerte Darstellung von Eingang und Ausgang für die ersten Zyklen

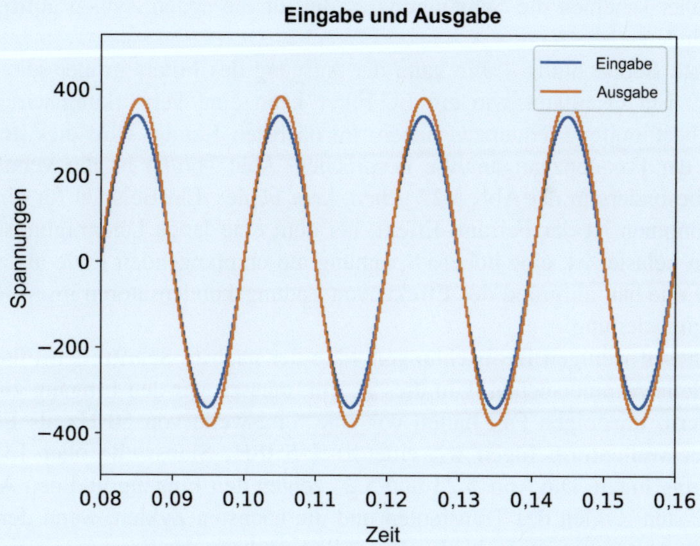

Abb. 5.22 Vergrößerte Darstellung von Eingang und Ausgang im stationären Zustand

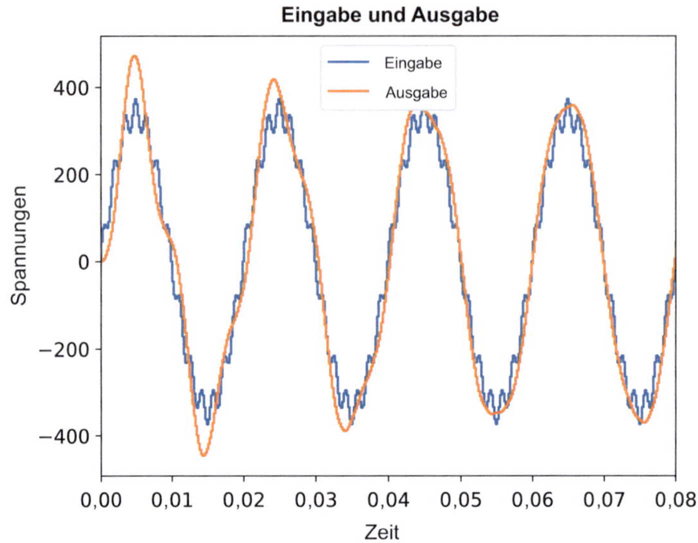

Abb. 5.23 Eingang und Ausgang mit Oberschwingungen – erste Zyklen

wird. Daher scheinen die Schwingungen, die für die ersten Zyklen auftreten, zu verschwinden.

Nächste Beobachtung – wie kann der Ausgang des Filters größer sein als der Eingang? Ein Oszillator wie ein LC-Filter kann eine Verstärkungswirkung auf Signale bestimmter Frequenzen haben. Im nächsten Kapitel wird dies im Detail mithilfe der Frequenzganganalyse besprochen. Aber vorerst ist die Verstärkung, die wir besonders in der Abb. 5.22 sehen, kein Fehler. Ein Beispiel für ein ähnliches Phänomen ist der Ferranti-Effekt, bei dem eine lange Übertragungsleitung, die leicht belastet ist, eine höhere Spannung am empfangenden Ende als am sendenden Ende hat, aufgrund des Effekts von Ladungskondensatoren im Modell der Übertragungsleitung.

Mit diesen wenigen Beobachtungen wäre der nächste Schritt, den Filtereffekt des Modells zu untersuchen. Um dies zu tun, müssen wir den Eingang zum Modell ändern. Im obigen Fall hatten wir eine Sinuswelle von 50 Hz als Eingang. Zu dieser Wellenform fügen wir eine 10-%-650-Hz-Sinuswelle oder 13. Oberschwingung hinzu. Die Abb. 5.23 und 5.24 zeigen den Eingang und den Ausgang für die ersten Zyklen des Transienten und die nächsten Zyklen, wenn der stationäre Zustand erreicht ist. In beiden Darstellungen kann die Eingangsspannung als ziemlich verrauscht beobachtet werden, da sie nun eine Kombination aus einem 50-Hz-Signal und einem 650-Hz-Signal ist. Der Ausgang hingegen ist immer noch eine Sinuswelle, die (insbesondere in Abb. 5.24) glatt und frei von der höherfrequenten Komponente zu sein scheint. Dies ist die Filterleistung des LC-Filters und des digitalen Modells, das dieses LC-Filter darstellt. Der Filter lässt niederfrequente Komponenten (50 Hz) im Eingang zum Ausgang durch, verhindert aber, dass höherfrequente Komponenten (650 Hz) im Ausgang erscheinen.

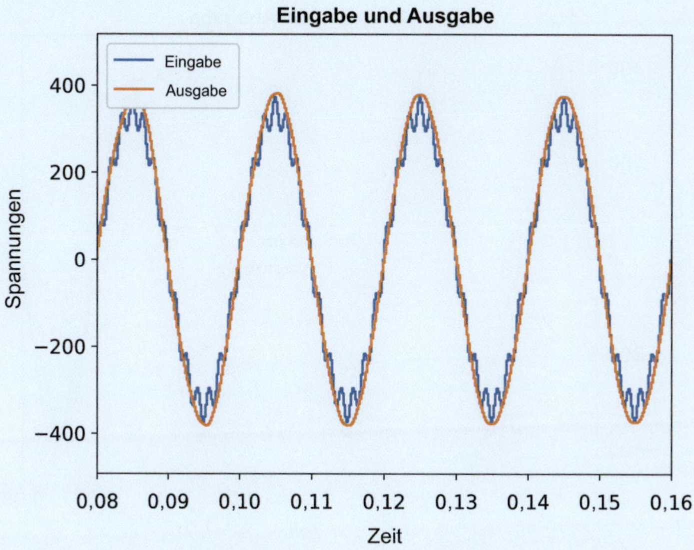

Abb. 5.24 Eingang und Ausgang mit Oberschwingungen – im stationären Zustand

Diese Leistung des LC-Filters, die in den Abb. 5.23 und 5.24 gezeigt wird, ist unglaublich nützlich, wenn ein bestimmtes Signal Rauschen enthält, wir aber ein Signal ohne das Rauschen extrahieren möchten, bevor wir es verarbeiten. Jetzt, da wir den LC-Filter in Aktion gesehen haben, wäre die nächste Frage – welche Frequenzen kommen durch und welche nicht? Betrachten wir ein weiteres Eingangssignal. Dieses Mal fügen wir dem 50-Hz-Signal eine 250-Hz-Sinuswelle (5. Oberschwingung) hinzu. Die Abb. 5.25 und 5.26 zeigen die Simulationsergebnisse in diesem Fall. Aus beiden Diagrammen geht sofort hervor, dass der Ausgang nicht so glatt ist wie im vorherigen Fall. Dem Ausgangssignal scheint nun ein Teil der 250-Hz-Komponente überlagert zu sein. Dies ist ein Fall, in dem die Filterwirkung nicht ausreicht, da der Ausgang nicht die glatte 50-Hz-Sinuswelle ist, die wir zuvor erhalten haben.

Mit diesen Simulationsergebnissen haben wir die grundlegende Arbeitsweise des digitalen Modells eines LC-Filters untersucht. Wir haben gesehen, wo der LC-Filter wirksam ist und wo er nicht wirksam ist. Diese Simulationsergebnisse haben jedoch eine Reihe von Fragen aufgeworfen. Wie stellen wir sicher, dass eine bestimmte Frequenzkomponente im Ausgang erscheint oder nicht erscheint? Können wir die Größe des Ausgangs so steuern, dass bestimmte Frequenzen so erhalten bleiben, wie sie im Eingang sind, ohne Verstärkung oder Dämpfung? Die Antworten auf all diese Fragen werden im nächsten Kapitel gegeben, in dem ein detaillierter Prozess zur Filterentwicklung bereitgestellt wird.

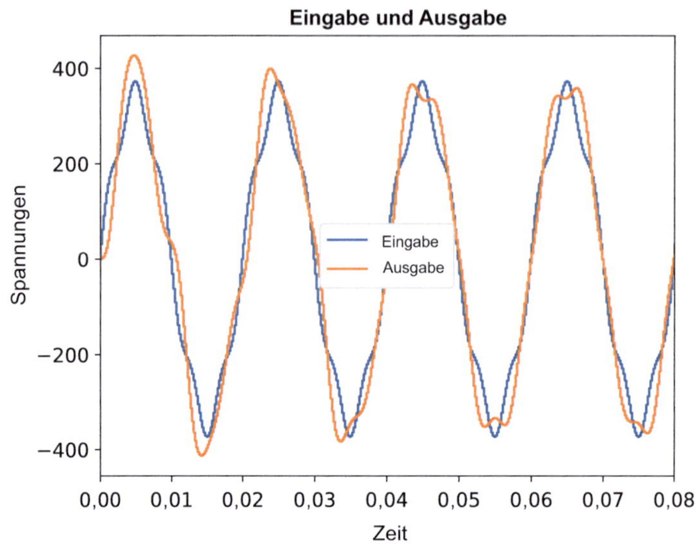

Abb. 5.25 Eingang und Ausgang mit Oberschwingungen – erste Zyklen

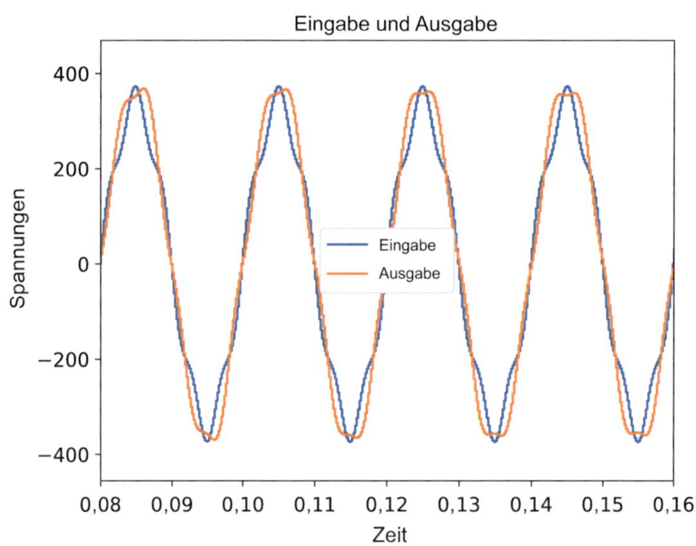

Abb. 5.26 Eingang und Ausgang mit Oberschwingungen – im stationären Zustand

5.12 Schlussfolgerungen

In diesem Kapitel haben wir endlich mit einigen Codeimplementierungen begonnen. Das Ziel dieses Kapitels war es, den Leser in den Prozess der Implementierung von digitalen Filtern einzuführen. Das Kapitel wählte die grundlegenden Komponenten – Spulen und Kondensatoren – um zu beschreiben, wie wir mit den bekannten Zeitdifferentialgleichungen beginnen, die Laplace-Transformation verwenden und anschließend die transformierten Gleichungen in den digitalen Bereich umwandeln können. Wir nutzen unser Wissen aus dem vorherigen Kapitel darüber, wie wir Frequenzen in transformierten Gleichungen als Operatoren wahrnehmen können, die es uns ermöglichen, Zeitbereichsdifferenzengleichungen in Bezug auf Signalmuster zu erzeugen.

Wir haben mathematische Modelle Schritt für Schritt aufgebaut und sie mit den Implementierungen mit Python-Code kombiniert. Wir haben Simulationsergebnisse verwendet, um den gesamten Prozess zu analysieren – Abtastung von Signalen, Berechnung des Ausgangs bei jedem Abtastwert und die mögliche Übersetzung des Prozesses in eine praktische Hardwareimplementierung. Wir haben aus den Simulationsergebnissen geschlossen, dass unsere digitalen Modelle genau waren und widerspiegelten, wie sich die analogen Komponenten verhalten würden. Schließlich haben wir das digitale Modell für den LC-Filter synthetisiert und implementiert und durch Simulationsergebnisse das Konzept der Filterung untersucht.

Der Zweck dieses Kapitels war es, einen tiefen Einblick in den Prozess der digitalen Filterung mit den sehr einfachen Beispielen von Kondensatoren, Spulen und LC-Filtern zu geben. Digitale Filterung kann weit komplexere Ziele erreichen, wie in den nächsten Kapiteln beschrieben wird. Ein direkter Sprung zu diesen Konzepten ohne die Zerlegung des Prozesses für einfache analoge Schaltungen, mit denen wir Elektrotechnikingenieure vertraut sind, führt jedoch dazu, dass DSP zu einem verwirrenden Thema wird. In den nächsten Kapiteln werden wir uns allmählich von analogen Schaltungen entfernen und untersuchen, wie ein rein digitaler Ansatz unglaublich leistungsfähige Werkzeuge zur Gestaltung von fortschrittlichen Filtern bieten kann.

Literatur

1. Mitra, S. K. (1998). *Digital Signal Processing: A Computer-Based Approach.* McGraw-Hill.
2. Moschytz, G. S. (2019). *Analog Circuit Theory and Filter Design in the Digital World* (1. Aufl.). Springer International Publishing.
3. Ramo, S., Whinnery, J. R., & Duzer, T. V. (1994). *Fields and Waves in Communication Electronics* (3. Aufl.). Wiley.

Kapitel 6
Frequenzganganalyse

6.1 Einführung

Im vorherigen Kapitel hatten wir die Übertragungsfunktionen für grundlegende Schaltungskomponenten wie die Spule und den Kondensator abgeleitet, um bei der Übertragungsfunktion des LC-Filters anzukommen, das ein ziemlich beliebter analoger Filter ist. Wir hatten unseren theoretischen Hintergrund aus den früheren Kapiteln genutzt, um die kontinuierliche Zeitübertragungsfunktion in den digitalen Bereich zu konvertieren, um die LC-Filterübertragungsfunktion als Differenzengleichung zu implementieren. Mit einer Simulation hatten wir die Funktion der digitalen LC-Filterimplementierung untersucht. Insbesondere hatten wir Signale mit unterschiedlichen Frequenzen in das Eingangssignal eingeführt, um zu beobachten, wie sich das Ausgangssignal änderte.

Die Simulation brachte einige sehr interessante Fragen auf. Wir sahen, wie einige Frequenzkomponenten im Eingangssignal im Ausgang fast eliminiert wurden. Allerdings erschienen einige andere Frequenzkomponenten im Ausgang, auch wenn sie durch den digitalen Filter verändert worden waren. Mit den Simulationsergebnissen wurde ziemlich offensichtlich, dass ein Filter wie der LC-Filter sich für Signale unterschiedlicher Frequenz unterschiedlich verhält. Im Allgemeinen wird erwartet, dass jeder Filter sich für unterschiedliche Frequenzen unterschiedlich verhält. Dieses frequenzabhängige Verhalten ist nicht zufällig, sondern sehr gut definiert und kann im Detail studiert werden. Das Studium, wie eine Übertragungsfunktion sich für verschiedene Frequenzen verhält, umfasst das Studium der Frequenzgangcharakteristiken der Übertragungsfunktion.

In diesem Kapitel werden wir Bode-Diagramme einführen, die das beliebteste und wahrscheinlich mächtigste Werkzeug zur Untersuchung von Frequenzgangcharakteristiken sind. Mit einer grundlegenden Einführung in die Theorie der Bode-Diagramme wird dieses Kapitel die Python-Funktion untersuchen, die zur Erzeugung von Bode-Diagrammen verwendet werden kann. Wir werden dann diese Python-Befehle verwenden, um die Frequenzgangcharakteristiken der Spule

S. V. Iyer, *Digitales Filterdesign mit Python für Anwendungen in der Energietechnik*, https://doi.org/10.1007/978-3-031-58983-6_6

und des LC-Filters zu untersuchen. Mithilfe der Frequenzgangdiagramme werden wir das Verhalten des LC-Filters interpretieren, das wir im vorherigen Kapitel beobachtet haben. Dann werden wir das Konzept der generalisierten Übertragungsfunktionen einführen und wie diese als Bausteine zur Konstruktion von digitalen Filtern ohne Bezugnahme auf analoge Schaltungen verwendet werden können.

6.2 Eine neue Betrachtung von komplexen Zahlen

Um die Frequenzganganalyse verstehen zu können, müssen wir eine alternative Art der Darstellung komplexer Zahlen betrachten [1]. Nehmen wir ein Beispiel für eine komplexe Zahl:

$$a = 2 + j3. \tag{6.1}$$

Als wir uns mit der Eulerschen Gleichung beschäftigten, sahen wir, dass eine komplexe Zahl auf einer Ebene dargestellt werden kann, wobei die x-Achse die reelle Achse und die y-Achse die imaginäre Achse sind. Das können wir ebenfalls für jede komplexe Zahl tun, die in der Form $Re+jIm$ mit ihrem reellen und imaginären Teil ausgedrückt ist. Eine komplexe Zahl kann auch durch einen anderen Satz von Parametern dargestellt werden, die eine größere physikalische Bedeutung haben. Der Betrag der komplexen Zahl ist definiert als

$$|a| = \sqrt{2^2 + 3^2} = \sqrt{Re\{a\}^2 + Im\{a\}^2}. \tag{6.2}$$

Der Phasenwinkel oder das Argument einer komplexen Zahl kann geschrieben werden als

$$\arg(a) = \tan^{-1}\left(\frac{3}{2}\right) = \tan^{-1}\left(\frac{Im\{a\}}{Re\{a\}}\right). \tag{6.3}$$

Um dies zu verstehen, schauen Sie sich an, wie die komplexe Zahl in der zweidimensionalen Ebene dargestellt ist, wie in Abb. 6.1 gezeigt. Wie zuvor liegen der reelle Teil der komplexen Zahl entlang der reellen Achse und der imaginäre Teil entlang der imaginären Achse. Dies führt zu einem Phasor, der einen Betrag hat, der gleich dem Betrag der komplexen Zahl ist, und einen Phasenwinkel, der der Winkel des Phasors mit der positiven reellen Achse ist. Es ist wichtig zu beachten, dass der Phasenwinkel immer als der Winkel in Bezug auf die positive reelle Achse und im Gegenuhrzeigersinn gemessen definiert ist.

$$x = a + jb, \tag{6.4}$$

$$|x| = \sqrt{a^2 + b^2}, \tag{6.5}$$

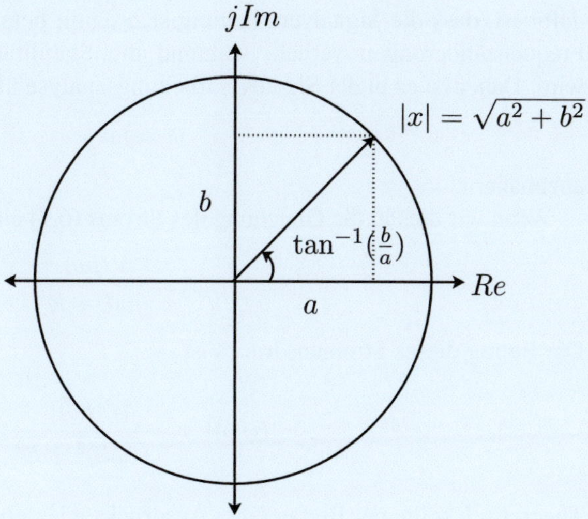

Abb. 6.1 Darstellung einer komplexen Zahl als Phasor

$$\arg(x) = \tan^{-1}\left(\frac{b}{a}\right). \tag{6.6}$$

Mit diesem betrachten wir nun komplexe Zahlen als Phasoren – mit einem Betrag und einem Phasenwinkel.

6.3 Übertragungsfunktionen: Betrag und Phasenwinkel

Im vorherigen Abschnitt haben wir komplexe Zahlen als Phasoren mit einem Betrag und einem Phasenwinkel dargestellt. In diesem Abschnitt werden wir dies verwenden, um Übertragungsfunktionen als Phasoren darzustellen, indem wir zuerst den Betrag einer beliebigen Übertragungsfunktion ableiten [2]. Als Beispiel betrachten wir den Strom durch die verlustbehaftete Spule im Frequenzbereich:

$$I(s) = \frac{V(s)}{sL + R}. \tag{6.7}$$

Wie bereits im vorherigen Kapitel besprochen, ist s die komplexe Frequenz:

$$s = \sigma + j\omega. \tag{6.8}$$

Im vorherigen Kapitel haben wir auch die physikalische Bedeutung der Real- und Imaginärteile der Frequenz s untersucht, wenn sie zur Darstellung einer Sinuskurve verwendet werden. Der Realteil bestimmt die Stabilität der Sinuskurve, während der Imaginärteil die Frequenz der Sinuskurve bestimmt. In der Signalverarbeitung lassen wir normalerweise den Realteil σ der Frequenz weg. Der Grund dafür ist, dass die Signalverarbeitung sich damit befasst, wie sich ein System bei Frequenzänderungen verhält, während die Stabilitätsanalyse separat behandelt wird. Daher ist es in der Signalverarbeitungsanalyse üblich, s als

$$s = j\omega \tag{6.9}$$

anzunähern.

Wenn wir dies in die Gleichung des Stroms (6.7) einsetzen:

$$I(j\omega) = \frac{V(j\omega)}{j\omega L + R}. \tag{6.10}$$

Der Betrag dieses Stromausdrucks ist

$$|I(j\omega)| = \frac{|V(j\omega)|}{\sqrt{(\omega L)^2 + R^2}}. \tag{6.11}$$

Theoretisch sollte der Betrag eines Ausdrucks wie dem obigen nach Vereinfachung zu der Form $Re+jIm$ ausgedrückt werden. Der Betrag einer komplexen Zahl, die ein Produkt oder eine Division anderer komplexer Zahlen ist, kann jedoch als Produkt oder Division der Beträge jeder komplexen Zahl ausgedrückt werden.

Phasenwinkel sind andererseits etwas komplexer aufgrund des auftretenden inversen Tangens. Es gibt eine Näherung, die zur Berechnung des Phasenwinkels verwendet werden kann. Um zu verstehen, wie diese Näherung erreicht wird, betrachten wir dieses einfache Beispiel:

$$x = \frac{a + jb}{c + jd}. \tag{6.12}$$

Wenn wir sowohl Zähler als auch Nenner mit dem komplexen Konjugierten des Nenners $c - jd$ multiplizieren:

$$x = \frac{(a + jb)(c - jd)}{c^2 - j^2 d^2}. \tag{6.13}$$

Aus der Definition der komplexen Zahlen wissen wir, dass

$$j = \sqrt{-1}, \tag{6.14}$$

also,

$$j^2 = -1. \tag{6.15}$$

Wenn wir dies in den modifizierten Ausdruck einsetzen:

$$x = \frac{(a + jb)(c - jd)}{c^2 + d^2}. \tag{6.16}$$

Wir haben eine komplexe Zahl aus dem Nenner entfernt. Diese Technik, sowohl Zähler als auch Nenner mit dem komplex Konjugierten des Nenners zu multiplizieren, ist eine sehr häufig verwendete Methode, um alle komplexen Zahlen in den Zähler zu verschieben. Der Zähler kann auch erweitert werden:

$$x = \frac{ac + bd + j(bc - ad)}{c^2 + d^2}. \tag{6.17}$$

Nach dieser Umstellung kann der Phasenwinkel berechnet werden als

$$\arg(x) = \tan^{-1} \frac{bc - ad}{ac + bd}. \tag{6.18}$$

Es ist jedoch nicht sehr praktisch, diese Berechnungen für jede Übertragungsfunktion durchzuführen. Wir benötigen eine Methode, um den Phasenwinkel einer Übertragungsfunktion in Bezug auf den Phasenwinkel jeder einzelnen Komponente zu berechnen, so wie wir es für den Betrag getan haben. Zu diesem Zweck müssen wir die Natur der Tangensfunktion untersuchen. Der Tangens eines Winkels steigt von 0 für einen Winkel von 0 rad auf ∞ für einen Winkel von $\frac{\pi}{2}$. Die Funktion ist natürlich nicht linear. Der Tangens von kleinen Winkeln ist jedoch ungefähr gleich dem Winkel selbst. Als Beispiel:

$$\tan 30^\circ = \tan \frac{\pi}{6} = 0{,}5773, \tag{6.19}$$

und da

$$\frac{\pi}{6} = 0{,}5235 \tag{6.20}$$

ist diese Annäherung ist nicht zu schlecht. Im Allgemeinen kann diese Annäherung für Winkel kleiner als 45° oder $\frac{\pi}{4}$ rad angewendet werden.

Die obige Annäherung kann auch für den Arkustangens angewendet werden, den wir zur Berechnung von Phasenwinkeln verwenden,

$$\tan^{-1} x. \tag{6.21}$$

Bei kleinen Werten von x wird der Arkustangens einen Winkel ergeben, der ungefähr gleich dem Wert x selbst ist. Bei großen Werten von x wird der Arkustangens asymptotisch gegen 90° tendieren. Wie verwenden wir dieses Wissen, um den Ausdruck für den Phasenwinkel zu vereinfachen?

In dem Ausdruck für den Phasenwinkel

$$\arg(x) = \tan^{-1} \frac{bc - ad}{ac + bd} \tag{6.22}$$

ist das Ergebnis ungefähr

$$\arg(x) \approx \frac{bc - ad}{ac + bd}, \tag{6.23}$$

solange die rechte Seite kleiner ist als $\frac{\pi}{4}$. Dies ist eine enorme Vereinfachung, da wir in der Lage sind, den Phasenwinkel ohne die Arkustangensfunktion auszudrücken. Wir müssen jedoch noch einen Schritt weiter gehen und den Phasenwinkel in Bezug auf die Phasenwinkel der einzelnen komplexen Zahlen ausdrücken.

Die Phasenwinkel der komplexen Zahlen, die den Ausdruck bilden, können auch die folgende Annäherung verwenden:

$$\arg(a + jb) \approx \frac{b}{a}, \tag{6.24}$$

$$\arg(c - jd) \approx -\frac{d}{c}. \tag{6.25}$$

Nehmen wir den folgenden Ausdruck:

$$\frac{b}{a} - \frac{d}{c} = \frac{bc - ad}{ac}. \tag{6.26}$$

Dieser Ausdruck ist sehr nahe an

$$\frac{bc - ad}{ac + bd}. \tag{6.27}$$

All das obige Herumspielen mit Gleichungen mag wie Rätselraten erscheinen, aber überraschenderweise waren viele Fortschritte in der Wissenschaft das Ergebnis von Wissenschaftlern, die einfach mit Ausdrücken herumspielten. Der Unterschied zwischen Gl. (6.27) und (6.26) ist der Term *bd*. Wenn die Phasenwinkel der einzelnen komplexen Zahlen klein sind, würde dies implizieren, dass $\frac{b}{a}$ und $\frac{d}{c}$ klein sind. Dies impliziert

$$b << a, \tag{6.28}$$

$$d << c. \tag{6.29}$$

Daher erfüllt das Produkt auch

$$bd << ac. \tag{6.30}$$

Dies führt zu der Annäherung:

$$\frac{bc - ad}{ac + bd} \approx \frac{bc - ad}{ac}. \tag{6.31}$$

Das Ergebnis all dieser Annäherungen ist, dass der Phasenwinkel der komplexen Zahl

$$\arg\left(\frac{a + jb}{c + jd}\right) \approx \arg(a + jb) - \arg(c + jd). \tag{6.32}$$

Die Bedingung hier ist – wenn die einzelnen Phasenwinkel klein sind. Im Allgemeinen erscheinen das Produkt und die Division von komplexen Zahlen als Summe und Differenz der Phasenwinkel der einzelnen Komponenten.

$$\begin{aligned}\arg\left(\tfrac{(a_1+jb_1)(a_2+jb_2)}{(c_1+jd_1)(c_2+jd_2)}\right) &\approx \arg(a_1+jb_1)+\arg(a_2+jb_2)\\ &-\arg(c_1+jd_1)-\arg(c_2+jd_2).\end{aligned} \tag{6.33}$$

Mit diesem Hintergrund kann der Phasenwinkel des Stroms durch eine Spule ausgedrückt werden als

$$\arg(I(j\omega)) \approx \arg(V(j\omega)) - \arg(j\omega L + R). \tag{6.34}$$

Mit diesem Hintergrund können wir nun über den Betrag und die Phasenwinkel von Übertragungsfunktionen im nächsten Abschnitt sprechen, in dem wir das Konzept des Frequenzgangs einführen werden.

Diese Annäherung macht es sehr bequem, Phasenwinkel von komplexen Übertragungsfunktionen auszudrücken, die viele kleinere Übertragungsfunktionen haben könnten, wie bald gezeigt wird. Manuelle Berechnungen von Phasenwinkeln sind nicht mehr notwendig, da wir nun sehr bequeme Rechenwerkzeuge haben, die ebenfalls sehr bald gezeigt werden. Ein Wissen darüber, wie Phasenwinkel approximiert werden können und wie die Plots von Phasenwinkeln in späteren Abschnitten und auch im nächsten Kapitel linear erscheinen, wird den gesamten Prozess der Frequenzganganalyse viel verständlicher machen.

6.4 Übertragungsfunktion: Frequenzgang

Im vorherigen Abschnitt haben wir definiert, wie jede komplexe Zahl als Phasor mit einem Betrag und einem Phasenwinkel dargestellt werden kann. Wir haben diese Definition auf eine komplexe Zahl ausgedehnt, die sich aus der Laplace-Transformation einer zeitveränderlichen Funktion einer physikalischen Größe, wie z. B. des Stroms durch eine Spule, in einem Schaltkreis ergibt. Mit diesem Hintergrund werden wir in diesem Abschnitt das Konzept der Frequenzanalyse einführen.

Lassen Sie uns zur Ausdrucksform des Spulenstroms aus dem vorherigen Abschnitt zurückkehren:

$$I(j\omega) = \frac{V(j\omega)}{j\omega L + R}. \tag{6.35}$$

Es ist wichtig zu beachten, dass die Signalverarbeitung die Analyse von Schaltungen (oder bloßen Komponenten wie der oben genannten Spule) erfordert. Zum Zwecke der Analyse schreiben wir Gleichungen typischerweise zunächst im Zeitbereich und wandeln dann die Gleichungen mithilfe der Laplace-Transformation in den Frequenzbereich um. Eine Frequenzbereichsgleichung wie die oben genannte ist ideal für die Signalverarbeitung, da wir in der Signalverarbeitung das Verhalten eines Systems für verschiedene Frequenzen untersuchen. Der erste Schritt zur Systemanalyse besteht darin, die Eingaben in das System und die Ausgaben aus dem System zu bestimmen.

Wenn wir über ein System sprechen, sprechen wir in der Signalverarbeitung über eine Gleichung im Frequenzbereich. Für eine Schaltung oder eine Komponente könnten wir eine Reihe von verschiedenen Gleichungen schreiben und sie auf verschiedene Weisen ausdrücken. Daher ist das System wie eine Box, die wir auf eine Seite kippen oder umdrehen könnten. Je nachdem, wie wir Gleichungen für ein System schreiben, wird das System Eingaben haben, die Variablen in den Gleichungen sind, und Ausgaben, die ebenfalls Variablen in den Gleichungen sind. Als Beispiel könnten in der oben genannten Spulengleichung der Strom $I(j\omega)$ die Ausgabe und die Spannung $V(j\omega)$ die Eingabe sein. In einem solchen Fall könnten wir die Ausgabe in Bezug auf die Eingabe wie folgt ausdrücken:

$$I(j\omega) = H(j\omega)V(j\omega), \tag{6.36}$$

wobei

$$H(j\omega) = \frac{1}{j\omega L + R} \tag{6.37}$$

die Übertragungsfunktion des Systems – der Spule ist. Wiederum ist dies nur eine Perspektive. Daher könnten wir auch die Spannung als Ausgabe und den Strom als Eingabe haben, um die Gleichungen folgendermaßen zu schreiben:

$$V(j\omega) = H'(j\omega)I(j\omega). \tag{6.38}$$

Dabei ist die alternative Übertragungsfunktion $H'(j\omega)$:

$$H'(j\omega) = j\omega L + R. \tag{6.39}$$

Die Übertragungsfunktion wird schließlich eine komplexe Zahl sein, wie oben. Daher wird eine Übertragungsfunktion einen Betrag und einen Phasenwinkel haben. Sowohl Betrag als auch Phasenwinkel sind abhängig von der Frequenz ω. In der Signalverarbeitung ist die Hauptfrage, wie sich ein System verhält, wenn sich die Frequenz der Eingänge ändert. In Laiensprache entspricht dies dem Spielen mit dem Abstimmknopf eines Radios und dem Hören von Kanälen. Wir können verschiedene Werte der Frequenz ω in $H(j\omega)$ einsetzen und für jede Frequenz den Betrag und den Phasenwinkel der Übertragungsfunktion berechnen. Dies ist die Frequenzganganalyse eines Systems.

Bevor wir uns detaillierter mit dem Frequenzgang des Systems befassen, wollen wir zunächst untersuchen, warum die Darstellung einer Schaltung oder eines Systems als Übertragungsfunktion nützlich ist. Nehmen wir an, es gibt eine Frequenz ω_1, die aus irgendeinem Grund von Interesse ist. Vielleicht findet sich diese Frequenz in der Eingabe, und wir möchten wissen, wie sie in der Ausgabe erscheint. Wir können den Betrag und den Phasenwinkel von $H(j\omega_1)$ als $|H(j\omega_1)|$ und $\arg(H(j\omega_1))$ berechnen. Wie verwenden wir das? Wir können den Betrag des Stroms in Bezug auf den Betrag der Übertragungsfunktion und den Betrag der Spannung bei dieser Frequenz ausdrücken:

$$|I(j\omega_1)| = |V(j\omega_1)||H(j\omega_1)|. \tag{6.40}$$

Aus dem Betrag $|H(j\omega_1)|$ könnten wir bestimmen, ob der Betrag des Stroms $|I(j\omega_1)|$ kleiner oder größer als der Betrag der Spannung $|V(j\omega_1)|$ sein wird. Und natürlich könnten wir den Betrag des Stroms für einen bestimmten Betrag der Spannung für die Frequenz ω_1 genau berechnen, wenn für diese Frequenz der Betrag $|H(j\omega_1)|$ der Übertragungsfunktion bekannt war.

Für den Phasenwinkel des Stroms gibt es eine andere Beziehung, die wir bereits im vorherigen Abschnitt beschrieben haben:

$$\arg(I(j\omega_1)) = \arg(V(j\omega_1)H(j\omega_1)) = \arg(V(j\omega_1)) + \arg(H(j\omega_1)). \quad (6.41)$$

Wenn für die Frequenz ω_1, für einen bestimmten Phasenwinkel der Spannung $\arg(V(j\omega_1))$, der Phasenwinkel der Übertragungsfunktion $\arg(H(j\omega_1))$ bekannt ist, kann der Phasenwinkel des Stroms durch einfache Addition berechnet werden. Zusätzlich, wenn der Phasenwinkel der Übertragungsfunktion größer als 0 ist – $\arg(H(j\omega_1))>0$ –, wird der Strom die Spannung führen, und wenn $\arg(H(j\omega_1))<0$, wird der Strom der Spannung folgen.

Dies wäre natürlich mathematisch offensichtlich, aber wie hilft das Konzept einer Übertragungsfunktion bei diesen Berechnungen, wenn diese Berechnungen auch durch einfaches Lösen von zeitabhängigen Funktionen durchgeführt werden können? Der Vorteil besteht darin, dass Übertragungsfunktionen Beträge und Phasenwinkel haben, die mit der Frequenz variieren, aber diese Variationen sind für die meisten Standardformen von Übertragungsfunktionen abgebildet. Daher wird für jedes gegebene System oder jede Schaltung die resultierende Übertragungsfunktion in der Regel ein Ausdruck einer bestimmten Form sein. Und diese bestimmte Form hat einen Betrag und einen Phasenwinkel, deren Variation mit der Frequenz wohldefiniert ist. Daher sind unsere Berechnungen des Betrags und des Phasenwinkels der Ausgabe nun deutlich einfacher, da die Berechnung des Betrags und des Phasenwinkels der Übertragungsfunktion lediglich das Ergebnis von fest etablierten Regeln ist. Dies macht die Frequenzganganalyse so mächtig, wie in den nächsten Abschnitten gezeigt wird.

6.5 Bode-Diagramme

Im vorherigen Abschnitt haben wir gesehen, wie die Übertragungsfunktion eines Systems eine Funktion der Frequenz ist. Wir schlossen den vorherigen Abschnitt mit der Aussage ab, dass Übertragungsfunktionen dazu neigen, Standardformen zu haben, die wiederum bei Frequenzänderungen ein wohldefiniertes Verhalten der Systeme in Bezug auf Änderungen in Betrag und Phasenwinkel zur Folge haben. In diesem Abschnitt werden wir ein sehr beliebtes Werkzeug zur Untersuchung des Frequenzgangs eines Systems vorstellen.

Ein leistungsfähiges Werkzeug zur Analyse des Verhaltens eines Systems bei sich ändernder Frequenz besteht darin, den Betrag und den Phasenwinkel der Übertragungsfunktion des Systems in Bezug auf die Frequenz zu plotten. Auf einen Blick ist nun das Verhalten des Systems für einen riesigen Frequenzbereich offensichtlich. Die bekanntesten Frequenzgangdiagramme werden Bode-Diagramme genannt, benannt nach Hendrik Wade Bode [3]. Ein Bode-Diagramm einer Übertragungsfunktion besteht aus einem Diagramm des Betrags und des Phasenwinkels in Bezug auf die Frequenz [2]. Was jedoch das Bode-Diagramm von vielen anderen Frequenzgangdiagrammen unterscheidet, ist die Darstellung der Frequenz in den Diagrammen.

In der Signalverarbeitung möchten wir normalerweise sehen, wie sich ein System für einen großen Frequenzbereich verhält. Dies liegt daran, dass, selbst wenn unsere Frequenz von Interesse nur 50 oder 60 Hz sein mag, man nie weiß, welche Frequenzen in einem System auftreten könnten. Als Beispiel könnten wir einen Filter entwerfen, um 450-Hz-Komponenten aus einem Signal zu entfernen. Aber aus irgendeinem seltsamen Grund zeigt dieser Filter eine sehr instabile und spikeartige Antwort für Frequenzen nahe 7000 Hz. Es ist möglich, wie jeder praktizierende Ingenieur weiß, dass während der Implementierung im Feld jede Frequenz auftreten kann. In diesem Fall, wenn diese 7000-Hz-Frequenz auftritt, könnte der von uns entworfene Filter zu Oszillationen im System führen, was völlig inakzeptabel ist. Denken Sie daran, das Labor ist eine kontrollierte Umgebung. Das Feld ist völlig anders, und wir müssen uns auf das Unerwartete vorbereiten.

Was das bedeutet ist, dass, selbst wenn die Frequenzen, an denen wir interessiert sind, ziemlich eng sind, wir eine ziemlich breite Palette von Frequenzen berücksichtigen müssen, nur um sicher zu sein. Damit stellt sich sofort ein Problem. Wenn unser Frequenzbereich von 0,1 Hz bis 100 kHz reicht, wie sollen wir das darstellen? Der Versuch, dies auf einer linearen Skala darzustellen, wäre lächerlich, da die Auflösung des Diagramms sehr schlecht wäre, was jede Art von Analyse sehr schwierig und fehleranfällig machen würde. Und aus diesem Grund kommen wir auf eine logarithmische Skala für Frequenzen.

In Bode-Diagrammen ist die x-Achse der Diagramme des Betrags und des Phasenwinkels der Logarithmus der Frequenz ω zur Basis 10:

$$x = \log_{10} \omega. \tag{6.42}$$

Was bedeutet das? Wenn:

$$\begin{aligned}
\omega = 1, &\quad x = \log_{10} 1 = 0 \\
\omega = 10, &\quad x = \log_{10} 10 = 1 \\
\omega = 100, &\quad x = \log_{10} 100 = 2 \\
\omega = 1000, &\quad x = \log_{10} 1000 = 3 \\
\omega = 100000, &\quad x = \log_{10} 100000 = 5
\end{aligned}$$

Es gibt auch einen negativen Teil der x-Achse:

$$\begin{aligned}
\omega = 0.1, &\quad x = \log_{10} 0.1 = -1 \\
\omega = 0.01, &\quad x = \log_{10} 0.01 = -2
\end{aligned}$$

Ein schneller Blick auf diese Zahlen zeigt, dass die x-Achse für den gleichen Frequenzbereich zusammengedrückt wurde. Um Frequenzen von $\omega = 0{,}01$ bis $\omega = 100.000$ darzustellen, reicht die x-Achse jetzt von -2 bis 5. Dies ist viel einfacher auf einem Diagramm darzustellen. Die nächste Frage – würde das nicht die Genauigkeit beeinträchtigen?

Nun, ja, das würde es. Wie jedoch sehr bald, wenn wir Bode-Diagramme erstellen, zu sehen sein wird, treten keine drastischen Änderungen bei kleinen Änderungen der Frequenz auf. Ein Diagramm des Betrags oder eines Phasenwinkels ähnelt nicht einer Fremdwährungsumtauschschwankung, bei der drastische Änderungen in regelmäßigen Abständen auftreten können. Bei der Frequenzganganalyse treten die meisten Änderungen in Betrag und Phasenwinkel bei großen Änderungen der Frequenz auf. Daher erzeugt die logarithmische Skala Frequenzgangdiagramme, die detaillierte Einblicke in die Übertragungsfunktion eines Systems liefern.

Die nächste Besonderheit bei Bode-Diagrammen betrifft die Definition des Betrags einer Übertragungsfunktion. Wir haben bereits bei einfachen komplexen Zahlen gesehen, wie der Betrag einer komplexen Zahl berechnet werden kann. Für eine Übertragungsfunktion $H(j\omega)$ wird der Betrag definiert als

$$|H(j\omega)| = \sqrt{Re(H(j\omega))^2 + Im(H(j\omega))^2}. \tag{6.43}$$

Dieser Ausdruck wird erreicht unter Verwendung von:

$$|H(j\omega)| = \sqrt{H(j\omega)H^*(j\omega)}, \tag{6.44}$$

wobei $H{*}(j\omega)$ das komplex Konjugierte von $H(j\omega)$ ist:

$$H^*(j\omega) = Re(H(j\omega)) - jIm(H(j\omega)). \tag{6.45}$$

In Bode-Diagrammen wird der Betrag der Übertragungsfunktion in Dezibel ausgedrückt. Die Verwendung von Dezibel hat ihren Ursprung in der Telefonie als Maßeinheit für die Leistung in einem Audiosignal. Der Vorteil von Dezibel liegt jedoch in seiner Flexibilität, den Betrag oder die Leistung in einem Signal entweder als Änderung oder als Absolutwert auszudrücken. Aus diesem Grund ist Dezibel als Einheit in der Signalverarbeitung und Steuerung sehr beliebt, wie sehr bald gezeigt wird. Die Größe einer Übertragungsfunktion in einem Bode-Diagramm wird ausgedrückt als

$$20 \log_{10} |H(j\omega)|. \tag{6.46}$$

Auf den ersten Blick scheint dies eine unnötige Komplikation zu sein, nur um mit einer historischen Definition der Größe in der Tontechnik übereinzustimmen, die etwa 100 Jahre alt ist. Können wir das nicht hinter uns lassen? Jedoch macht diese Definition etwas sehr Interessantes mit dem Betrag einer Übertragungsfunktion, die aus kleineren Übertragungsfunktionen besteht. Angenommen, wir hätten

$$H(j\omega) = (a + jb\omega)(c + jd\omega). \tag{6.47}$$

Der Betrag dieser Übertragungsfunktion ist

$$|H(j\omega)| = \sqrt{H(j\omega)H^*(j\omega)} = \sqrt{(a+jb\omega)(c+jd\omega)(a-jb\omega)(c-jd\omega)}. \quad (6.48)$$

Und somit, nach Umordnung und Trennung der Quadratwurzeln, ist der Betrag der Übertragungsfunktion einfach das Produkt der Größen der einzelnen Komponenten:

$$|H(j\omega)| = |a+jb\omega||c+jd\omega|. \quad (6.49)$$

Das mag einfach genug erscheinen, aber wenn wir die Größe in Dezibel ausdrücken:

$$20\log_{10}|H(j\omega)| = 20\log_{10}|a+jb\omega||c+jd\omega|. \quad (6.50)$$

Wir stellen fest, dass der Betrag der Übertragungsfunktion ein Logarithmus von Produkten ist, von dem wir wissen, dass er eine Summe von Logarithmen ist:

$$20\log_{10}|H(j\omega)| = 20\log_{10}|a+jb\omega| + 20\log_{10}|c+jd\omega|. \quad (6.51)$$

Und ähnlich, wenn die Übertragungsfunktion ein Verhältnis von Komponenten wäre:

$$H(j\omega) = \frac{a+jb\omega}{c+jd\omega}. \quad (6.52)$$

Der Betrag in Dezibel wäre eine Differenz in Logarithmen:

$$20\log_{10}|H(j\omega)| = 20\log_{10}|a+jb\omega| - 20\log_{10}|c+jd\omega|. \quad (6.53)$$

Wenn wir den Betrag der Übertragungsfunktion in Dezibel ausdrücken: Wenn die Übertragungsfunktion aus kleineren Komponenten besteht und als Produkt und Verhältnis dieser Komponenten ausgedrückt werden kann, wird der Betrag in Dezibel die Summe und die Differenz der Beträge der einzelnen Komponenten in Dezibel sein. Dies ist eine enorme Vereinfachung, da oft – und wie bald gesehen wird – viele Filter eine Zusammensetzung von Übertragungsfunktionen sind. Die Fähigkeit, die Beträge als Summen und Differenzen auszudrücken, führt zu einer vereinfachten Analyse und einfacheren Vorhersagen.

Der Phasenwinkel einer Übertragungsfunktion wird typischerweise in Grad ausgedrückt, und die Berechnung ist die gleiche wie die Berechnung des Phasenwinkels einer beliebigen komplexen Zahl. Die wahre Kraft der Bode-Diagramme wird erst deutlich, wenn wir beginnen, sie für Übertragungsfunktionen zu erstellen. Im nächsten Kapitel werden wir Bode-Diagramme ausschließlich als Werkzeug zur Gestaltung digitaler Filter verwenden.

6.6 Erste Schritte mit SciPy.Signal

In den vorherigen Abschnitten haben wir über die Frequenzganganalyse gesprochen und Bode-Diagramme als Werkzeug zur Erzeugung und Analyse von Frequenzgängen vorgestellt. Vor einigen Jahren, als wir noch keine

Rechenwerkzeuge zur Erzeugung von Bode-Diagrammen durch Programme hatten, wurde die Theorie hinter Bode-Diagrammen verwendet, um sie mit Bleistift und Papier zu erzeugen. Glücklicherweise haben wir jetzt Pakete in mehreren Softwares, um mit nur wenigen Anweisungen Bode-Diagramme für komplexe Übertragungsfunktionen zu erzeugen. In diesem Abschnitt werden wir die Werkzeuge besprechen, die mit SciPy verfügbar sind, mit denen wir Bode-Diagramme mit Python-Code erzeugen können.

In diesem Abschnitt werden wir beginnen, das Signalpaket zu erkunden, das mit SciPy kommt. Eine praktische Referenz zu allen Funktionen in diesem Signalpaket finden Sie im Link:

https://docs.scipy.org/doc/scipy/reference/signal.html

Das Signalpaket ist ein ziemlich interessantes Paket, und es stehen mehrere Funktionen zur Verfügung. Ich würde den Leser ermutigen, diese Funktionen zu erkunden und sie in den Beispielen auszuprobieren, die wir in diesem Buch durchführen werden. Um jedoch solide Grundlagen zu schaffen, werden wir grundlegende Funktionen untersuchen und uns darauf konzentrieren, wie sie zur Implementierung von Signalverarbeitungsfunktionen verwendet werden können.

Zunächst einmal wollen wir eine Übertragungsfunktion darstellen. Beginnen wir mit der Übertragungsfunktion der Spule in der s-Domäne:

$$I(s) = V(s)H(s), \tag{6.54}$$

wobei:

$$H(s) = \frac{1}{R + sL}. \tag{6.55}$$

Um eine solche Übertragungsfunktion darzustellen, verwenden wir die lti-Funktion im Signalpaket, wobei LTI für lineare zeitinvariante (engl. „linear time-invariant“) Systeme steht. Um die obige Übertragungsfunktion zu realisieren, verwenden wir diese lti-Funktion wie folgt:

```
from scipy import signal
R = 0.1
L = 0.001
tf1 = signal.lti([1], [L, R])
```

Lassen Sie uns nun in die Details dieser lti-Funktion eintauchen. Die lti-Funktion kann auf verschiedene Weisen verwendet werden. In ihrer einfachsten Form benötigt die lti-Funktion mindestens 2 Argumente, während sie auch 3 oder 4 Argumente haben kann. In ihrer einfachsten Form wird die lti-Funktion wie folgt verwendet:

```
tf = signal.lti(numerator, denominator)
```

Sowohl Zähler (engl. „numerator“) als auch Nenner (engl. „denominator“) im obigen Befehl sollten als Listen oder Arrays (innerhalb von [ ]) angegeben werden. Die in den Listen angegebenen Zahlen sind die Koeffizienten von s^k in absteigender Reihenfolge bis s^0 oder 1. Dies wird am besten durch Beispiele beschrieben. Zum Beispiel:

```
[1, 1]
```

bedeutet $1 * s^1 + 1 * s^0 = s + 1$. Wenn wir die Koeffizienten ändern:

```
[5, 3]
```

bedeutet $5 * s^1 + 3 * s^0 = 5s + 3$.

Polynome höherer Ordnung können ebenfalls in dieser Form dargestellt werden. Alles, was man verstehen muss, ist, dass das Element am Index 0 in der Liste die höchste Potenz hat, während das Element am letzten Index immer die niedrigste Potenz hat, die immer $s^0 = 1$ ist. Daher:

```
[3, 6, 9, 1]
```

bedeutet $3s^3 + 6s^2 + 9s^1 + s^0$. Es ist sehr wichtig zu beachten, dass die lti-Funktion immer das letzte Element sucht und dieses als s^0 nimmt. Daher nimmt die Potenz von s ab, wenn wir vom Element am Index 0 zum letzten Index gehen. Darüber hinaus wird die Potenz von s für jedes aufeinanderfolgende Element in der Liste um 1 verringert. Falls in einem Polynom einige Potenzen von s fehlen, müssen diese in der entsprechenden Liste berücksichtigt werden, die das Polynom darstellt. Angenommen, wir haben eine Funktion:

$$2s^7 + 3s^5 + 4s^3 + 2s^1. \tag{6.56}$$

Beachten Sie, wie wir in diesem Beispiel alle geraden Potenzen von s übersprungen haben. Jede Potenz von s könnte in einem Polynom fehlen. Dies würde übersetzt zu

```
[2, 0, 3, 0, 4, 0, 2, 0]
```

Wir müssen 0 angeben, da die Potenzen von s nicht existieren. Die lti-Funktion wird es sonst nicht wissen. Alles, was die lti-Funktion weiß, ist, dass das Element am letzten Index die Potenz s^0 ist und diese zunimmt, bis das Element am Index 0 erreicht ist, das die höchste Potenz ist. Auf diese Weise können wir Polynome in s für den Zähler und den Nenner angeben. Ein Beispiel:

$$\frac{s^3 + 4s^2 + 5}{2s^5 + 3s^4 + 5s^2 + 4s} \tag{6.57}$$

wird

```
tf2 = signal.lti([1, 4, 0, 5], [2, 3, 0, 5, 4, 0])
```

In den obigen Fällen wurde der lti-Befehl mit 2 Argumenten verwendet, die Zähler und Nenner sind. Der lti-Befehl kann jedoch auch mit 2 zusätzlichen Argumenten verwendet werden:

```
tf = signal.lti(numerator, denominator, gain, dt)
```

Das 3. Argument „gain“ ist der Vorverstärkungsfaktor für die Übertragungsfunktion. Das 4. Argument ist die Abtastzeit, falls wir eine Übertragungsfunktion im digitalen Bereich definieren möchten. In diesem Buch werden wir jedoch diese beiden Argumente nicht verwenden. Wenn eine Verstärkung erforderlich ist, werden wir die Listen, die den Zähler und den Nenner darstellen, ändern, da dies eine feinere Kontrolle über die Darstellung der Übertragungsfunktion bei der Synthese von Übertragungsfunktionen höherer Ordnung ermöglicht. Wenn eine Übertragungsfunktion im digitalen Bereich dargestellt werden muss, werden wir sie zunächst im kontinuierlichen s-Frequenzbereich darstellen und dann in den digitalen z-Bereich umwandeln. Der Leser wird ermutigt, den lti-Befehl auch mit diesen Argumenten zu erkunden.

Mit den obigen Befehlen haben wir beschrieben, wie wir eine Übertragungsfunktion mit der Frequenz s mit Python-Code und dem Signalpaket in SciPy darstellen können. Dies war eine grundlegende Einführung zum Beginn. Im nächsten Abschnitt werden wir andere Eigenschaften der lti-Funktion erkunden und wie wir diese Funktion verwenden können, um Bode-Diagramme zu erstellen.

6.7 Frequenzgang einer Spule

Im vorherigen Abschnitt haben wir gesehen, wie man eine Übertragungsfunktion mit dem lti-Befehl im Signalpaket darstellt, das mit SciPy verfügbar ist. Alles, was wir getan haben, war zu beschreiben, wie man den Befehl verwendet und wie wir die Argumente konstruieren müssen, um eine Übertragungsfunktion darzustellen. Die nächste Frage, die sich jedoch stellt, ist – wie wird dieser Befehl bei der Frequenzganganalyse helfen? Es ist wichtig zu verstehen, dass nicht ein einziger Befehl jede Aufgabe erfüllen wird. In diesem Abschnitt werden wir diesen Befehl verwenden, um mit der Frequenzanalyse fortzufahren, indem wir einen weiteren Befehl verwenden, der ebenfalls mit dem Signalpaket verfügbar ist – den bode-Befehl.

Bevor wir mit dem bode-Befehl beginnen, wollen wir uns genauer ansehen, was der lti-Befehl produziert.

```
tf = signal.lti(numerator, denominator)
```

Die Ausgabe des lti-Befehls wird der Variablen tf zugewiesen. In Python ist jede solche Variable ein Objekt. Ein Objekt ist ein Programmierkonstrukt, das mit dem Aufkommen der objektorientierten Programmierung (OOP) populär wurde. Im älteren Programmierstil vor OOP waren Daten und Code normalerweise getrennte Einheiten. Der Code würde Daten verwenden, neue Daten erzeugen, die in den Datenstapel geschoben würden, um ihn weiter zu vergrößern. Im OOP-Konzept sind Daten und Code nicht vollständig getrennt, sondern werden mit einem logischen Konstrukt namens Klasse zusammengefasst. Eine Klasse besteht aus Daten und Code, der auf den Daten arbeitet. Es können mehrere Instanzen einer einzelnen Klasse erstellt werden, und diese Instanzen werden Objekte genannt. Jedes Objekt kann Daten haben, die allen gemeinsam sind, und auch Daten enthalten, die für jedes einzelne Objekt einzigartig sind. Darüber hinaus hat jedes Objekt Code, der auf den in dem Objekt enthaltenen Daten arbeiten kann. Lassen Sie uns dies mit dem Ergebnis des lti-Befehls genauer untersuchen.

Wenn wir also die Befehle zur Erstellung der Übertragungsfunktion der Spule wiederholen würden,

```
R = 0.1
L = 0.001
ind_tf = signal.lti([1], [L, R])
```

und die Frage stellen, was ist „ind_tf"? Die Antwort wäre TransferFunctionContinuous(

```
array([1000.]),
array([  1., 100.]),
dt: None
)
```

Und das führt natürlich zur nächsten Frage – was ist dieses TransferFunctionContinuous? Wenn wir den Datentyp des Ergebnisses „ind_tf" überprüfen,

```
type(ind_tf)
```

erhalten wir `scipy.signal.ltisys.TransferFunctionContinuous`

TransferFunctionContinuous ist eine Klasse im Paket ltisys im Paket signal. Wie Sie bereits sehen können, enthält das Signalpaket mehrere Unterpakete, Funktionen und Klassen, die in der Signalverarbeitung äußerst nützlich sind. Der lti-Befehl erstellt eine Objektinstanz mit der Klasse TransferFunctionContinuous mit den Argumenten, die wir der lti-Funktion übergeben haben. Wir haben einen Zähler und einen Nenner als Python-Listen übergeben. Der lti-Befehl standardisiert diese Übertragungsfunktion. Mit Standardisierung meinen wir, dass sie in einer anderen Form dargestellt wird. Der lti-Befehl ordnet jedoch speziell die Koeffizienten so an, dass die höchste Potenz von s im Nenner den Koeffizienten 1 hat. Dies ist nur ein bisschen mathematische Jonglage und sollte keine Sorge bereiten. Wie bereits erwähnt, nimmt die lti-Funktion einen Verstärkungsfaktor und ein Abtastzeitintervall als 3. und 4. Argument. Da wir das nicht bereitgestellt haben, hat TransferFunctionContinuous „dt=None", um nur zu signalisieren, dass kein Abtastzeitintervall bereitgestellt wurde. Aber es ist ein optionales Argument, genau wie der Verstärkungsfaktor, weshalb TransferFunctionContinuous erfolgreich erstellt wird. Dies ist ein weiteres Konzept namens Überladung, bei dem eine Klassenfunktion, in diesem Fall der Konstruktor, mit unterschiedlichen Argumenten aufgerufen werden kann.

Jetzt, da wir darüber gesprochen haben, wie der lti-Befehl ein Objekt erstellt, das eine Instanz der Klasse TransferFunctionContinuous ist, lassen Sie uns den Inhalt dieser Klasse untersuchen. Wie bereits erwähnt, enthält ein Objekt Daten und Code, der auf den Daten arbeitet. Um herauszufinden, welche Daten und Methoden in der Objektvariablen ind_tf sind, verwenden wir den folgenden Python-Befehl:

```
dir(ind_tf)
```

```
Dies wird viele Elemente auflisten. Lassen Sie mich hier einige
wichtige auflisten: ['bode', 'den', 'dt', 'freqresp', 'impulse',
 'inputs', 'num', 'output', 'outputs',
 'poles', 'step', 'to_discrete', 'to_ss',
 'to_tf', 'to_zpk', 'zeros' ]
```

In der obigen Liste ist es wichtig zu beachten, dass einige Elemente Daten sind, die als Attribute oder Eigenschaften bezeichnet werden, und einige sind Code, die als Methoden bezeichnet werden. Wenn wir z. B. die Pole dieser Übertragungsfunktion wissen möchten, greifen wir darauf mit dem Punkt-Trennzeichen (.) zu:

```
ind_tf.poles
```

und das Ergebnis wird sein `array([-100.])`

Das obige Ergebnis zeigt lediglich an, dass die Übertragungsfunktion einen einzigen Pol hat (ein Array mit 1 Element) mit dem Wert -100. Ich würde den Leser ermutigen, dies zu überprüfen.

Bevor wir uns andere Attribute und Methoden ansehen, lassen Sie uns innehalten, um die Nützlichkeit von OOP zu untersuchen. Wir hatten den lti-Befehl mit 2 Argumenten verwendet. Der lti-Befehl gab ein Objekt zurück, das mit diesen beiden Argumenten erstellt (konstruiert) wurde. Und dieses Objekt, das eine Instanz einer Klasse war, kommt jetzt mit einer ziemlich umfangreichen Sammlung von Attributen und Methoden zusätzlich zu den Daten, die wir angegeben hatten. Der Zähler und der Nenner, die wir der lti-Funktion übergeben haben, sind als die Attribute „num" und „den" von ind_tf verfügbar. So können wir ohne Code zu schreiben auf mehrere andere Aspekte der Übertragungsfunktion durch die Attribute und Methoden zugreifen. Dies ist das grundlegende Prinzip von OOP. Wenn eine bestimmte Art von Daten auf eine bestimmte Weise verwendet wird, ermöglicht die Definition einer Klasse mit Attributen und Methoden, die die Kerndaten umgeben, einen bequemen Informationszugriff. Wir erhalten mehr Informationen mit weniger Code.

Mit diesem kleinen Umweg, um über OOP zu sprechen und wie das Ergebnis des lti-Befehls, das wir im vorherigen Abschnitt verwendet haben, mit OOP zusammenhängt, da es ein Objekt zurückgibt, können wir zurückkehren zu dem, was wir tun wollten – ein Bode-Diagramm erstellen. Um ein Bode-Diagramm zu erstellen, haben wir eine weitere Funktion im Signalpaket in SciPy – die bode-Funktion. Und diese bode-Funktion nimmt einfach als Argument das von der lti-Funktion erstellte Objekt ind_tf. In seiner einfachsten Form verwenden Sie einfach

```
signal.bode(ind_tf)
```

Die bode-Funktion benötigt ein System als Argument.

```
signal.bode(system)
```

In unserem Fall haben wir ein TransferFunctionContinuous-Objekt verwendet. Die bode-Funktion akzeptiert jedoch auch andere Arten von Systemdarstellungen.

Wird sie nur mit einem Argument aufgerufen, das die Systemdarstellung ist, wird die Funktion einen Frequenzbereich ω für den Frequenzgang im Bode-Diagramm annehmen. Es sei denn, unsere Absicht besteht nur darin, mit dem Bode-Diagramm zu spielen, können wir nicht einfach zulassen, dass die bode-Funktion einen Frequenzbereich annimmt. Daher kann, genau wie bei dem lti-Befehl, der bode-Befehl mit dem Frequenzbereich als optionalem Argument aufgerufen werden. Aus der offiziellen Dokumentation kann die bode-Funktion wie folgt verwendet werden:

```
signal.bode(system, w = None, n = 100)
```

Das 2. Argument ist die Frequenz. Es gibt auch ein 3. Argument, das die Anzahl der für das Bode-Diagramm auszuwählenden Frequenzpunkte ist, wenn das Frequenzargument nicht angegeben wird. In unseren Fällen werden wir die Frequenz als range-Objekt angeben, da die bode-Funktion nur ein iterierbares Objekt ähnlich einem Array benötigt. Daher wird eine Implementierung wie folgt am bequemsten sein:

```
signal.bode(system, range(0.1, 10000))
```

Im obigen Fall erzeugen wir ein Bode-Diagramm für einen Frequenzbereich zwischen 0,1 und 10.000 rad/s. Es ist wichtig zu beachten, dass die angegebene Frequenz als Radiant pro Sekunde angenommen wird.

Jetzt, da wir besprochen haben, wie die bode-Funktion aufgerufen wird, sprechen wir darüber, wie ein Frequenzgangdiagramm erzeugt wird. Die bode-Funktion erstellt kein Diagramm oder Abbildung. Die bode-Funktion gibt 3 Argumente zurück – ein Frequenzarray, das Amplitudenarray in Dezibel und das Phasenwinkelarray in Grad. Alle drei Arrays haben die gleiche Länge und sind Datenpunkte für die Betrags- und Phasenwinkeldiagramme, die das Bode-Diagramm bilden. Warum benötigen wir das Frequenzarray als Ausgabe der bode-Funktion, wenn wir es als Argument angeben? Zunächst einmal ist die Frequenz ein optionales Argument, und daher muss die Funktion die Frequenz jedes Datenpunkts angeben, auch wenn die Frequenz nicht zur Funktion hinzugefügt wird. Darüber hinaus wird die Ausgabe der bode-Funktion nicht die gleiche sein, auch wenn die Frequenz als Argument angegeben wird. Die als Ausgabe erzeugte Frequenz ist der Logarithmus der Frequenz, da die x-Achse im Bode-Diagramm der Logarithmus der Frequenz ist. Mit diesem Hintergrund wird die bode-Funktion wie folgt verwendet:

```
w, mag, phase = signal.bode(ind_tf, frequency_range)
```

wobei w, mag und phase NumPy-Arrays sind.

Jetzt, da wir die x- und y-Koordinaten jedes Datenpunkts im Betrags- und Phasenwinkeldiagramm haben, können wir Matplotlib verwenden, um das visuelle Bode-Diagramm zu erzeugen. Im vorherigen Kapitel haben wir die plt-Funktion im Pyplot-Paket verwendet, um Wellenformen zu plotten. Das Bode-Diagramm hat jedoch die x-Achse als Logarithmus der Frequenz. Der Vorteil der Verwendung der bode-Funktion besteht darin, dass die als Ausgabe erzeugte Frequenz der Logarithmus der Frequenz jedes Datenpunkts ist. Alles, was benötigt wird, ist eine Plot-Funktion, die die x-Achse logarithmisch skaliert. Dafür gibt es eine praktische Funktion im gleichen Pyplot-Paket – die semilogx-Funktion:

```
import matplotlib.pyplot as plt
plt.semilogx(w, mag)
```

Die obige Funktion erzeugt das Betragsdiagramm. Um das Phasenwinkeldiagramm zu erzeugen:

```
plt.semilogx(w, phase)
```

Mit der obigen Diskussion darüber, wie ein Bode-Diagramm bestehend aus den Betrags- und Phasenwinkelantworten erzeugt wird, können wir nun die Bedeutung dieser Frequenzgangdiagramme beschreiben. Im nächsten Abschnitt werden wir die Bode-Diagramme erzeugen und analysieren.

6.8 Interpretation des Frequenzgangs der Spule

Im vorherigen Abschnitt haben wir die bode-Funktion untersucht, die wir zur Erzeugung von Bode-Diagrammen verwenden werden. In diesem Abschnitt werden wir den Code aus dem vorherigen Abschnitt verwenden und die erzeugten Frequenzgangdiagramme interpretieren. Ziel dieser Analyse ist es, die Grundlage dafür zu legen, wie sich Filter bei sich ändernder Frequenz verhalten, was die Grundlage für das Filterdesign im nächsten Kapitel sein wird.

Lassen Sie uns den gesamten Code für die Erzeugung der Bode-Diagramme auflisten:

```
import numpy as np
import matplotlib.pyplot as plt
from scipy import signal
R = 0.1
L = 0.001
num_1 = [1]
den_1 = [L, R]
ind_tf = signal.lti(num_1, den_1)
w, mag, phase = signal.bode(ind_tf,
    np.arange(0.1, 100000))
plt.figure()
plt.title(''Magnitude'')
plt.xlabel(''Frequency'')
plt.ylabel(''dB'')
plt.grid()
plt.semilogx(w, mag)
plt.figure()
plt.title(''Phase angle'')
plt.xlabel(''Frequency'')
plt.ylabel(''Degrees'')
plt.grid()
plt.semilogx(w, phase)
plt.show()
```

Die Bode-Diagramme, die aus diesem Code resultieren, sind in Abb. 6.2 dargestellt.

Die bode-Funktion ist daher eine sehr bequeme Möglichkeit, Frequenzgangdiagramme zu erzeugen. Bevor wir das Ergebnis des Bode-Diagramms als endgültige Wahrheit akzeptieren, versuchen wir, die Werte auf dem Diagramm zu überprüfen. Wie immer beginnen wir mit der Übertragungsfunktion der Spule:

$$\frac{I(j\omega)}{V(j\omega)} = H(j\omega) = \frac{1}{0.001j\omega + 0.1}. \tag{6.58}$$

Es gibt viele Möglichkeiten, die obige Gleichung anzupassen und umzustellen. Um den Effekt der Frequenz zu untersuchen, macht die folgende Umstellung die Interpretation ziemlich einfach, wie bald gezeigt wird:

$$H(j\omega) = \frac{10}{0.01j\omega + 1}. \tag{6.59}$$

Der Betrag der Übertragungsfunktion in Dezibel (dB), wie er für das Betragsdiagramm der Bode-Diagramme verwendet wird, ist

$$20\log_{10}|H(jw)| = 20\log_{10}10 - 20\log_{10}(|0.01j\omega + 1|). \tag{6.60}$$

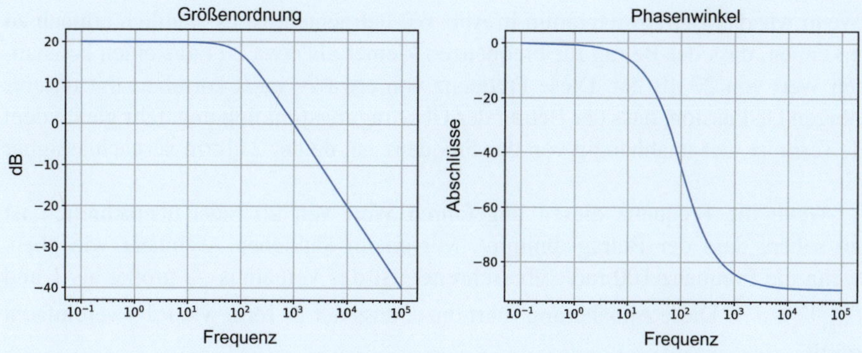

(a) (b)

Abb. 6.2 Bode-Diagramme der Spulenübertragungsfunktion. **a** Betragsdiagramm, **b** Phasenwinkeldiagramm

Wir haben lediglich die Eigenschaft des Logarithmus als Funktion genutzt – der Logarithmus eines Verhältnisses ist die Differenz der Logarithmen von Zähler und Nenner. Dabei haben wir den Betrag in 2 Terme unterteilt – der 1. Term ist unabhängig von der Frequenz, während der 2. Term von der Frequenz abhängt.

Um den Einfluss der Frequenz auf den Betrag $|H(j\omega)|$ der Übertragungsfunktion vollständig zu verstehen, betrachten wir diesen Term separat, während wir ihn umstellen und erweitern:

$$20\log_{10}(|0.01j\omega+1|) = 20\log_{10}\left(\left|j\frac{\omega}{100}+1\right|\right) = 20\log_{10}\left[\sqrt{\left(\frac{\omega}{100}\right)^2+1}\right]. \tag{6.61}$$

Für ω-Werte, die deutlich kleiner als 100 sind, ist das Verhältnis $\frac{\omega}{100}$ klein (kleiner als 1), und das Quadrat davon ist noch kleiner – denken Sie daran, das Quadrat einer Zahl kleiner als 1 ist kleiner als die Zahl selbst. Also,

$$\left(\frac{\omega}{100}\right)^2 << 1 \quad , \quad \text{for } \omega < 100 \tag{6.62}$$

Daher ist für eine Frequenz ω, die deutlich kleiner als 100 rad/s ist, der 2. Term ungefähr 0:

$$20\log_{10}\sqrt{\left(\frac{\omega}{100}\right)^2+1} \approx 20\log_{10}1 = 0. \tag{6.63}$$

Da der frequenzabhängige Term des Betrags für niedrige Frequenzen, die deutlich kleiner als 100 rad/s sind, ungefähr gleich 0 ist, ist der Betrag ungefähr gleich dem 1. Term:

$$20\log_{10}|H(j\omega)| \approx 20\log_{10}10 = 20 \tag{6.64}$$

Wenn wir das Betragsdiagramm in Abb. 6.2 betrachten, ist es ziemlich einfach zu erkennen, dass der Betrag für Frequenzen kleiner als etwa 20 rad/s einen konstanten Wert von 20 dB hat. Diese Frequenz von etwa 20 rad/s korreliert mit unserer obigen Diskussion, dass der Betrag der Übertragungsfunktion ungefähr gleich dem 1. Term ist, der unabhängig von der Frequenz ist, da der 2. Term vernachlässigbar ist.

Wenn die Frequenz diesen ungefähren Wert von 20 rad/s überschreitet, ist zu sehen, dass der Betrag abnimmt. Mit einem ähnlichen Argument wie oben, wenn die Frequenz 100 rad/s überschreitet, ist das Verhältnis $\frac{\omega}{100}$ größer als 1 und $\left(\frac{\omega}{100}\right)^2 >> 1$. Diese Annäherung führt dazu, dass der 2. Term wie folgt vereinfacht wird:

$$20\log_{10}\sqrt{\left(\frac{\omega}{100}\right)^2+1} = 20\log_{10}\left(\frac{\omega}{100}\right). \tag{6.65}$$

Damit wurde der 2. Term auf den Logarithmus des Verhältnisses $\frac{\omega}{100}$ reduziert. Um die Bedeutung dieses Verhältnisses zu verstehen, lassen Sie uns den Grund für die Wahl der x-Achse des Bode-Diagramms als Logarithmus der Frequenz noch einmal betrachten. Wenn das Verhältnis

$$\frac{\omega}{100} = 10^k \quad , \text{ for } k = 1, 2, 3, \ldots \tag{6.66}$$

ist, ist der Logarithmus:

$$\log_{10}\left(\frac{\omega}{100}\right) = k. \tag{6.67}$$

Dies mag zunächst etwas verwirrend erscheinen. Aber Gl. (6.67) hat den 2. Term in eine lineare Beziehung in Bezug auf die x-Achse des Betragsdiagramms umgewandelt. Die x-Achse des Betragsdiagramms, die $\log_{10}\omega$ darstellt, erscheint in Gl. (6.67) in der Form $\log_{10}\frac{\omega}{100}$. Das Verhältnis $\frac{\omega}{100}$ hat eine besondere Interpretation. Wenn sich dieses Verhältnis von der Potenz, die auf eine ganze Zahl erhöht wird, zur Potenz, die auf die nächste aufeinanderfolgende ganze Zahl erhöht wird – von 1 zu 2 zu 3 usw. –, ändert, wird gesagt, dass die Frequenz sich um Dekaden ändert. Eine Dekade ist, wenn die Frequenz um den Faktor 10 zunimmt. Daher nimmt mit jeder Zunahme der Frequenz um 1 Dekade der 2. Term um 20 dB ab. Dies kann formal ausgedrückt werden als

$$20\log_{10}\left(\frac{\omega}{100}\right) = 20k \quad , \text{ for } k = \frac{\omega}{100} = 1, 2, 3, .. \tag{6.68}$$

In der obigen Gleichung sind zwei wichtige Punkte zu beachten. Der Ausdruck ist nur gültig für die Frequenz $\omega >> 100$ rad/s. Und die lineare Beziehung ist gültig, wenn die Frequenz als Vielfaches dieser Frequenz von 100 rad/s zunimmt.

Mit dieser Diskussion, wenn wir das Betragsdiagramm von Abb. 6.2 untersuchen, stellen wir fest, dass der Betrag linear abnimmt, wenn die Frequenz deutlich größer als 100 rad/s ist. Der Leser wird ermutigt, durch Heranzoomen auf die Diagramme zu überprüfen, dass die Änderungsrate tatsächlich 20 dB pro Dekade beträgt, wenn das Verhältnis $\frac{\omega}{100}$ zunimmt. Allerdings ist zu sehen, dass das Betragsdiagramm nach etwa 20 rad/s vom konstanten Wert von 20 dB abweicht. Dies liegt daran, dass wir eine Annäherung für $\frac{\omega}{100}$ gemacht haben, wodurch der 2. Term für $\omega << 100$ rad/s vernachlässigbar und für $\omega >> 100$ rad/s linear wird. Es wird jedoch einen Bereich von Frequenzen geben, für den keine der beiden Annäherungen gültig ist, und hier ist zu sehen, dass der Betrag eine nichtlineare Beziehung zum Logarithmus der Frequenz hat.

Das Phasenwinkeldiagramm kann auch auf ähnliche Weise interpretiert werden. Vor der weitverbreiteten Verwendung von Software für Signalverarbeitung und Steuerungsanalyse war es üblich, Betragsdiagramme und Phasenwinkeldiagramme mit Bleistift und Papier zu zeichnen. Dabei waren die oben genannten Annäherungen sehr beliebt, um schnell Frequenzgangdiagramme für Übertragungsfunktionen zu zeichnen. Heutzutage ist es jedoch mit den in fast jeder wissenschaftlichen Rechensoftware verfügbaren Funktionen nicht mehr notwendig, Frequenzgangdiagramme von Hand zu zeichnen. Das Phasenwinkeldiagramm kann auch auf lineare Abschnitte approximiert werden, so wie wir es für das Betragsdiagramm getan haben; dies wird jedoch nicht notwendig sein und wird nicht behandelt. Die lineare Approximation des Betragsdiagramms hat jedoch eine sehr wichtige Anwendung im Filterdesign, wie in den kommenden Abschnitten diskutiert und auch im nächsten Kapitel stark genutzt wird.

6.9 Frequenzgang eines LC-Filters

Im vorherigen Abschnitt haben wir die Bode-Diagramme für die Spule erstellt und den Frequenzgang in Bezug auf die Übertragungsfunktion interpretiert. In diesem Abschnitt wiederholen wir den Prozess für ein LC-Filter, indem wir den Frequenzgang der Übertragungsfunktion zwischen der Eingangsspannung und der Ausgangsspannung plotten. Wie zuvor werden wir die bode-Funktion im Signalpaket verwenden, das mit SciPy verfügbar ist.

Im vorherigen Kapitel hatten wir die Übertragungsfunktion von der Eingangsspannung v_{in} zur Ausgangsspannung v_o abgeleitet. Die Übertragungsfunktion im s-Bereich ist

$$\frac{V_o(s)}{V_{in}(s)} = H(s) = \frac{\frac{1}{LC}}{s^2 + \frac{R}{L}s + \frac{1}{LC}}. \tag{6.69}$$

Im vorherigen Kapitel hatten wir die Übertragungsfunktion vom kontinuierlichen s-Bereich in den digitalen z-Bereich mithilfe der bilinearen Transformation umgewandelt. In diesem Abschnitt werden wir diese Umwandlung nicht durchführen, da wir in diesem Abschnitt nur den Frequenzgang untersuchen werden. Im nächsten Kapitel werden wir eine einfache Funktion zur Umwandlung einer

Übertragungsfunktion vom kontinuierlichen s-Bereich in den digitalen z-Bereich untersuchen. Der Frequenzgang des LC-Filters wird aufgrund des 2. Ordnungsterms im Nenner deutlich anders sein als beim Spulenfilter.

Die Methode zur Erzeugung der Bode-Diagramme ist genau die gleiche wie im vorherigen Abschnitt. Da wir die lti-Funktion und die bode-Funktion im Signalpaket im vorherigen Abschnitt bereits beschrieben haben, können wir einfach den Code für das LC-Filter auflisten:

```
import numpy as np
import matplotlib.pyplot as plt
from scipy import signal
R = 0.1
C = 100.0e-6
L = 0.001
num_lc = [1/(L*C)]
den_lc = [1, R/L, 1/(L*C)]
lc_h = signal.lti(num_lc, den_lc)
w, mag, phase = signal.bode(lc_h, np.arange(100000))
plt.figure()
plt.title(''Magnitude'')
plt.xlabel(''Frequency'')
plt.ylabel(''dB'')
plt.grid()
plt.semilogx(w, mag)
plt.figure()
plt.title(''Phase angle'')
plt.xlabel(''Frequency'')
plt.ylabel(''Degrees'')
plt.grid()
plt.semilogx(w, phase)
plt.show()
```

Die Bode-Diagramme, die durch den obigen Code erzeugt werden, sind in Abb. 6.3 dargestellt.

Die Frequenzgangdiagramme unterscheiden sich ziemlich stark von dem Fall der einfachen Spule im vorherigen Abschnitt. Um den Frequenzgang, insbesondere für das Betragsdiagramm, zu interpretieren, können wir eine sehr ähnliche Analyse durchführen, wie wir es im vorherigen Abschnitt getan haben. Das Betragsdiagramm hat 3 unterschiedliche Bereiche. Der 1. Bereich ist der Bereich der niedrigen Frequenzen, in dem die Amplitude konstant zu sein scheint. Der 2. Bereich wäre der Bereich der hohen Frequenzen, in dem die Amplitude linear mit zunehmender Frequenz abnimmt. Diese beiden Bereiche ähneln dem Fall der Spule im vorherigen Abschnitt. Der 3. Bereich ist der Frequenzbereich zwischen dem Bereich der niedrigen Frequenzen und dem Bereich der hohen Frequenzen,

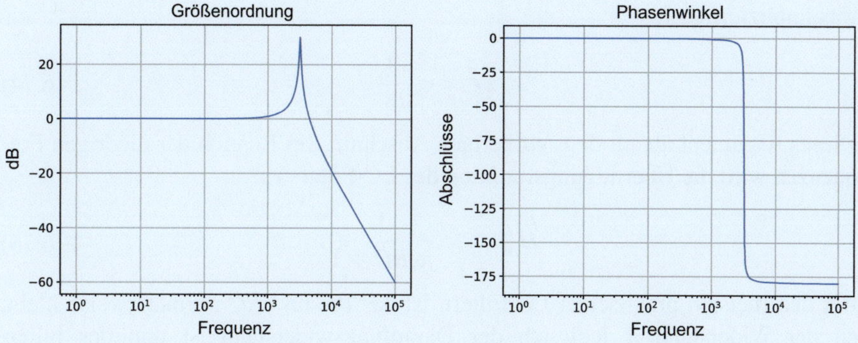

(a) (b)

Abb. 6.3 Bode-Diagramme der Übertragungsfunktion des LC-Filters. **a** Betragsdiagramm, **b** Phasenwinkeldiagramm

und in diesem Bereich scheint die Amplitude einen Spike zu haben. Dieser Spike in der Amplitude ist der Resonanzpeak des LC-Filters.

Lassen Sie uns die Übertragungsfunktion des LC-Filters wie folgt umstellen:

$$H(s) = \frac{1}{LCs^2 + RCs + 1}. \tag{6.70}$$

Ausgedrückt in Bezug auf die Frequenz $s = j\omega$:

$$H(j\omega) = \frac{1}{-LC\omega^2 + j\omega RC + 1}. \tag{6.71}$$

In Gl. (6.71) hat der Term LC eine besondere Bedeutung in Bezug auf die LC-Filter-Schaltung. Dieser Term steht in Zusammenhang mit der Resonanzfrequenz des Filters:

$$\omega_n = \frac{1}{\sqrt{LC}}. \tag{6.72}$$

Eine Schaltung, die aus einer Spule und einem Kondensator besteht, wird Resonanz oder Schwingungen erfahren. Die Frequenz dieser Schwingungen ist der Schaltung inhärent und muss nicht extern zugeführt werden. Wenn beispielsweise eine Gleichspannung an ein LC-Filter angelegt würde, gäbe es Schwingungen in der Ausgangsspannung, bevor der Ausgang den stationären Wert erreicht, der dem Eingang entspricht. Die Frequenz dieser Schwingungen ist die Resonanzfrequenz des LC-Filters.

Um den 1. Bereich zu untersuchen, der der Bereich der niedrigen Frequenzen ist, ist die Frequenz ω kleiner als die Resonanzfrequenz. Daher:

$$\omega < \frac{1}{\sqrt{LC}}, \tag{6.73}$$

was impliziert, dass

$$\omega^2 << \frac{1}{LC}. \tag{6.74}$$

Dieses Argument ähnelt dem vorherigen Abschnitt. Im Bereich der niedrigen Frequenzen wird die Übertragungsfunktion des LC-Filters zu

$$H(j\omega) \approx \frac{1}{j\omega RC + 1}. \tag{6.75}$$

Bei den meisten praktischen LC-Filtern ist das Produkt RC normalerweise klein, da der Widerstand R lediglich der Dämpfungswiderstand ist und der Filterkondensator C für die meisten praktischen Anwendungen normalerweise viel kleiner als 1 ist. Damit kann die Amplitude der Übertragungsfunktion für den Bereich der niedrigen Frequenzen auf eins bzw. 0 dB approximiert werden. Ein kurzer Blick auf Abb. 6.3 zeigt, dass dies tatsächlich der Fall ist.

Der 2. Bereich ist der Bereich der hohen Frequenzen, in dem die Frequenz größer ist als die Resonanzfrequenz. Mit unserem üblichen Quadratgesetz:

$$\omega^2 >> \frac{1}{LC}. \tag{6.76}$$

Unter Verwendung der obigen Annäherung in Gl. (6.71), ist der Term $LC\omega^2$ viel größer als die anderen beiden Terme RC und 1. Die Amplitude der Übertragungsfunktion kann angenähert werden zu

$$|H(j\omega)| \approx \frac{1}{LC\omega^2}. \tag{6.77}$$

Aufgrund der Anwesenheit des quadratischen Terms hat die Amplitude in Dezibel nun eine andere Steigung:

$$20 \log_{10} |H(j\omega)| \approx -20 \log_{10} LC - 40 \log_{10} \omega. \tag{6.78}$$

Der 1. Term ist eine Konstante. Der 2. Term führt jedoch dazu, dass die Amplitude sich um -40 dB für jede Zunahme der Frequenz ω um 1 Dekade ändert. Wir haben die Potenzregel der Logarithmen verwendet:

$$\log_{10} a^b = b \log_{10} a. \tag{6.79}$$

Aus Abb. 6.3 ist zu sehen, dass das Betragsdiagramm eine Änderungsrate von -40 dB/Dekade im Bereich der hohen Frequenzen aufweist. Der Leser wird ermutigt, in den Bereich der hohen Frequenzen des Diagramms hineinzuzoomen und dies zu überprüfen.

Der 3. Bereich ist der Resonanzpeak. Dieser Bereich tritt auf, wenn die Frequenz nahe am Resonanzpeak des LC-Filters liegt – $\omega \approx \frac{1}{\sqrt{LC}}$. Wenn wir diese Annäherung in Gl. (6.71) verwenden:

$$H(j\omega) \approx \frac{1}{j\omega RC}. \tag{6.80}$$

Wie bereits zuvor erwähnt, ist der Widerstand des Filters normalerweise klein, da er entweder der parasitäre Widerstand der Spule ist oder ein Dämpfungswiderstand. In den meisten Fällen wird ein Filterkondensator keinen Wert größer als einige Millihenry haben. Daher ist das Produkt RC normalerweise ziemlich klein. Dies führt normalerweise zu einem Resonanzpeak, bei dem der Betrag der Übertragungsfunktion sich um die Resonanzfrequenz herum zuspitzt. Aus Abb. 6.3 ist dieser Spike ersichtlich. Der Leser wird ermutigt zu überprüfen, dass der Spike bei der Resonanzfrequenz des LC-Filters auftritt.

Damit haben wir die Frequenzgänge der Spule und des LC-Filters untersucht. Der erste war eine Übertragungsfunktion 1. Ordnung, während der zweite eine Übertragungsfunktion 2. Ordnung war. In diesem Abschnitt und dem vorherigen haben wir das Verhalten des Betragsdiagramms in Bezug auf die Übertragungsfunktion für verschiedene Frequenzwerte abgeglichen. Diese Frequenzgänge sind jedoch eine unglaublich leistungsfähige Methode, um zu bestimmen, wie sich eine Übertragungsfunktion als Filter verhalten wird. Wir werden die physikalische Bedeutung der Bode-Diagramme im nächsten Abschnitt untersuchen.

6.10 Physikalische Bedeutung dieser Frequenzgänge

In den vorherigen zwei Abschnitten haben wir die Frequenzgänge der Übertragungsfunktionen der Spule und des LC-Filters untersucht. Um jedoch die Frequenzgänge als Werkzeug zur Filterentwicklung nutzen zu können, ist es wichtig, die Frequenzgänge interpretieren zu können. In diesem Abschnitt werden wir die Bode-Diagramme des LC-Filters mit dem physikalischen Verhalten des Filters in Beziehung setzen.

Im vorherigen Kapitel haben wir die digitale Implementierung der LC-Filter-Übertragungsfunktion simuliert und die Filterwirkung untersucht. Wir haben gesehen, wie der LC-Filter in einigen Fällen in der Lage war, die Oberschwingungskomponenten, die im Eingangssignal vorhanden waren, zu entfernen und ein Ausgangssignal zu erzeugen, das nur aus der Grundwelle bestand. In einigen anderen Fällen war der LC-Filter nicht in der Lage, die Oberschwingungen aus dem Eingangssignal zu entfernen, wodurch das Ausgangssignal keine reine Sinuswelle war. Diese Ergebnisse können wir aus den Frequenzgängen überprüfen.

Die erste Frage – was bedeutet es, wenn ein Filter eine bestimmte Frequenzkomponente blockiert oder aus dem Ausgang entfernt? Der Hauptzweck eines jeden Filters besteht darin, etwas durchzulassen, was Sie durchlassen möchten, und alles andere zu stoppen, was Sie nicht möchten. Ein einfaches Beispiel wäre ein Kaffeefilter. Das Ziel eines Kaffeefilters ist es, die Kaffeebohnen aufzufangen, während Sie den Kaffee durch ihn gießen, damit das Gebräu, das Sie trinken möchten, frei von Kaffeebohnen ist. Im Falle des LC-Filters legen wir eine Spannung am Eingang an. In der realen Welt wird eine Spannung aus der Messung eines Sensors oder als irgendein anderer Systemausgang Rauschen und viele andere unerwünschte Frequenzkomponenten aufweisen. In der Regel ist das Signal, an dem wir interessiert sind, niederfrequent nahe der Netzfrequenz von 50 oder 60 Hz. Rauschen und unerwünschte Oberschwingungen sind Signale höherer Frequenz, die das benötigte Signal verunreinigen. Einige davon können sehr hohe Frequenzkomponenten im kHz- oder MHz-Bereich sein. Einige können dagegen einfache Vielfache der Netzfrequenz sein – 150 Hz (3. Oberschwingung), 250 Hz (5. Oberschwingung) usw. Diese werden durch den spezifischen Betrieb einiger Geräte erzeugt – Laptop/Mobiltelefon-Ladegeräte, LED-Lampen usw. Diese Oberschwingungskomponenten können ganzzahlige Vielfache der Netzfrequenz oder in einigen Fällen auch nicht ganzzahlige Vielfache (Interharmonische) sein.

Der LC-Filter wird daher als Eingang eine Spannung akzeptieren, die neben der fundamentalen Netzfrequenz eine der oben genannten Oberschwingungen enthalten könnte. Das Ziel des LC-Filters besteht darin, eine Ausgangsspannung zu erzeugen, die einige der Komponenten im Eingang beibehalten und die restlichen Komponenten entfernen sollte. Welche sind diese Komponenten? Das hängt von der Anwendung ab. In einigen Anwendungen möchten wir jede Komponente entfernen und nur die Grundwelle übrig lassen. In einigen anderen Anwendungen möchten wir vielleicht hochfrequente Komponenten im kHz- und MHz-Bereich entfernen und die niedrigeren Oberschwingungen wie 150, 250 Hz usw. beibehalten.

Wenn von dem Filter erwartet wird, dass er eine Frequenzkomponente entfernt, die im Eingang vorhanden ist, wie sollte dann der Frequenzgang aussehen? Wenn das Betragsdiagramm der Bode-Diagramme für diese Frequenz einen sehr niedrigen Wert hat, wird diese Komponente fast vollständig aus dem Ausgang entfernt. Zum Beispiel, wenn es eine Komponente der Frequenz ω_1 gibt, die wir zu 5000 rad/s annehmen:

$$|Y(j\omega_1)| = |H(j\omega_1)||U(j\omega_1)|. \tag{6.81}$$

wobei Yder Ausgang und U der Eingang sind. Nach Abb. 6.3 nimmt die Amplitude der LC-Filter-Übertragungsfunktion für Frequenzen, die größer als die Resonanzfrequenz sind, mit einer Rate von 40 dB pro Dekade ab. Dies bedeutet, dass die Amplitude der Übertragungsfunktion mit zunehmender Frequenz weiter abnehmen wird. Daher wird die Filterwirkung des LC-Filters mit zunehmender Frequenz besser.

Die nächste Frage – wenn von einem Filter erwartet wird, dass er eine Komponente durchlässt, wie sollte dann der Frequenzgang aussehen? Wenn von einem Filter erwartet wird, dass er eine Komponente durchlässt, sollte die Komponente am Ausgang mit der geringstmöglichen Änderung erscheinen. Gar keine Änderung ist unmöglich – wenn ein Prozess auf einen Eingang angewendet wird, wird der Ausgang sich ändern, auch wenn das nicht die Absicht war. Das Ziel ist es, diese Änderung zu minimieren. Es gibt jetzt 2 Teile des Bode-Diagramms, die wichtig sind – das Betrags- und das Phasenwinkeldiagramm. Für die Frequenz von Interesse sollte das Betragsdiagramm einen Wert haben, der so nahe wie möglich bei 0 dB liegt. Dies liegt daran, dass eine 0-dB-Amplitude einem absoluten Verstärkungsfaktor von 1 entspricht. Daher wird die Amplitude der Komponente im Ausgang die geringstmögliche Änderung im Vergleich zum Eingang erfahren. Für die Frequenz von Interesse sollte das Phasenwinkeldiagramm einen Wert haben, der so nahe wie möglich bei 0° liegt. Wie wir bereits gesehen haben:

$$\arg(Y(j\omega_1)) = \arg(H(j\omega_1)) + \arg(U(j\omega_1)). \tag{6.82}$$

Wenn der Phasenwinkel signifikant von 0° abweicht, wird der Ausgang entweder hinter dem Eingang zurückbleiben oder den Eingang anführen. Beides wird als Verzerrung betrachtet.

Mit den oben beantworteten zwei Fragen fassen wir zusammen, was wir vom LC-Filter erwarten würden. Die Auslegung des LC-Filters beinhaltet die Auswahl eines Filterkondensators und der Filterspule. Diese beiden bestimmen die Resonanzfrequenz des LC-Filters. Für Frequenzen, die niedriger als die Resonanzfrequenz sind, liegt die Amplitude des Bode-Diagramms nahe bei 0 dB, und daher werden diese Frequenzen mit vernachlässigbarer Verstärkung oder Dämpfung durchgelassen. Darüber hinaus ist auch der Phasenwinkel des Bode-Diagramms nahe bei 0°, was dazu führt, dass Komponenten, die deutlich niedriger als die Resonanzfrequenz sind, einen vernachlässigbaren Phasenwinkelvorschub oder -verzögerung haben. Für Frequenzen, die deutlich größer als die Resonanzfrequenz sind, nimmt die Amplitude linear mit einer Rate von 40 dB pro Dekade ab. Nach einer bestimmten Frequenz wird die Amplitude so niedrig sein, dass diese Frequenzkomponenten im Ausgang vernachlässigbar sind. Daher ist die Wahl der Resonanzfrequenz für eine effektive Filterauslegung äußerst wichtig.

In diesem Abschnitt haben wir Frequenzgänge verwendet, um zu interpretieren, wie sich ein Filter verhalten würde. Wir werden dieses Konzept im nächsten Kapitel wieder aufgreifen, wo wir weitere Entwurfsregeln für die Auslegung eines Filters festlegen werden. In den nächsten Abschnitten werden wir einige weitere allgemeine Konzepte für den Entwurf digitaler Filter einführen, die wir im nächsten Kapitel verwenden können.

6.11 Verallgemeinerte Pole und Nullstellen

In den letzten Abschnitten haben wir die Frequenzgänge der Übertragungsfunktionen der Spule und des LC-Filters untersucht. Das Hauptziel dieser Abschnitte war es, den in dem vorherigen Kapitel präsentierten Simulationen einen analytischen Rahmen zu geben. Eine Frage, die jedoch bei den meisten Lesern aufkommen könnte, ist – warum sprechen wir nur über analoge Schaltungen? Wenn wir einen Filter digital implementieren müssen, müssen wir uns dann immer die analoge Äquivalentschaltung vorstellen, die Übertragungsfunktion ableiten, in den digitalen Bereich umwandeln und dann implementieren? Dies scheint eine umständliche Methode zur Implementierung von Filtern zu sein und schränkt auch die Fähigkeiten der digitalen Signalverarbeitung ein. In diesem Abschnitt werden wir über verallgemeinerte Übertragungsfunktionen sprechen und wie sie als Bausteine für den Entwurf von Filtern verwendet werden können.

Eine verallgemeinerte Übertragungsfunktion ist eine Übertragungsfunktion im s-Bereich, die aufgrund ihrer bekannten Struktur ein sofort ablesbares Verhalten hat. Es gibt viele solche verallgemeinerten Übertragungsfunktionen – einige davon einfach und einige davon sehr komplex [4, 5]. Es ist wichtig zu bedenken, dass die Signalverarbeitung ein Thema ist, das seit mehr als einem Jahrhundert gut erforscht wurde, wodurch bedeutende Beiträge von führenden Wissenschaftlern auf der ganzen Welt geleistet wurden. In diesem Buch werden wir nur einige der einfachen verallgemeinerten Übertragungsfunktionen untersuchen, mit dem Ziel, sie im nächsten Kapitel beim Filterdesign zu verwenden.

6.11.1 Der Pol 1. Ordnung

Die Übertragungsfunktion eines verallgemeinerten Pols 1. Ordnung ist

$$H(s) = K\frac{1}{sT+1}. \tag{6.83}$$

Eine weitere sehr beliebte Form, diese Übertragungsfunktion zu schreiben, ist

$$H(s) = K\frac{\omega_0}{s+\omega_0}. \tag{6.84}$$

Es ist ziemlich offensichtlich, dass diese beiden Übertragungsfunktionen nur unterschiedliche Ausdrucksweisen für das Gleiche sind und $\omega_0 = \frac{1}{T}$.

Eine kurze Beschreibung der Terme in der Übertragungsfunktion: ω_0 ist die Eckfrequenz oder Grenzfrequenz, *K* ist die Verstärkung und *T* ist die Zeitkonstante der Übertragungsfunktion. Auf den ersten Blick mag die Übertragungsfunktion einer Spule etwas einfacher zu verstehen sein, da wir als Elektrotechnikingenieure zumindest mit der Anwesenheit einer Spule vertraut sind. Aber wir werden bald sehen, dass der verallgemeinerte Pol 1. Ordnung alle Eigenschaften einer Spule hat und tatsächlich mehr Flexibilität bietet. Abbildung 6.4 zeigt ein Betragsdiagramm eines Pols 1. Ordnung in Bezug auf die Terme in der Übertragungsfunktion. Es ist auch möglich, ein ungefähres Phasenwinkeldiagramm zu erstellen; jedoch werden wir dafür die Python-Befehle verwenden, anstatt eine analytische Technik.

Die Verstärkung *K* führt zu einer Verschiebung der Verstärkung der gesamten Übertragungsfunktion. Wenn $K > 1$ ist, verschiebt sich das gesamte

Abb. 6.4 Betragsdiagramm eines Pols 1. Ordnung

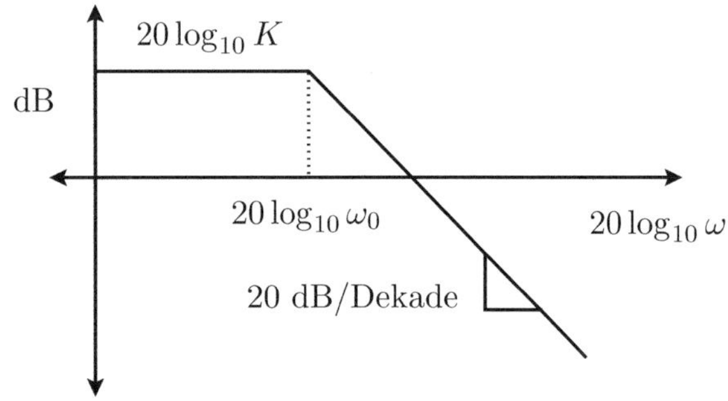

Betragsdiagramm nach oben, und wenn $K<1$ ist, verschiebt sich das Diagramm nach unten. Die Amplitude der Übertragungsfunktion bleibt konstant bei $20\log_{10}K$ für Frequenzen, die kleiner sind als die Grenzfrequenz ω_0. Wenn die Frequenz über ω_0 hinausgeht, nimmt die Amplitude der Übertragungsfunktion mit einer Rate von 20 dB pro Dekade ab. Aus Abb. 6.4 und aus Gl. (6.84) haben wir nun eine sehr bequeme und flexible Möglichkeit, einen grundlegenden Filter mit nur 2 Parametern zu entwerfen – der Grenzfrequenz und der Verstärkung.

Lassen Sie uns die Verwendung dieser verallgemeinerten Übertragungsfunktion des Pols 1. Ordnung anhand eines Beispiels demonstrieren. Angenommen, wir möchten einen einfachen Filter, der Signale mit einer Frequenz von weniger als 500 Hz zum Ausgang durchlässt. Andererseits sollten Signale mit einer Frequenz von mehr als 500 Hz eine gewisse Dämpfung erfahren. Derzeit setzen wir keine Dämpfungsziele für eine bestimmte Frequenz, da dies im nächsten Kapitel über Filterdesign ausführlich behandelt wird. In diesem Abschnitt werden wir lediglich untersuchen, wie man die verallgemeinerten Übertragungsfunktionen verwendet. Wir haben jetzt 2 Spezifikationen für unseren Filter – die Verstärkung K sollte 1 sein und die Grenzfrequenz $\omega_0 = 2\pi \times 500 = 1000\pi$ rad/s. Die Einstellung der Grenzfrequenz ist recht einfach, sobald wir die Grenze der Frequenz kennen, die durchgelassen werden muss. Die Verstärkung folgt implizit, denn wenn ein Signal durchgelassen werden muss, muss die Verstärkung für dieses Signal 1 sein.

Der Code für den verallgemeinerten Pol 1. Ordnung lautet

```
import numpy as np
import matplotlib.pyplot as plt
from scipy import signal
omega0 = 2*np.pi*500
K = 1
num_fop = [K*omega0]
den_fop = [1, omega0]
fop_tf = signal.lti(num_fop, den_fop)
w, mag, phase = signal.bode(fop_tf, np.arange(100000))
plt.figure()
plt.title(''Magnitude'')
plt.xlabel(''Frequency'')
plt.ylabel(''dB'')
plt.grid()
plt.semilogx(w, mag)
plt.figure()
plt.title(''Phase angle'')
plt.xlabel(''Frequency'')
plt.ylabel(''Degrees'')
plt.grid()
plt.semilogx(w, phase)
plt.show()
```

Die Bode-Diagramme sind in Abb. 6.5 dargestellt.

Aus den Diagrammen von Abb. 6.5 geht ziemlich deutlich hervor, dass sie sehr ähnlich und äquivalent zu Abb. 6.2 sind. Die Übertragungsfunktion eines Pols 1. Ordnung hat daher alle Eigenschaften einer passiven Komponente wie einer Spule und hat daher auch die gleichen Filtereigenschaften. Der Vorteil der Verwendung des Filters 1. Ordnung anstelle einer Spule besteht darin, dass man nicht die Induktivität und den parasitären Widerstand berechnen muss, um einen Filter zu erreichen. Für einen Filter müssen wir nur wissen, was durchgelassen und was blockiert werden muss. Zusätzlich kann das, was durchgelassen wird, verstärkt oder gedämpft werden, und der Pol 1. Ordnung hat den Verstärkungsfaktor, der diese Funktion ermöglicht. Daher ist es viel einfacher, die Übertragungsfunktion des Pols 1. Ordnung im Filterdesign zu verwenden, wie es im nächsten Kapitel gemacht wird.

6.11.2 Der verallgemeinerte Pol 2. Ordnung

Auf die gleiche Weise, wie der verallgemeinerte Pol 1. Ordnung verwendet werden kann, um die Übertragungsfunktion einer passiven Komponente wie einer Spule zu ersetzen, können wir einen verallgemeinerten Pol 2. Ordnung haben, der die Übertragungsfunktion eines LC-Filters ersetzt. Die Übertragungsfunktion einer verallgemeinerten Übertragungsfunktion wäre

$$H(s) = K \frac{\omega_n^2}{s^2 + 2\zeta\omega_n s + \omega_n^2}. \tag{6.85}$$

Die obige Übertragungsfunktion hat 3 Parameter oder Eigenschaften – Verstärkung K, Resonanzfrequenz ω_n und die Dämpfung ζ. Obwohl wir nicht über Spulen und Kondensatoren sprechen, hat eine Übertragungsfunktion 2. Ordnung typischerweise eine Resonanzfrequenz ω_n, genau wie ein Spule-Kondensator-Schaltkreis. Die Dämpfung

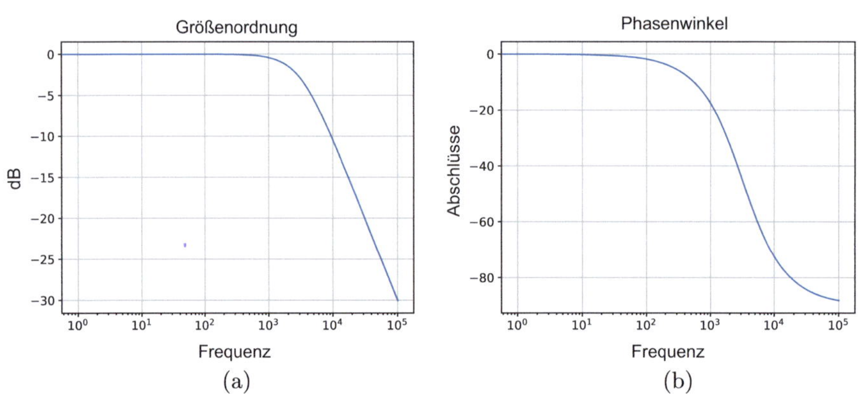

Abb. 6.5 Bode-Diagramme der Übertragungsfunktion des Pols 1. Ordnung. **a** Betragsdiagramm, **b** Phasenwinkeldiagramm

ζ spielt eine ähnliche Rolle wie der Widerstand im LC-Filter und beeinflusst den Resonanzpeak. Die Verstärkung K verschiebt das gesamte Betragsdiagramm nach oben oder unten, abhängig davon, ob ihr Wert größer oder kleiner als 1 ist.

Der Code für den verallgemeinerten Pol 2. Ordnung lautet

```
import numpy as np
import matplotlib.pyplot as plt
from scipy import signal
omegan = 2*np.pi*500
K = 1
zeta = 0.1
num_sop = [K*omegan*omegan]
den_sop = [1, 2*zeta*omegan, omegan*omegan]
sop_h = signal.lti(num_sop, den_sop)
w, mag, phase = signal.bode(sop_h, np.arange(100000))
plt.figure()
plt.title(''Magnitude")
plt.xlabel(''Frequency")
plt.ylabel(''dB")
plt.grid()
plt.semilogx(w, mag)
plt.figure()
plt.title(''Phase angle")
plt.xlabel(''Frequency")
plt.ylabel(''Degrees")
plt.grid()
plt.semilogx(w, phase)
plt.show()
```

Die Bode-Diagramme sind in Abb. 6.6 dargestellt.

Die Bode-Diagramme von Abb. 6.6 ähneln sehr den Bode-Diagrammen von Abb. 6.3. Der verallgemeinerte Pol 2. Ordnung ermöglicht es uns, eine Übertragungsfunktion mit den gleichen Eigenschaften wie ein LC-Filter zu entwerfen, ohne äquivalente Schaltungskomponenten zu entwerfen. Die Resonanzfrequenz ω_n bestimmt die Frequenz, jenseits derer die Amplitude der Übertragungsfunktion mit einer Rate von 40 dB pro Dekade abnimmt. Die Dämpfung ζ bestimmt den Resonanzpeak – kleinere Werte von ζ führen zu großen Resonanzpeaks, während große Werte von ζ den Peak vollständig entfernen können, was zu einer überkritisch gedämpften Übertragungsfunktion 2. Ordnung führt.

6.11.3 Verallgemeinerte Nullstelle 1. Ordnung

Wir könnten auch Übertragungsfunktionen mit Polynomen im Zähler synthetisieren. Die Übertragungsfunktion einer Nullstelle 1. Ordnung ist

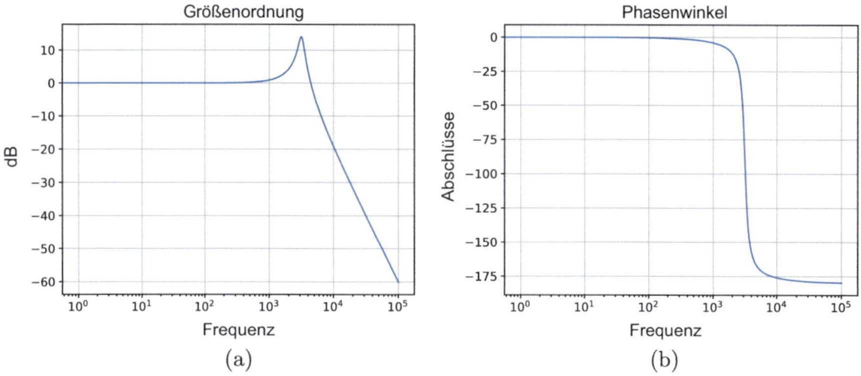

Abb. 6.6 Bode-Diagramme der Übertragungsfunktion des Pols 2. Ordnung. **a** Betragsdiagramm, **b** Phasenwinkeldiagramm

$$H(s) = K\frac{s+\omega_0}{\omega_0}. \tag{6.86}$$

Sie hat die gleichen zwei Eigenschaften wie ein Pol 1. Ordnung – mit Ausnahme davon, dass sich die Nullstelle 1. Ordnung in Bezug auf die Frequenz genau entgegengesetzt zum Pol 1. Ordnung verhält.

Der Code für die Nullstelle 1. Ordnung lautet

```
import numpy as np
import matplotlib.pyplot as plt
from scipy import signal
omega0 = 2*np.pi*500
K = 1
num_foz = [K, K*omega0]
den_foz = [omega0]
foz_tf = signal.lti(num_foz, den_foz)
w, mag, phase = signal.bode(foz_tf, np.arange(100000))
plt.figure()
plt.title(''Magnitude'')
plt.xlabel(''Frequency'')
plt.ylabel(''dB'')
plt.grid()
plt.semilogx(w, mag)
plt.figure()
plt.title(''Phase angle'')
plt.xlabel(''Frequency'')
plt.ylabel(''Degrees'')
plt.grid()
plt.semilogx(w, phase)
plt.show()
```

Die Bode-Diagramme sind in Abb. 6.7 dargestellt.

Aus einem Vergleich der Abb. 6.7 und 6.5 ist es ziemlich offensichtlich, dass sie genau entgegengesetzt sind. Die Amplitude der Nullstelle 1. Ordnung bleibt bei der Verstärkung K bis zur Grenzfrequenz ω_0 und für Frequenzen größer als ω_0 erhöht sich die Verstärkung linear mit einer Rate von 20 dB pro Dekade.

6.11.4 Verallgemeinerte Nullstelle 2. Ordnung

Um unsere Reihe von Übertragungsfunktionsbausteinen abzuschließen, ist die nächste Übertragungsfunktion die verallgemeinerte Nullstelle 2. Ordnung,

$$H(s) = K\frac{s^2 + 2\zeta\omega_n s + \omega_n^2}{\omega_n^2}, \tag{6.87}$$

welche genau das Reziproke des verallgemeinerten Pols 2. Ordnung mit den gleichen Parametern ist, jedoch mit genau entgegengesetztem Verhalten in Bezug auf die Frequenz.

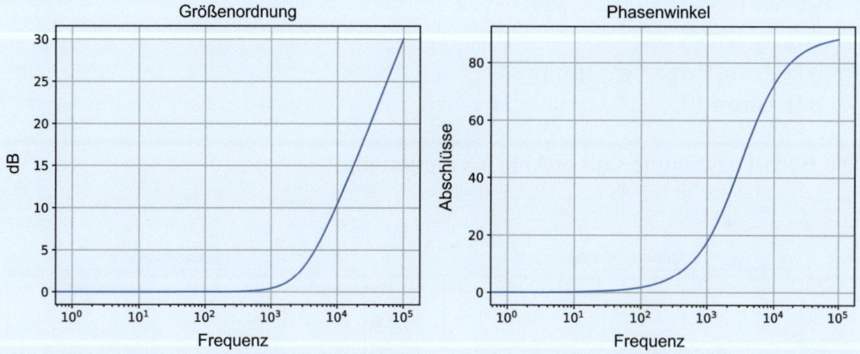

(a) (b)

Abb. 6.7 Bode-Diagramme der Übertragungsfunktion der Nullstelle 1. Ordnung. **a** Betragsdiagramm, **b** Phasenwinkeldiagramm

Der Code für die verallgemeinerte Nullstelle 2. Ordnung lautet

```
import numpy as np
import matplotlib.pyplot as plt
from scipy import signal
omegan = 2*np.pi*500
K = 1
zeta = 0.1
num_soz = [K, K*2*zeta*omegan, K*omegan*omegan]
den_soz = [omegan*omegan]
soz_h = signal.lti(num_soz, den_soz)
w, mag, phase = signal.bode(soz_h, np.arange(100000))
plt.figure()
plt.title(''Magnitude'')
plt.xlabel(''Frequency'')
plt.ylabel(''dB'')
plt.grid()
plt.semilogx(w, mag)
plt.figure()
plt.title(''Phase angle'')
plt.xlabel(''Frequency'')
plt.ylabel(''Degrees'')
plt.grid()
plt.semilogx(w, phase)
plt.show()
```

Die Bode-Diagramme sind in Abb. 6.8 dargestellt.

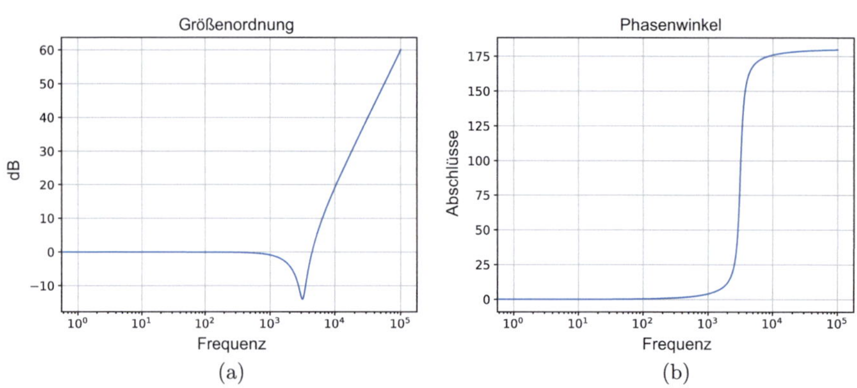

Abb. 6.8 Bode-Diagramme der Übertragungsfunktion der Nullstelle 2. Ordnung. **a** Betragsdiagramm, **b** Phasenwinkeldiagramm

6.12 Schlussfolgerungen

In diesem Kapitel haben wir untersucht, wie wir das Verhalten einer Übertragungsfunktion bei sich ändernder Frequenz studieren können. Wir haben Bode-Diagramme verwendet, um die Frequenzgänge von Übertragungsfunktionen zu studieren. Wir haben die lti- und die bode-Funktion im Signalpaket, das mit SciPy verfügbar ist, verwendet, um Übertragungsfunktionen zu definieren und Bode-Diagramme mit Python-Code zu generieren. Wir haben Bode-Diagramme für die Spule und den LC-Filter erstellt, die wir im vorherigen Kapitel simuliert haben. Wir haben gelernt, wie man die Bode-Diagramme interpretiert, um zu verstehen, wie ein System sich bei sich ändernder Frequenz verhält, und wir haben die Simulationsergebnisse des LC-Filters im vorherigen Kapitel interpretiert.

Wir haben begonnen, Bode-Diagramme für die Spule und den LC-Filter zu erstellen, um unser Wissen über analoge Schaltungen als Filter nutzen zu können. Allerdings werden wir in Zukunft das Design von digitalen Filtern unabhängig von analogen Schaltungen angehen. Zu diesem Zweck haben wir das Konzept der verallgemeinerten Übertragungsfunktionen eingeführt, die Übertragungsfunktionen einer bestimmten Form mit wohldefinierten Eigenschaften sind. Wir haben den verallgemeinerten Pol 1. Ordnung, den Pol 2. Ordnung, die Nullstelle 1. Ordnung und die Nullstelle 2. Ordnung eingeführt. Wir haben ihre Frequenzgänge untersucht und festgestellt, dass sie äquivalent zu analogen Schaltungen sind. Im nächsten Kapitel werden wir diese verallgemeinerten Übertragungsfunktionen als Bausteine beim Entwerfen von digitalen Filtern mit Python-Code verwenden.

Literatur

1. Brown, J. W., & Churchill, R. V. (1996). *Complex variables and applications* (6. Aufl.). McGraw-Hill.
2. Oppenheim, A. V., & Schafer, R. W. (2001). *Discrete-time signal processing*. Pearson.
3. Van Valkenburg, M. (1984). In memoriam: Hendrik W. Bode (1905–1982). *IEEE Transactions on Automatic Control, 29*(3), 193–194.
4. Conway, J. B. (1986). *Functions of one complex variable* (Bd. 1). Springer.
5. Henrici, P. (1974). *Applied and computational complex analysis* (Bd. 1). Wiley.

Kapitel 7
Filterdesign

7.1 Einführung

Im vorherigen Kapitel haben wir beschrieben, wie Frequenzgänge mit Bode-Diagrammen für jede gegebene Übertragungsfunktion untersucht werden können. Wir hatten auch die physikalische Bedeutung der Bode-Diagramme untersucht und wie diese sich auf die Art und Weise bezieht, wie Signale durch eine Übertragungsfunktion transformiert werden. Wir haben allgemeine Übertragungsfunktionen eingeführt, die ohne Bezugnahme auf analoge Schaltungen synthetisiert werden können, aber ähnliche Eigenschaften wie die Übertragungsfunktionen von analogen Schaltungen aufweisen. Wir hatten festgestellt, dass diese allgemeinen Übertragungsfunktionen die Bausteine für die Synthese höherer Übertragungsfunktionen sind.

In diesem Kapitel werden wir Filter entwerfen, indem wir das Wissen aus dem vorherigen Kapitel nutzen. Wir werden Frequenzgänge verwenden, um zu untersuchen, wie Übertragungsfunktionen als Filter wirken können. Wir werden zwei Filterbeispiele betrachten – das erste Beispiel ist ein Tiefpassfilter und das zweite ist ein Bandsperr- oder Kerbfilter. Wir werden unsere Filter schrittweise mit den im vorherigen Kapitel untersuchten allgemeinen Übertragungsfunktionen entwerfen. In jeder Phase werden Bode-Diagramme das Werkzeug sein, das zur Bestimmung der Wirksamkeit einer bestimmten Übertragungsfunktion als Filter verwendet wird.

Dieses Kapitel wird neue Funktionen mit SciPy und NumPy einführen, um uns bei der Filterentwicklung und deren Implementierung zu helfen. Wir werden untersuchen, wie wir eine Übertragungsfunktion vom kontinuierlichen s-Bereich in den digitalen z-Bereich mit der to_discrete-Methode umwandeln können. Dadurch entfällt die Notwendigkeit, eine Übertragungsfunktion manuell mit der bilinear Transformation zu konvertieren. Wir werden auch untersuchen, wie das Ergebnis der to_discrete-Methode verwendet werden kann, um einen Filter in einer Simulation zu implementieren und seine Leistung zu überprüfen. Wir werden

S. V. Iyer, *Digitales Filterdesign mit Python für Anwendungen in der Energietechnik*, https://doi.org/10.1007/978-3-031-58983-6_7

auch die polymul-Funktion, die mit NumPy verfügbar ist, untersuchen, um höhere Übertragungsfunktionen aus den allgemeinen Übertragungsfunktionen zu synthetisieren, um manuelle Berechnungen zu vermeiden.

Dieser Abschnitt enthält mehrere Codebeispiele zur schnellen Referenz sowie Simulationsergebnisse zum Nachweis der Konzepte. Die Leser werden ermutigt, den Code zu ändern und mit Werten zu experimentieren, um die Funktionsweise der Python-Befehle zu untersuchen. In diesem Kapitel werden effektive Tools vorgestellt, mit denen Ingenieure Filter entwerfen können, indem sie grundlegende Signalverarbeitungs- und Berechnungswerkzeuge kombinieren, die mit NumPy, SciPy und Python verfügbar sind.

7.2 Entwerfen von Filtern für Leistungsanwendungen

Der Entwurf eines Filters folgt in der Regel ähnlichen Schritten, unabhängig von der Anwendung. Allerdings ist der Entwurf von Filtern für Leistungsanwendungen etwas einfacher als für andere Anwendungen wie Kommunikation, Computer Vision oder Robotik. Anwendungen wie Sprach- oder Videokommunikation benötigen recht fortgeschrittene Filter, da die Signale Frequenzen über einen weiten Bereich aufweisen. Um eine störungsfreie Kommunikation zu gewährleisten, müssen spezifische Signale ausgewählt und alle anderen zurückgewiesen werden. Aus diesem Grund sind die in der Kommunikation verwendeten Filter in der Regel relativ fortschrittlich. Obwohl es keine Regel gibt, die die Anwendung dieser fortschrittlichen Filter in der Energietechnik verbietet, ist es, wie mit einem Hammer auf eine Ameise zu schlagen. In diesem Kapitel werden wir eine einfache Methode zur Synthese von Filtern für Leistungsanwendungen untersuchen.

Selbst innerhalb des Bereichs der Energietechnik ist es nicht möglich, die Anforderungen an Filter zu verallgemeinern, da die Anforderungen an Filter je nach spezifischer Anwendung variieren. Einige häufige Fälle sollten jedoch im Detail besprochen werden [1–3]. Der am häufigsten verwendete Filter ist der Tiefpassfilter. Wenn beispielsweise eine Spannung oder ein Strom von einem Sensor gemessen wird, enthält das am Ausgang verfügbare Signal die tatsächliche Spannung und auch Rauschen. Das Rauschen kann je nach Umgebung eine recht große Bandbreite haben – es kann im Kilohertz- oder im Megahertzbereich liegen. Der einfachste Tiefpassfilter, der normalerweise implementiert wird, bevor das Signal an einen Controller weitergeleitet wird, dient dazu, das Rauschen aus dem Signal zu entfernen.

Neben der Entfernung von Rauschen aus einem Sensorausgang entfernt ein fortschrittlicherer Tiefpassfilter auch Oberschwingungen aus dem Signal. Die Grundfrequenz in der Energietechnik beträgt in der Regel 50 oder 60 Hz, während in spezialisierten Anwendungen wie der Luft- und Raumfahrt 400 Hz verwendet werden. Neben der Grundfrequenz gibt es in den meisten modernen Systemen Oberschwingungen, die normalerweise ein Vielfaches der Grundfrequenz sind, wie 150, 250 Hz usw. Diese Oberschwingungen entstehen durch den Betrieb von

Geräten, die Ströme mit Oberschwingungen aufnehmen, selbst wenn die angelegte Spannung eine reine Grundfrequenz aufweist. Ein konkretes Beispiel: Wenn der Sensor die Spannung an einem Bus im System misst und diese Spannung neben der Grundfrequenz auch Oberschwingungen enthält, müssen wir möglicherweise die Grundfrequenzkomponente extrahieren. Dazu ist ein Tiefpassfilter erforderlich, der die Grundfrequenz passieren lässt, aber alle höherfrequente Komponenten blockiert.

Ein weiteres Beispiel wäre eine Spannung mit Oberschwingungskomponenten. Im Gegensatz zum Tiefpassfilter könnten wir uns einen Fall vorstellen, in dem wir die Oberschwingung anstelle der Grundfrequenz extrahieren möchten. Darüber hinaus müssen wir möglicherweise Oberschwingungen extrahieren, die eine Frequenz haben, die größer ist als eine bestimmte Frequenz. Zum Beispiel könnten wir Frequenzen über 1000 Hz als besonders problematisch identifizieren, weshalb wir sie extrahieren und verarbeiten müssen. In einem solchen Fall müssen wir einen Hochpassfilter implementieren, der alle Signale blockiert, die eine Frequenz unter 1000 Hz besitzen, und Signale mit einer Frequenz über 1000 Hz durchlässt. Diese Anwendung ist recht häufig und wird zur Bewertung der Stromqualität eingesetzt, wenn das Versorgungsunternehmen die Höhe der Oberschwingungsbelastung in seinem System ermitteln möchte.

Da wir über einen Tiefpassfilter und einen Hochpassfilter gesprochen haben – noch einen weiteren Filter, der zwischen diesen beiden liegt: der Bandsperrfilter oder der Kerbfilter. Der Kerbfilter erhält seinen Namen von der Form des Amplitudenverlaufs in den Frequenzgängen. Der Kerbfilter blockiert einen bestimmten Frequenzbereich und weist somit alle Signale in diesem Frequenzbereich ab. Andererseits lässt der Kerbfilter alle anderen Frequenzen durch. Ein Beispiel für einen Kerbfilter wäre, wenn wir eine bestimmte Oberschwingung als Problemquelle identifizieren. Ein sehr häufiger Übeltäter in der Energietechnik sind die dreifachen Oberschwingungen – 150, 300, 450 Hz ($3f$). Manchmal möchten wir alle oder einige von ihnen loswerden, bevor wir das Signal verarbeiten. In einem solchen Fall implementieren wir einen Kerbfilter mit einem Frequenzbereich um die Frequenz, die wir ablehnen möchten – z. B. 150 Hz.

Dies sind nur einige Beispiele, aber in der Praxis können die Filteranforderungen recht komplex sein, wobei spezielle Anwendungen Filter benötigen, die nicht in eine bestimmte Kategorie fallen. Diese kurze Beschreibung diente nur dazu, den beiden Fallstudien, die in diesem Kapitel ausführlich untersucht werden, einen Kontext zu geben.

7.3 Erste Schritte beim Entwurf eines Tiefpassfilters

Beginnen wir mit unseren Beispielen für die Filterkonstruktion mit dem Fall eines Tiefpassfilters. Definieren wir die Anforderungen an den Filter wie folgt. Wir wählen die grundlegende Netzfrequenz mit 50 Hz. Wie bereits zuvor erwähnt, wird jede Spannung neben der Grundfrequenz mehrere Oberschwingungsfrequenzen besitzen. Für den Zweck unseres Filterdesigns definieren wir unser Ziel als den Wunsch, alle Oberschwingungskomponenten gleich und größer als die 11. Oberschwingung (550 Hz) zu blockieren. Dies ist nur ein Beispiel, aber der folgende Prozess wird dem Leser helfen, einen Tiefpassfilter für jeden anderen Zweck zu entwerfen.

Wir werden den Ansatz des Entwurfs, gefolgt von der Verifizierung, verwenden und Schritt für Schritt vorgehen, bis wir einen Entwurf haben, der unseren Anforderungen entspricht. Wir werden die Frequenzgänge in Bode-Diagrammen als Entwurfsprozess verwenden und die Simulation zur Überprüfung nutzen. Wir werden weitere Befehle vorstellen, die im Signalpaket von Scipy und in Paketen mit NumPy für Design und Verifizierung verfügbar sind. Wir werden die im vorherigen Kapitel beschriebenen allgemeinen Übertragungsfunktionen als Bausteine für unsere Filter verwenden. Wir werden das Konzept der Kaskadierung von Übertragungsfunktionen vorstellen, um das Filterdesign zu optimieren. Im vorherigen Kapitel haben wir kurz beschrieben, wie sich ein Filter für Frequenzkomponenten verhalten sollte, die durchgelassen werden müssen, und für andere Frequenzkomponenten, die blockiert werden müssen. In diesem Kapitel werden wir dieses Konzept wieder aufgreifen und beginnen, unseren Filteranforderungen numerische Zielvorgaben zu geben.

Wir könnten unseren Filterentwurf mit einem streng mathematischen Ansatz beginnen. Der Vorteil fortschrittlicher wissenschaftlicher Rechenwerkzeuge wie Python und SciPy besteht jedoch darin, dass sich Entwürfe mithilfe von Programmcode schnell und wiederholt ändern lassen. Beginnen wir daher mit einer Hypothese und verbessern diese schrittweise. Ein sicherer Ausgangspunkt für jeden Tiefpassfilterentwurf ist ein verallgemeinerter Pol 2. Ordnung. Der Grund für diese anfängliche Wahl ist, dass ein Pol 2. Ordnung bei Frequenzen über der Resonanzfrequenz einen ziemlich schnellen Abfall von 40 dB pro Dekade in seinem Betrag aufweist. Darüber hinaus ist der Pol 2. Ordnung, wie später gezeigt wird, ziemlich einfach zu implementieren und im Gegensatz zu Filtern mit Übertragungsfunktionen höherer Ordnung recht stabil.

Wie im vorherigen Kapitel beschrieben, lautet die Übertragungsfunktion des verallgemeinerten Pols 2. Ordnung

$$H(s) = K\frac{\omega_n^2}{s^2 + 2\zeta\omega_n s + \omega_n^2}. \tag{7.1}$$

Um einen Filter mit einer solchen Übertragungsfunktion zu entwerfen, müssen wir Werte für die Parameter wählen, die in diesem Fall K, ζ und ω_n sind. Beginnen wir mit der Verstärkung K. Da wir einen Filter entwerfen, müssen wir Komponenten mit einer Frequenz kleiner als die Resonanzfrequenz durchlassen. Daher muss der Betrag der Übertragungsfunktion für diese Frequenzen 1 oder 0 dB sein. Wir können die Verstärkung $K = 1$ bequem einstellen, da wir die Signale, die durchgelassen werden sollen, nicht verstärken oder abschwächen müssen.

Der nächste Parameter ist ω_n. Um ω_n zu wählen, müssen wir unser Wissen über den Betrag der Übertragungsfunktion nutzen, die bei Frequenzen über der

Resonanzfrequenz um 40 dB pro Dekade abnimmt. Da der Betrag der Übertragungsfunktion abnimmt, werden Signale mit zunehmender Frequenz stärker gedämpft. Um sicherzustellen, dass wir die 550-Hz-Komponente ausreichend dämpfen können, sollte ω_n ausreichend niedriger als 550 Hz gewählt werden. Die nächste Frage ist: Gibt es eine untere Grenze für die Wahl von ω_n? Wir wollen nicht, dass der Resonanzpeak, der bei ω_n auftritt, nahe an einer Frequenzkomponente liegt, die auftreten könnte und definitiv größer als die Grundfrequenz 50 Hz ist, da dies eine Komponente ist, die wir durchlassen müssen. Daraus folgt also:

$$2\pi \times 50 \ll \omega_n \ll 2\pi \times 550. \tag{7.2}$$

Die obige Ungleichung gibt einen schnellen Einblick in eine der Herausforderungen beim Filterdesign – den Kompromiss zwischen Signalen, die durchgelassen werden sollen, und solchen, die blockiert werden sollen. Wir werden uns bald eingehender damit befassen.

Der letzte Parameter ist ζ. Wie im vorherigen Kapitel erwähnt, ist ζ die Dämpfung, die auf die Resonanz angewendet wird, die in einem System 2. Ordnung auftritt. Dies entspricht der Dämpfung, die durch den Widerstand im LC-Filter eingeführt wird. Die Wahl von ζ ist etwas kniffliger. Ein System wird als gering gedämpft bezeichnet, wenn ζ einen sehr kleinen Wert hat, wodurch ein großer Resonanzpeak entsteht. Ein großer Resonanzpeak ist kein gutes Zeichen, da dies impliziert, dass die Übertragungsfunktion für jede Komponente mit einer Frequenz nahe der Resonanzfrequenz eine große Verstärkung aufweist. Neben den Grund- und Oberschwingungen können wir zufällige Frequenzen, die im System aufgrund des Betriebs von Maschinen und Geräten auftreten können, die mit vielen Oberschwingungen verunreinigte Ströme ziehen, nicht vollständig ausschließen. Daher führt der zufällige Fall einer Resonanzspitze mit großer Amplitude für eine Frequenz, die aus irgendeinem Grund auftreten kann, dazu, dass diese Frequenzkomponente im Ausgang verstärkt wird und die weitere Verarbeitung stört. Ein Vorteil eines scharfen Resonanzpeaks ist jedoch, dass der Phasenwinkel am Resonanzpeak von 0 auf $-180°$ scharf wechselt. Daher leiden die Grundfrequenz und andere Oberschwingungen niedrigerer Ordnung nicht unter einer großen Phasenwinkelverzögerung.

Andererseits spricht man von einem überkritisch gedämpften System, wenn der Wert von ζ sehr groß ist, so dass der Resonanzpeak vollständig unterdrückt wird. Dies mag zunächst als eine attraktive Option erscheinen, da es die Möglichkeit ausschließt, dass eine zufällige Komponente mit einer Frequenz nahe der Resonanzfrequenz übermäßig verstärkt wird. Es bringt jedoch ein anderes Problem mit sich. In einem überkritisch gedämpften System ändert sich der Phasenwinkel von 0 auf $-180°$ sehr allmählich über einen weiten Frequenzbereich. Als Ergebnis könnte die Grundfrequenzkomponente oder einige andere Oberschwingungen niedrigerer Ordnung eine Phasenwinkelverzögerung erleiden.

Es ist am besten, die obige Diskussion mit dem Entwurf und der Simulation zu unterstützen. Beginnen wir unseren Entwurf mit $K=1$, $\omega_n=2\pi\times 275$ und $\zeta=0{,}1$, was zu folgendem Filterdesigncode führt:

```
import numpy as np
import matplotlib.pyplot as plt
from scipy import signal
K = 1
omegan = 2*np.pi*275.0
zeta = 0.1
num_2ndpole = [K*omegan*omegan]
den_2ndpole = [1, 2*zeta*omegan, omegan*omegan]
secondpole_h = signal.lti(num_2ndpole, den_2ndpole)
w, mag, phase = signal.bode(secondpole_h,
np.arange(100000))
```

Der letzte Teil des Codes zur Erzeugung von Diagrammen wurde weggelassen, um die Codeblöcke kurz zu halten. Die Abb. 7.1 zeigt die Bode-Diagramme dieser Übertragungsfunktion 2. Ordnung.

Lassen Sie uns die Leistung dieses Filters untersuchen und entscheiden, wo wir uns verbessern könnten. Wir möchten Signale mit Frequenzen größer oder gleich 550 Hz blockieren. Ich würde empfehlen, dass der Leser den obigen Code mit den Diagrammbefehlen aus dem vorherigen Kapitel erweitert und in das Betragsdiagramm nahe der Frequenz $2\pi \times 550 = 3455$ rad/s hineinzoomt. Wir stellen fest, dass der Betrag der Übertragungsfunktion etwa –9,5 dB beträgt. Dies entspricht einem absoluten Betrag von 0,33. Die Implikation dieses Wertes ist, dass jedes Signal mit einer Frequenz von 550 Hz am Ausgang mit 33 % seines Wertes am Eingang erscheinen wird. Obwohl wir eine Dämpfung erreichen, ist die Frage: Ist 0,33 gut genug? Darüber sprechen wir später.

Für die Grundfrequenz von 50 Hz hat das Betragsdiagramm einen Wert von etwa 0,28 dB, was einer absoluten Amplitude von 1,03 entspricht. Dies impliziert, dass jedes Signal mit einer Frequenz von 50 Hz am Ausgang 3 % größer erscheint als am Eingang. Da das Grundfrequenzsignal vom Filter durchgelassen

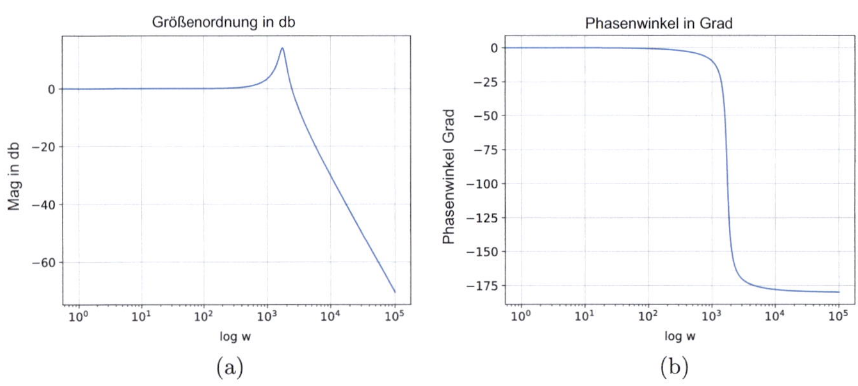

Abb. 7.1 Bode-Diagramme der Übertragungsfunktion 2. Ordnung. **a** Betragsdiagramm. **b** Phasenwinkeldiagramm

werden muss, ist auch der Phasenwinkel der Übertragungsfunktion bei dieser Frequenz wichtig. Wenn man das Phasenwinkeldiagramm nahe der Frequenz $2\pi \times 50 = 314{,}1$ rad/s vergrößert, stellt man fest, dass der Phasenwinkel etwa –2,1° beträgt. Dies bedeutet, dass jedes Signal mit einer Frequenz von 50 Hz am Ausgang im Vergleich zum Eingang eine Phasenverzögerung von –2,1° aufweist.

Das dritte Merkmal der Übertragungsfunktion ist der Resonanzpeak. Der Resonanzpeak hat eine Spitzenamplitude von 14 dB, was einer absoluten Amplitude von 5 entspricht. Dies bedeutet, dass jedes Signal mit einer Frequenz nahe der Resonanzfrequenz von 275 Hz am Ausgang im Vergleich zum Eingang um den Faktor 5 verstärkt wird. Diese Methode zur Bewertung der Leistung eines Filters mag heuristisch erscheinen, doch sie verbindet die bequeme Verwendung von Python-Befehlen und grafischen Funktionen von Softwarepaketen mit Erkenntnissen, die wir aus der im vorherigen Kapitel behandelten Theorie gewonnen haben.

Kommen wir nun zur Bewertung der Filterleistung. Die erste Frage lautet: Ist es akzeptabel, dass wir eine Frequenz, die wir blockieren möchten, auf einen Wert von 33 % ihres Wertes am Eingang abschwächen? Lassen Sie uns diskutieren, was wir von einem Filter erwarten, wenn wir eine Frequenz blockieren möchten. Es ist wichtig zu beachten, dass eine 100 %ige Entfernung einer Frequenzkomponente physikalisch nicht möglich ist. Die Anforderung an die Entfernung wird in der Regel durch die Anwendung bestimmt. In den meisten technischen Anwendungen gilt ein Signal einer bestimmten Frequenz als effektiv blockiert oder entfernt, wenn es auf weniger als oder gleich 5 % seines Wertes am Eingang abgeschwächt wird. Fortgeschrittene Anwendungen wie in der Luft- und Raumfahrt oder im militärischen Bereich können strengere Anforderungen haben und in jedem Fall sind die Anforderungen der Anwendung der endgültige Entscheidungsfaktor bei der Filtergestaltung. Daher wäre die Abschwächung von 33 %, die wir mit dem Pol 2. Ordnung erreicht haben, normalerweise nicht akzeptabel. Da wir die Frequenz von 550 Hz entfernen möchten, müssen wir nicht über den Phasenwinkel der Übertragungsfunktion nachdenken.

Als Nächstes diskutieren wir, wie effektiv der Filter die Grundfrequenz durchlässt. Bei der Filtergestaltung ist es in der Regel nicht möglich, eine Frequenz ohne jegliche Modifikation durchzulassen. Ein Filter führt zu einer Dämpfung oder Verstärkung, die nicht gleich null ist, und zu einer Phasenwinkelverzögerung oder einem -vorschub, die bzw. der nicht gleich null ist. Diese Übertragungsfunktion verstärkt die Grundfrequenz von 50 Hz um 3 %. Die Grenzen der Verstärkung oder Dämpfung der Signale, die von einem Filter durchgelassen werden müssen, werden wiederum durch die Anwendung festgelegt. Eine typische technische Anwendung würde jedoch erwarten, dass die Verstärkung oder Abschwächung auf maximal 5 % begrenzt ist. Bezüglich des Phasenwinkels kann die maximale Phasenwinkelverzögerung oder -vorschub, die bzw. der für eine 50-Hz-Sinuswelle in den meisten Anwendungen toleriert werden kann, etwa 5–10° betragen. Im Hinblick auf diese Anforderungen erfüllt der Pol 2. Ordnung die Akzeptanzkriterien.

Nun führt der Resonanzpeak zu einer Verstärkung von 5 bei Frequenzen nahe 275 Hz. In den meisten Anwendungen der Energietechnik ist es durchaus üblich, dass eine 5. oder 250-Hz-Frequenzkomponente in einem Signal vorhanden ist. Ein großer Resonanzpeak von 5 ist besorgniserregend, da die 250-Hz-Komponente im Signal erheblich verstärkt werden könnte. Daher wäre der Pol 2. Ordnung mit einem so großen Resonanzpeak nicht akzeptabel. Abschließend lässt sich sagen, dass dieser erste Entwurf eines Tiefpassfilters zwei Kriterien nicht erfüllt: die Entfernung von Hochfrequenzkomponenten und ein großer Resonanzpeak. Lassen Sie uns nun das andere Extrem einer überkritisch gedämpften Übertragungsfunktion betrachten, um zu sehen, wie die Leistung im Vergleich zur untersuchten gering gedämpften Übertragungsfunktion aussieht.

Die Abb. 7.2 zeigt die Bode-Diagramme für den Pol 2. Ordnung mit den Parametern $K=1$, $\omega_n=2\pi\times 275$ und $\zeta=1{,}5$. Aufgrund des Dämpfungsfaktors $\zeta=1{,}5$ ist diese Übertragungsfunktion nun überkritisch gedämpft. Im Betragsdiagramm von Abb. 7.2 sehen wir, dass der Resonanzpeak vollständig unterdrückt wurde. Dies entspricht der Wahl eines so großen Widerstands in einem LC-Filter, dass er bei der Resonanzfrequenz einen großen Widerstand darstellt. Aus der obigen Diskussion über den gering gedämpften Pol 2. Ordnung könnte das Fehlen eines Resonanzpeaks wie eine Lösung erscheinen, da wir uns nun keine Sorgen mehr darüber machen müssen, dass eine Streukomponente mit einer Frequenz nahe der Resonanzfrequenz vom Filter übermäßig verstärkt wird. Bei genauerer Betrachtung des Phasenwinkels in Abb. 7.2 wird das Problem jedoch deutlich. Der Phasenwinkel ändert sich allmählich von 0 auf –180° über mehrere Dekaden. Am beunruhigendsten ist, dass der Phasenwinkel bei der Frequenz von $2\pi\times 50$ rad/s, die der Grundfrequenz des Netzes entspricht, etwa –29° beträgt. Dies bedeutet,

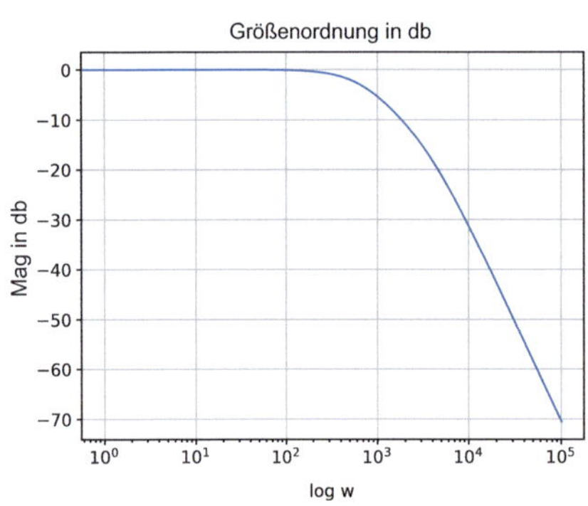

(a)

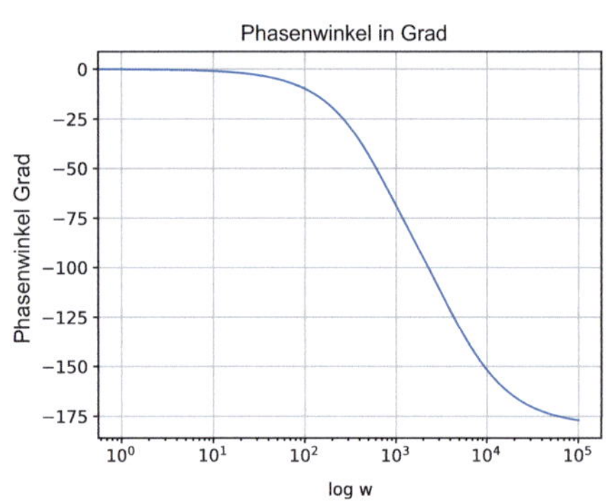

(b)

Abb. 7.2 Bode-Diagramme der Übertragungsfunktion 2. Ordnung. **a** Betragsdiagramm. **b** Phasenwinkeldiagramm

dass die Grundkomponente am Ausgang im Vergleich zum Eingang eine Phasenverzögerung von –29° erfährt. Eine so große Phasenverzögerung ist fast immer inakzeptabel.

Vergleicht man die gering gedämpften und überkritisch gedämpften Fälle, so wird deutlich, dass keiner von beiden eine geeignete Lösung sein wird. Wir müssen einen Kompromiss zwischen den beiden Frequenzgangdiagrammen finden. Wir hätten gerne die scharfen, klippenartigen Frequenzgangdiagramme des gering gedämpften Falles, aber ohne den großen Resonanzpeak. Der Leser wird ermutigt, den Code für das Filterdesign 2. Ordnung mit verschiedenen Werten des Dämpfungsfaktors ζ auszuprobieren. Die Fragen, die der Filterentwickler beantworten muss, um einen vernünftigen Kompromiss zu erzielen, lauten: Wie viel Phasenverzögerung bei der Grundfrequenz ist akzeptabel und wie groß kann die Amplitude bei der Resonanzfrequenz in der Übertragungsfunktion sein? Um diese Fragen zu beantworten, muss der Filterentwickler möglicherweise die Anwendungsingenieure konsultieren, die das System entwerfen werden, das dem Tiefpassfilter folgt.

Lassen Sie uns den Pol 2. Ordnung durch Änderung des Dämpfungsfaktors neu gestalten, indem wir $\zeta=0{,}3$ setzen. Die Abb. 7.3 zeigt die Bode-Diagramme der Übertragungsfunktion mit diesem Wert des Dämpfungsfaktors. Aus dem Betragsdiagramm ist ersichtlich, dass die Resonanzspitze nicht vollständig unterdrückt wurde. Der größere Dämpfungsfaktor von 0,3 hat die Spitze jedoch deutlich verringert. Der Resonanzpeak hat eine maximale Verstärkung von etwa 5 dB, was einer absoluten Amplitude von 1,77 entspricht. Dies bedeutet, dass ein Signal mit einer Frequenz von 275 Hz um einen Faktor von 1,77 verstärkt wird. Dies ist deutlich niedriger als im gering gedämpften Fall, wo die absolute Amplitude 5 war. Es kann jedoch Anwendungen geben, bei denen eine Amplitude von 1,77 ebenfalls inakzeptabel ist, in welchem Fall die einzige Option wäre, einen überkritisch

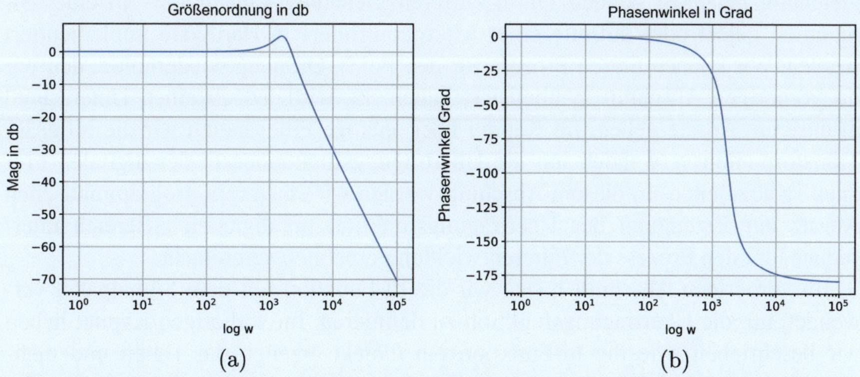

Abb. 7.3 Bode-Diagramme der Übertragungsfunktion 2. Ordnung. **a** Betragsdiagramm. **b** Phasenwinkeldiagramm

gedämpften Pol 2. Ordnung zu verwenden. Zusätzlich ist der Wert des Phasenwinkeldiagramms für die Grundfrequenz von 50 Hz –6°, was auch viel geringer ist als im überkritisch gedämpften Fall. Es ist ziemlich offensichtlich, dass dieser Dämpfungsfaktor von 0,3 tatsächlich der Mittelweg zwischen der gering gedämpften Übertragungsfunktion und der überkritisch gedämpften Übertragungsfunktion ist. Der Leser wird ermutigt, in das Betragsdiagramm für die Frequenz 550 Hz hineinzuzoomen und nachzuprüfen, dass die Amplitude der Übertragungsfunktion etwa –9 dB beträgt. Dies bedeutet, dass die Übertragungsfunktion, obwohl wir die Resonanzspitze und die Phasenwinkelverzögerung bei der Grundfrequenz verringern können, Frequenzen über 550 Hz nicht ausreichend dämpfen kann.

Wie bereits zuvor erwähnt, mag diese Methode zur Filterentwicklung heuristisch erscheinen. Sie ist jedoch äußerst praktisch, angesichts der Vielzahl von wissenschaftlichen Rechenwerkzeugen, die uns zur Verfügung stehen. Wir haben Frequenzgänge verwendet, um zu unserem ersten Entwurf eines Tiefpassfilters zu gelangen. Der Entwurf ist keineswegs vollständig, da wir noch nicht erfolgreich Signalbestandteile mit Frequenzen über 550 Hz entfernt haben. Bevor wir diesen Entwurf verbessern, simulieren wir diese Übertragungsfunktion und vergleichen die Simulationsergebnisse mit den analytischen Ergebnissen, die aus den Frequenzgängen abgeleitet wurden.

7.4 Simulation einer Filterübertragungsfunktion

Im Kapitel über analoge Filter haben wir die digitale Implementierung der Spule, des Kondensators und des LC-Filters simuliert. Durch die Simulationen konnten wir zeigen, wie wir mit einer Schaltung beginnen, eine Übertragungsfunktion in der kontinuierlichen Frequenz s ableiten, die Übertragungsfunktion in die digitale Form in der digitalen Frequenz z umwandeln und schließlich zu einer Differenzgleichung gelangen können. Diese Differenzgleichung kann iterativ in einer Simulation gelöst oder mithilfe eines Mikrocontrollers in Hardware implementiert werden. Wir können diesen Prozess für den Pol 2. Ordnung wiederholen, den wir im vorherigen Abschnitt synthetisiert haben. Es wird jedoch einen Unterschied in unserem Ansatz geben. Im Kapitel über analoge Filter hatten wir die bilineare Transformation verwendet, um die Übertragungsfunktionen in der digitalen Frequenz z abzuleiten. In diesem Abschnitt werden wir einen rein programmatischen Ansatz zur Erzeugung der Übertragungsfunktion im digitalen z-Bereich untersuchen, der den Prozess der Filterentwicklung erheblich vereinfacht.

Im vorherigen Abschnitt haben wir die lti-Funktion mit dem Signalpaket verwendet, um die Übertragungsfunktion zu definieren. Im vorherigen Kapitel haben wir beschrieben, wie die lti-Funktion ein Objekt erzeugt, das Daten und mehrere Methoden und Attribute enthält. Der Leser wird ermutigt, die Konzepte der objektorientierten Programmierung (OOP) aus dem vorherigen Kapitel schnell zu überprüfen, da wir sie in diesem Abschnitt verwenden werden. Lassen Sie uns die Aussage, die die Übertragungsfunktion definiert, erneut untersuchen:

```
secondpole_h = signal.lti(num_2ndpole, den_2ndpole)
```

Die lti-Funktion erzeugt ein Objekt, das secondpole_h zugewiesen wird. Im vorherigen Abschnitt hatten wir dieses Objekt an die Bode-Funktion übergeben, um die Daten für das Bode-Diagramm zu erzeugen. Das Objekt secondpole_h enthält mehrere Methoden und Attribute, die es uns ermöglichen, häufig benötigte Berechnungen und Transformationen durchzuführen. Eine dieser Methoden ist die to_discrete-Methode.

Die to_discrete-Methode ist bei jedem Objekt verfügbar, das durch die lti-Funktion erzeugt wird, und wandelt die durch das Objekt dargestellte Übertragungsfunktion in die diskrete oder digitale Form um. Mit dieser Methode müssen wir die bilineare Transformation nicht verwenden und die resultierende Übertragungsfunktion manuell neu anordnen. Die to_discrete-Methode erledigt all das für uns, wodurch die Implementierung von digitalen Filtern viel einfacher und weniger fehleranfällig wird. Die Verwendung der to_discrete-Methode ist wie folgt:

```
secondpole_h.to_discrete(dt, method, alpha)
```

Es ist wichtig zu beachten, dass die to_discrete-Methode mit dem Objekt secondpole_h verwendet werden muss, da sie eine Objektmethode ist. Dies steht im Gegensatz zur Bode-Funktion, die eine Funktion innerhalb des Signalpakets ist und unabhängig vom lti-Objekt ist.

Die to_discrete-Methode nimmt drei Argumente entgegen, obwohl nur das erste Argument dt ein erforderliches Argument ist, während das zweite und das dritte Argumente Standardwerte haben. Bei der Umwandlung einer Übertragungsfunktion in die diskrete oder digitale Form ist der wichtigste Faktor das Abtastzeitintervall in der endgültigen digitalen Form. Das Argument dt ermöglicht es uns, dieses Abtastzeitintervall zu spezifizieren. Der nächstwichtigste Aspekt im Umwandlungsprozess ist die verwendete Methode. In Kap. 3 haben wir die verschiedenen Methoden behandelt, die verwendet werden können, um eine Übertragungsfunktion von der kontinuierlichen in die digitale Form umzuwandeln. Wir haben das Halteglied nullter Ordnung, das Halteglied erster Ordnung und die bilineare Transformation behandelt. Diese können in der to_discrete-Methode mit dem Argument method spezifiziert werden. Die möglichen Werte für das Argument können zoh (Halteglied nullter Ordnung), foh (Halteglied erster Ordnung), euler (Eulersche Methode) oder tustin (bilineare Transformation) sein. Wenn dieses Argument weggelassen wird, ist der Standardwert method=zoh. Da wir aufgrund ihrer Genauigkeit und Stabilität die bilineare Transformation verwenden möchten, werden wir method=‚tustin' spezifizieren. Das letzte Argument alpha ist ein Gewichtungsparameter, der mit einer anderen verfügbaren Methode verwendet wird, die als verallgemeinerte bilineare Transformation bezeichnet wird. Das Argument alpha kann jedoch sicher weggelassen werden, in welchem Fall sein Standardwert None sein wird.

Der im vorherigen Abschnitt geschriebene Code kann wie folgt erweitert werden:

```
import numpy as np
import matplotlib.pyplot as plt
from scipy import signal
K = 1
omegan = 2*np.pi*275.0
zeta = 0.3
num_2ndpole = [K*omegan*omegan]
den_2ndpole = [1, 2*zeta*omegan, omegan*omegan]
secondpole_h = signal.lti(num_2ndpole, den_2ndpole)
w, mag, phase = signal.bode(
        secondpole_h,
        np.arange(100000)
        )
secondpole_h_z = secondpole_h.to_discrete(
        dt=200.0e-6,
        method='tustin'
        )
```

Wir haben das Ergebnis der to_discrete-Methode einer anderen Variablen zugewiesen, um unsere ursprüngliche kontinuierliche Übertragungsfunktion nicht zu überschreiben. Wir verwenden eine Abtastzeit von 200 µs, ähnlich wie wir es im Kapitel über analoge Filter getan haben. Die nächste Frage ist: Was wird second_pole_h_z sein?

```
Der Wert von second_pole_h_z kann auf der Konsole wie folgt aus-
gegeben werden:TransferFunctionDiscrete(
array([0.02633861, 0.05267722, 0.02633861]),
array([ 1.        , -1.71172543,  0.81707986]),
dt: 0.0002
)
```

Ein Vergleich mit dem Wert von second_pole_h im vorherigen Kapitel macht deutlich, dass das Objekt ziemlich ähnlich ist. Allerdings ist second_pole_h_z vom Typ TransferFunctionDiscrete im Gegensatz zu TransferFunctionContinuous. TransferFunctionDiscrete ist ein weiterer Klassenkonstruktor für Übertragungsfunktionen, jedoch im digitalen oder diskreten Bereich, und erzeugt ein Übertragungsfunktionsobjekt. Das erste Argument ist ein Array, das das Zählerpolynom darstellt, während das zweite Argument das Array ist, das das Nennerpolynom darstellt. Das dritte Argument ist die Abtastzeit von 200 µs, die an die to_discrete Methode übergeben wurde.

Das wichtigste Merkmal der to_discrete Methode ist, dass sie das endgültige Ergebnis der Übertragungsfunktion im digitalen Bereich liefert. Das oben genannte Objekt entspricht der Übertragungsfunktion:

$$H(z) = \frac{0.02633861z^2 + 0.05267722z + 0.02633861}{z^2 - 1.71172543z + 0.81707986}. \tag{7.3}$$

Das dritte Argument dt ist lediglich ein Hinweis darauf, dass die Abtastzeit von 200 µs bei der Umwandlung angewendet wurde. Die TransferFunctionDiscrete erzeugt jedoch eine Übertragungsfunktion im digitalen Bereich, die direkt in unserer Implementierung verwendet werden kann.

Da die TransferFunctionDiscrete eine Klasse ist, hat das aus der Klasse erstellte Objekt Methoden und Attribute. Zwei sehr praktische Attribute sind num und den, die die Zähler- und Nennerpolynome als Arrays liefern. Zum Beispiel:

```
secondpole_h_z.num
```

erzeugt `[0.02633861, 0.05267722, 0.02633861]`
während

```
secondpole_h_z.den
```

Folgendes erzeugt:

```
[ 1.        , -1.71172543,  0.81707986]
```

Daher könnten wir die Differenzgleichung in Bezug auf den Zähler und den Nenner der resultierenden Übertragungsfunktion im digitalen Bereich ausdrücken.

Lassen Sie uns illustrieren, wie wir eine digitale Implementierung einer Übertragungsfunktion mit dem folgenden Code simulieren können:

```
import numpy as np
import matplotlib.pyplot as plt
from scipy import signal
K = 1
omegan = 2*np.pi*275.0
zeta = 0.3
num_2ndpole = [K*omegan*omegan]
den_2ndpole = [1, 2*zeta*omegan, omegan*omegan]
secondpole_h = signal.lti(num_2ndpole, den_2ndpole)
w, mag, phase = signal.bode(
        secondpole_h,
        np.arange(100000)
        )
secondpole_h_z = secondpole_h.to_discrete(
        dt=200.0e-6,
        method='tustin'
        )

t_duration = 1.0
t_step = 1.0e-6
no_of_data = int(t_duration/t_step)
time_array = np.arange(no_of_data)*t_step

frequency = 50.0
omega = 2*np.pi*frequency
omega_noise = 2*np.pi*550.0
inp_mag = np.sqrt(2)*240.0
ip_voltage_signal = (np.sin(time_array*omega) \
          + 0.3*np.sin(time_array*omega_noise))
```

```
t_sample = 200.0e-6
no_of_skip = int(t_sample/t_step)
tsample_array = time_array[::no_of_skip]
ip_voltage_samples = ip_voltage_signal[::no_of_skip]
op_voltage_samples = np.zeros(ip_voltage_samples.size)
u = np.zeros(3)
y = np.zeros(3)

for volt_index, volt_value in np.ndenumerate
(ip_voltage_samples):
    u[0] = volt_value
    y[0] = ( secondpole_h_z.num[0] * u[0] + \
    secondpole_h_z.num[1] * u[1] + \
    secondpole_h_z.num[2] * u[2] - \
    secondpole_h_z.den[1] * y[1] - \
    secondpole_h_z.den[2] * y[2] ) /
    secondpole_h_z.den[0]
    u[2] = u[1]
    y[2] = y[1]
    u[1] = u[0]
    y[1] = y[0]
    op_voltage_samples[volt_index] = y[0]

plt.figure()
plt.plot(tsample_array, ip_voltage_samples, \
                label='input', ds='steps')
plt.plot(tsample_array, op_voltage_samples, \
                label='output', ds='steps')
plt.title('Input versus output')
plt.xlabel('Time')
plt.ylabel('Volts')
plt.legend()
plt.show()
```

Der obige Codeblock ist weitgehend identisch mit dem Code, der in Kap. 5 vorgestellt wurde, wo wir die digitale Implementierung eines LC-Filters simuliert haben. Der einzige Unterschied besteht darin, dass wir keine Formeln oder Ausdrücke verwendet haben, sondern lediglich Python-Befehle. Die Implementierung des digitalen Filters als Differenzgleichung verwendet die Zähler- und Nennerarrays. Ein einfacher Vergleich zwischen der obigen Implementierung und der in Kap. 5 zeigt, dass die allgemeine Übertragungsfunktion im digitalen Bereich

$$H(z) = \frac{Y(z)}{U(z)} = \frac{n_2 z^2 + n_1 z + n_0}{d_2 z^2 + d_1 z + d_0} \tag{7.4}$$

als

$$y[n] = \frac{n_2 u[n] + n_1 u[n-1] + n_0 u[n-2]\ d_1 y[n-1]\ d_0 y[n-2]}{d_2} \tag{7.5}$$

implementiert wird.

Das Ergebnis der Simulation ist in Abb. 7.4 dargestellt. Die Grafik zeigt die Eingangs- und Ausgangswellenformen. Obwohl der Oberschwingungsgehalt im Ausgangssignal viel geringer ist als im Eingangssignal, ist die Ausgangswellenform immer noch stark verzerrt. Unser gewünschtes Ergebnis ist eine Ausgangswellenform, die so nah wie möglich an einer Sinuskurve mit einer Frequenz von 50 Hz liegt und nur minimale Anteile von Oberwellen höherer Ordnung enthält. Dies liegt daran, dass wir in unserem obigen Codeblock den Eingang als Summe einer Grundfrequenz von 50 Hz mit einem Oberschwingungsanteil von 30 % bei 550 Hz betrachtet haben. Die Präsenz der 550-Hz-Komponente im Ausgang kann darauf zurückgeführt werden, dass der als Filter gewählte Pol 2. Ordnung eine 0,33 Dämpfung der 550-Hz-Komponente erreicht, wie aus den Frequenzgängen in Abb. 7.3 hervorgeht.

In diesem Abschnitt haben wir unsere Filterentwicklung mit einem Pol 2. Ordnung begonnen. Wir haben Bode-Diagramme verwendet, um die Frequenzantwort des Filters zu untersuchen und zu bestimmen, ob die Leistung des Filters ausreichend sein würde. Wir haben auch Bode-Diagramme verwendet, um die Parameter des Filters fein abzustimmen und eine mögliche Verstärkung von Signalen

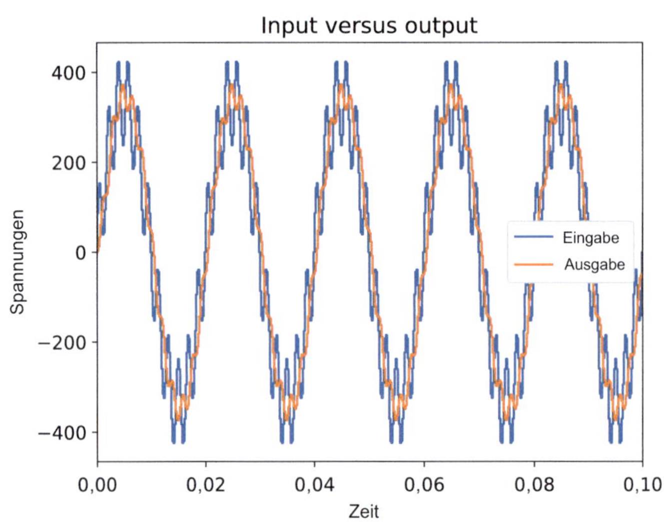

Abb. 7.4 Filterleistung des Pols 2. Ordnung

aufgrund der resonanten Natur des Pols 2. Ordnung zu vermeiden. Wir haben festgestellt, dass der Filter wahrscheinlich nicht effektiv genug sein wird, um die Oberschwingungskomponente bei 550 Hz ausreichend zu dämpfen. Wir haben den entworfenen Filter simuliert, um zu bestätigen, dass die Leistung des Filters tatsächlich unzureichend war. Im nächsten Abschnitt werden wir untersuchen, wie die Leistung des Filters verbessert werden kann.

7.5 Kaskadierung von Übertragungsfunktionen

Im vorherigen Abschnitt haben wir den Filterentwurfsprozess mit einem Pol 2. Ordnung begonnen und festgestellt, dass die Leistung dieses Filters unzureichend war. Dies würde implizieren, dass wir einen anderen Filter auswählen müssen. Anstatt diesen ersten Entwurf vollständig abzulehnen und uns für einen anderen fortschrittlicheren Filter höherer Ordnung zu entscheiden, werden wir in diesem Abschnitt stattdessen den Ansatz wählen, einen Filter mit Übertragungsfunktionen als Bausteine zu synthetisieren. Im vorherigen Kapitel hatten wir mehrere verallgemeinerte Übertragungsfunktionen vorgestellt, von denen wir den Pol 2. Ordnung verwendet haben. Wir werden Übertragungsfunktionen kaskadieren, indem wir verallgemeinerte Übertragungsfunktionen als Bausteine verwenden, um Übertragungsfunktionen höherer Ordnung zu erstellen.

Das Kaskadieren von Übertragungsfunktionen bedeutet, den Ausgang der ersten Übertragungsfunktion mit dem Eingang der zweiten zu verbinden. Das Eingangssignal wird dem Eingang der ersten Übertragungsfunktion zugeführt, und das Ausgangssignal ist am Ausgang der zweiten Übertragungsfunktion verfügbar. Mathematisch gesehen ist im Frequenzbereich s die kombinierte Übertragungsfunktion das Produkt der beiden Übertragungsfunktionen:

$$H(s) = H_1(s)H_2(s). \tag{7.6}$$

Es ist ziemlich offensichtlich, dass das Kaskadieren von Übertragungsfunktionen zu einer Übertragungsfunktion höherer Ordnung führen wird, da wir Polynome multiplizieren. Wie jedoch später gezeigt wird, bleibt die Implementierung weit einfacher, da jede Übertragungsfunktion separat implementiert wird, da sie miteinander verbunden sind.

Der einzige Nachteil des Pols 2. Ordnung als Filter war die unzureichende Dämpfung der minimalen Oberschwingungskomponente bei 550 Hz. Daher lassen Sie uns die beiden Übertragungsfunktionen, die kaskadiert werden sollen, so auswählen, dass sie mit dem Pol 2. Ordnung identisch sind:

$$H_1(s) = H_2(s) = \frac{\omega_0^2}{s^2 + 2\zeta\omega_0 + \omega_0^2}, \tag{7.7}$$

mit $\omega_0 = 2\pi \times 275$ rad/s und $\zeta = 0{,}3$. Wir werden den im vorherigen Abschnitt verfolgten Prozess wiederholen: Frequenzganganalyse gefolgt von einer Simulation, um die Wirksamkeit dieses Filters zu bestimmen. Zunächst müssen wir das Produkt der beiden Übertragungsfunktionen $H_1(s)$ und $H_2(s)$ ausdrücken. Obwohl wir in diesem speziellen Fall das Produkt einfach durch Kopfrechnen ermitteln könnten, möchten wir eine Rechenmethode verwenden, die auch auf komplexere Fälle angewendet werden kann, bei denen Berechnungen mit Papier und Bleistift fehleranfällig wären.

Um das Produkt der Übertragungsfunktionen zu berechnen, müssen wir eine weitere Funktion einführen. Aber bevor wir das tun, betrachten wir den Bedarf an dieser Funktion. Wir könnten die beiden Übertragungsfunktionen wie zuvor mit der lti-Funktion im Signalpaket definieren:

```
num1_2ndpole = [omega_0*omega_0]
den1_2ndpole = [1, 2*zeta*omega_0, omega_0*omega_0]
tf1_h = signal.lti(num1_2ndpole, den1_2ndpole)
num2_2ndpole = [omega_0*omega_0]
den2_2ndpole = [1, 2*zeta*omega_0, omega_0*omega_0]
tf2_h = signal.lti(num2_2ndpole, den2_2ndpole)
```

Wir haben zwei Übertragungsfunktionsobjekte tf1_h und tf2_h erstellt. Es ist jedoch zu beachten, dass diese Objekte Python-Objekte sind. Zum Zeitpunkt des Schreibens dieses Buches können wir diese Objekte nicht zusammen multiplizieren:

```
tf1_h * tf2_h
```

`wird diesen Fehler erzeugen: TypeError: unsupported operand type(s) for *: 'TransferFunctionContinuous' and 'TransferFunctionContinuous'`

Der Fehler bedeutet, dass wir zwei Übertragungsfunktionen nicht zusammen multiplizieren können, da der Multiplikationsoperator (*) für diese Objekte nicht definiert wurde. Ich möchte den Leser dennoch ermutigen, diese Operation auszuprobieren, da im Laufe der Zeit jemand diese Funktion hinzugefügt haben könnte.

Es wäre sehr praktisch gewesen, wenn der Multiplikationsoperator wie oben beschrieben verwendet werden könnte. Es gibt jedoch eine andere sehr bequeme

Möglichkeit, Übertragungsfunktionen höherer Ordnung als Produkte von Übertragungsfunktionen niedrigerer Ordnung zu synthetisieren. Wir verwenden die Polymul-Funktion, die mit NumPy verfügbar ist, um die Polynome zu multiplizieren, die durch Arrays dargestellt werden:

```
num_product = np.polymul(num1_2ndpole, num2_2ndpole)
den_product = np.polymul(den1_2ndpole, den2_2ndpole)
```

num1_2ndpole und num2_2ndpole sind Arraydarstellungen von Polynomen. Wir haben diese der lti-Funktion zugeführt, um Übertragungsfunktionsobjekte zu erstellen. Die Polymul-Funktion mit NumPy kann jedoch zwei solche durch Arrays dargestellte Polynome multiplizieren und eine Arraydarstellung des Polynomprodukts erzeugen. Das Ergebnis lautet:[8.3521e+12]

```
[1.0000e+00, 2.0400e+03, 6.8204e+06, 5.8956e+09,
 8.3521e+12]
```

Die Polymul-Funktion kann daher verwendet werden, um Polynome zu multiplizieren und um den Zähler und den Nenner der resultierenden Übertragungsfunktion separat zu berechnen. Im späteren Abschnitt, wenn wir einen Kerbfilter synthetisieren, werden wir feststellen, dass diese Polymul-Funktion das Filterdesign erheblich vereinfacht. Jetzt, da wir den Zähler und den Nenner des resultierenden Übertragungsfunktionsprodukts berechnet haben, können wir die lti-Funktion verwenden:

```
tf_product_h = signal.lti(num_product, den_product)
```

Mit der Polymul-Funktion haben wir jegliche manuellen Berechnungen vermieden und können Code schreiben, der nur die Parameter der verallgemeinerten Übertragungsfunktion als Eingaben benötigt.

Der gesamte Code lautet:

```
import numpy as np
import matplotlib.pyplot as plt
from scipy import signal

omega_0 = 2*np.pi*275.0
zeta = 0.3

num1_2ndpole = [omega_0*omega_0]

den1_2ndpole = [1, 2*zeta*omega_0, omega_0*omega_0]
num2_2ndpole = [omega_0*omega_0]
den2_2ndpole = [1, 2*zeta*omega_0, omega_0*omega_0]
num_product = np.polymul(num1_2ndpole, num2_2ndpole)
den_product = np.polymul(den1_2ndpole, den2_2ndpole)

tf_product_h = signal.lti(num_product, den_product)
w, mag, phase = signal.bode(tf_product_h,
 np.arange(100000))

plt.figure()
plt.title('Magnitude in db')
plt.xlabel('log w')
plt.ylabel('Mag in db')
plt.grid()
plt.semilogx(w, mag)

plt.figure()
plt.title('Phase angle in degrees')
plt.xlabel('log w')
plt.ylabel('Phase angle degree')
plt.grid()
plt.semilogx(w, phase)

plt.show()
```

Die Frequenzgänge sind in Abb. 7.5 dargestellt.

Vergleichen wir die Frequenzantwort von Abb. 7.5 mit der von Abb. 7.3. Der Gewinn der kaskadierten Übertragungsfunktion bei 550 Hz beträgt –21 dB, was einer absoluten Amplitude von 0,089 entspricht. Dies ist deutlich niedriger als die Amplitude von 0,33, die mit einem einzelnen Pol 2. Ordnung erreicht wird. Die Phasenwinkelverzögerung der kaskadierten Übertragungsfunktion bei der Grundfrequenz von 50 Hz beträgt –13,1°. Dies ist größer als die Phasenwinkelverzögerung von –6° mit einem einzelnen Pol 2. Ordnung.

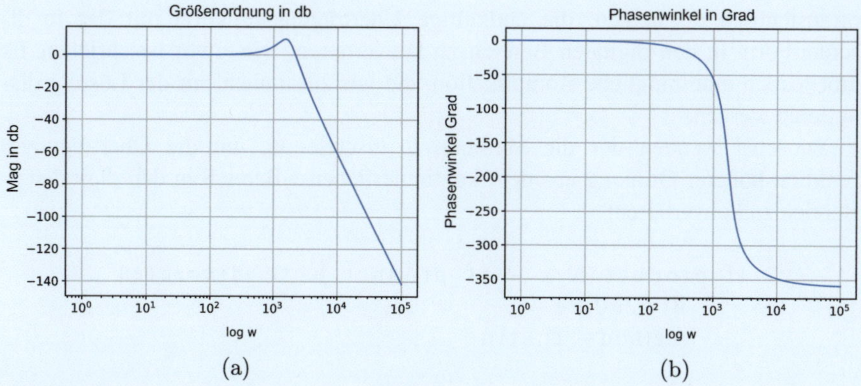

Abb. 7.5 Bode-Diagramme der kaskadierten Übertragungsfunktion. **a** Betragsdiagramm. **b** Phasenwinkeldiagramm

Eine Phasenwinkelverzögerung von –13,1° wäre jedoch unter den meisten Anwendungen akzeptabel und würde nicht zu einer signifikanten Verzerrung führen. Die Amplitude am Resonanzpeak für die kaskadierte Übertragungsfunktion beträgt 10 dB, was einem absoluten Wert von 3,16 entspricht. Auch diese Amplitude ist größer als der Wert von 1,77, der mit einem einfachen Pol 2. Ordnung erreicht wird. Allerdings könnte auch 3,16 als akzeptabler Resonanzpeak angesehen werden.

Aus unserer Analyse der Frequenzgänge der kaskadierten Übertragungsfunktion, die aus zwei Polen 2. Ordnung besteht, stellen wir fest, dass wir einen Kompromiss erreicht haben. Wir haben die Dämpfung höherer Oberschwingungen deutlich verbessert. Allerdings haben wir die Phasenwinkelverzögerung bei der Grundfrequenz und die Amplitude des Resonanzpeaks erhöht. Zu diesem Zeitpunkt ist es ratsam, dass sich der Filterentwickler mit dem Anwendungsingenieur berät, ob diese Ergebnisse akzeptabel sind. Bei allen Filtern liegt die Entscheidung über Annahme/Ablehnen beim Anwendungsingenieur. Im Falle einer Ablehnung muss der Filterentwickler den Filterentwurfsprozess fortsetzen, indem er entweder die Ordnung des Filters erhöht oder die Parameter ändert. An dieser Stelle werden wir den Filterentwurf beenden und mit der Implementierung dieser kaskadierten Übertragungsfunktion fortfahren.

7.6 Simulation des kaskadierten Tiefpassfilters

Im vorherigen Abschnitt haben wir die Verwendung der Polymul-Funktion mit NumPy vor dem Aufruf der lti-Funktion zur Synthese einer Übertragungsfunktion höherer Ordnung unter Verwendung von Polen 2. Ordnung demonstriert. Es mag offensichtlich erscheinen, die endgültige Übertragungsfunktion mit der to_discrete-Form in den digitalen Bereich zu konvertieren, wie zuvor beschrieben. Es gibt jedoch eine mögliche Komplikation, die wir zusammen mit der Lösung diskutieren werden.

Zunächst wenden wir die Methode to_discrete an, um die Übertragungsfunktion höherer Ordnung aus dem kontinuierlichen s-Bereich in den digitalen z-Bereich zu konvertieren:

```
tf_product_h_z = tf_product_h.to_discrete(
    dt=200.0e-6,
    method='tustin'
    )
```

```
Die resultierende Übertragungsfunktion im digitalen oder diskre-
ten Bereich lautet:TransferFunctionDiscrete(
array([0.00065305, 0.00261221, 0.00391831, 0.00261221,
 0.00065305]),
array([ 1.        , -3.43478645,  4.58866489,
 -2.81519459,  0.67176497]),
dt: 0.0002
)
```

Dies lässt sich in die folgende Übertragungsfunktion übersetzen:

$$H(z)=\frac{0.00065305z^4+0.00261221z^3+0.00391831z^2+0.00261221z+0.00065305}{z^4-3.43478645z^3+4.58866489z^2-2.81519459z+0.67176497}. \tag{7.8}$$

Auf den ersten Blick scheint mit der oben genannten Übertragungsfunktion im digitalen Bereich nichts „falsch“ zu sein. Das Problem ist jedoch etwas subtiler und kann eher in der Hardwareimplementierung als in der reinen Simulation auftreten. Bei genauerer Betrachtung sind die Koeffizienten des Zählerpolynoms mehrere Größenordnungen kleiner als die Koeffizienten des Nennerpolynoms. In absoluten Zahlen ausgedrückt sind die größten und kleinsten Koeffizienten 4,58866489 und 0,00065305. Wenn die Koeffizienten der Polynome so stark variieren wie oben, kann es bei der Implementierung des Filters mit einem Mikrocontroller zu Instabilitäten aufgrund von Auflösungsfehlern kommen. Dies liegt daran, dass der Mikrocontroller die Koeffizienten möglicherweise nicht mit ausreichender Genauigkeit auflösen kann. Die daraus resultierende Instabilität ist oft verwirrend und schwer zu beheben. Je größer jedoch die Leistung der Übertragungsfunktion im kontinuierlichen Bereich und je kleiner das Abtastzeitintervall, desto größer ist die Wahrscheinlichkeit von Instabilitäten. Dies ist auf die bilineare Transformation zurückzuführen, die im Konvertierungsprozess verwendet wird:

$$s = \frac{2}{T}\frac{z-1}{z+1}. \tag{7.9}$$

Es gibt einige Methoden, um Instabilitäten bei der Implementierung zu vermeiden. Eine der häufigsten Ursachen für Instabilität ist die Wahl eines Abtastzeitintervalls, das deutlich kürzer ist als das, was möglicherweise benötigt wird. Bei der Wahl des Abtastzeitintervalls sollte das praktische Nyqvist-Kriterium verwendet werden: Die Abtastfrequenz muss mindestens 10-mal so hoch sein wie die Frequenz des interessierenden Signals. Die Wahl einer Abtastfrequenz, die nur geringfügig höher ist als die Systemfrequenz, führt zu einem verzerrten Signal, da die Dynamik des Signals nicht vollständig erfasst wurde. Die Wahl einer Abtastfrequenz, die willkürlich größer ist als die Systemfrequenz (z. B. 100.000-mal), mag wie eine Lösung erscheinen. Eine sehr hohe Abtastfrequenz (was ein sehr kurzes Abtastzeitintervall impliziert) führt jedoch zu Konvertierungsproblemen bei Übertragungsfunktionen, die im kontinuierlichen Zeitbereich entworfen wurden. Vermeiden Sie daher die Wahl einer zu großen Abtastfrequenz im Verhältnis zum System.

Die andere Lösung besteht darin, die Implementierung von Übertragungsfunktionen höherer Ordnung zu vermeiden und stattdessen die Bausteine niedrigerer Ordnung zu implementieren. Wir hatten den Pol 2. Ordnung im vorherigen Abschnitt implementiert. Anstatt die Übertragungsfunktion höherer Ordnung zu implementieren, könnten wir zwei Pole 2. Ordnung implementieren. Da diese Pole 2. Ordnung kaskadiert sind, können auch die Implementierungen kaskadiert werden – der Ausgang des ersten Pols kann dem Eingang des anderen zugeführt werden. Aus Sicht der Implementierung kann dies mehr Speicher benötigen, da mehr Koeffizienten und Abtastwerte gespeichert werden müssen. Mit modernen Mikrocontrollern ist Speicher jedoch normalerweise kein Problem, da die meisten modernen DSPs mehrere Megabyte On-Chip-Speicher haben und wir nur ein paar mehr Koeffizienten und Abtastwerte hinzufügen.

Der Code für die Implementierung des Filters höherer Ordnung als kaskadierte Filter niedriger Ordnung lautet wie folgt:

```
import numpy as np
import matplotlib.pyplot as plt
from scipy import signal

omega_1 = 2*np.pi*275.0
zeta1 = 0.3
omega_2 = 2*np.pi*275.0
zeta2 = 0.3
num1_2ndpole = [omega_1*omega_1]
den1_2ndpole = [1, 2*zeta1*omega_1, omega_1*omega_1]
secondpole_h1 = signal.lti(num1_2ndpole, den1_2ndpole)
num2_2ndpole = [omega_2*omega_2]
den2_2ndpole = [1, 2*zeta2*omega_2, omega_2*omega_2]
secondpole_h2 = signal.lti(num2_2ndpole, den2_2ndpole)

secondpole_h1_z = secondpole_h1.to_discrete(
        dt=200.0e-6,
        method='tustin'
        )
secondpole_h2_z = secondpole_h2.to_discrete(
        dt=200.0e-6,
        method='tustin'
        )

t_duration = 1.0
t_step = 1.0e-6
no_of_data = int(t_duration/t_step)
time_array = np.arange(no_of_data)*t_step

frequency = 50.0
omega = 2*np.pi*frequency
omega_noise = 2*np.pi*550.0
inp_mag = np.sqrt(2)*240.0
ip_voltage_signal = inp_mag*(
                np.sin(time_array*omega) + \
                0.3*np.sin(time_array*omega_noise)
            )
t_sample = 200.0e-6
no_of_skip = int(t_sample/t_step)
tsample_array = time_array[::no_of_skip]
ip_voltage_samples = ip_voltage_signal[::no_of_skip]
op_voltage_samples = np.zeros(ip_voltage_samples.size)
u1 = np.zeros(3)
y1 = np.zeros(3)

u2 = np.zeros(3)
y2 = np.zeros(3)
```

```
for volt_index, volt_value in np.ndenumerate
(ip_voltage_samples):
    u1[0] = volt_value
    y1[0] = ( secondpole_h1_z.num[0] * u1[0] +\
        secondpole_h1_z.num[1] * u1[1] + \
        secondpole_h1_z.num[2] * u1[2] - \
        secondpole_h1_z.den[1] * y1[1] - \
        secondpole_h1_z.den[2] * y1[2] ) /
        secondpole_h1_z.den[0]
    u1[2] = u1[1]
    y1[2] = y1[1]
    u1[1] = u1[0]
    y1[1] = y1[0]
    u2[0] = y1[0]
    y2[0] = ( secondpole_h2_z.num[0] * u2[0] + \
        secondpole_h2_z.num[1] * u2[1] + \
        secondpole_h2_z.num[2] * u2[2] - \
        secondpole_h2_z.den[1] * y2[1] - \
        secondpole_h2_z.den[2] * y2[2] ) /
        secondpole_h2_z.den[0]
    u2[2] = u2[1]
    y2[2] = y2[1]
    u2[1] = u2[0]
    y2[1] = y2[0]
    op_voltage_samples[volt_index] = y2[0]


plt.figure()
plt.plot(tsample_array, ip_voltage_samples, \
  label='input', ds='steps')
plt.plot(tsample_array, op_voltage_samples, \
  label='output', ds='steps')
plt.title('Input versus output')
plt.xlabel('Time')
plt.ylabel('Volts')
plt.grid()
plt.legend()
plt.show()
```

Die Simulationsergebnisse sind in Abb. 7.6 dargestellt.

Ein Vergleich der Simulationsergebnisse von Abb. 7.6 mit denen von Abb. 7.4 macht deutlich, dass die Filterwirkung des Filters höherer Ordnung viel effektiver ist. Der harmonische Gehalt im Ausgang hat deutlich abgenommen, und die Ausgangswellenform liegt viel näher an einer Sinuswelle mit einer Grundfrequenz

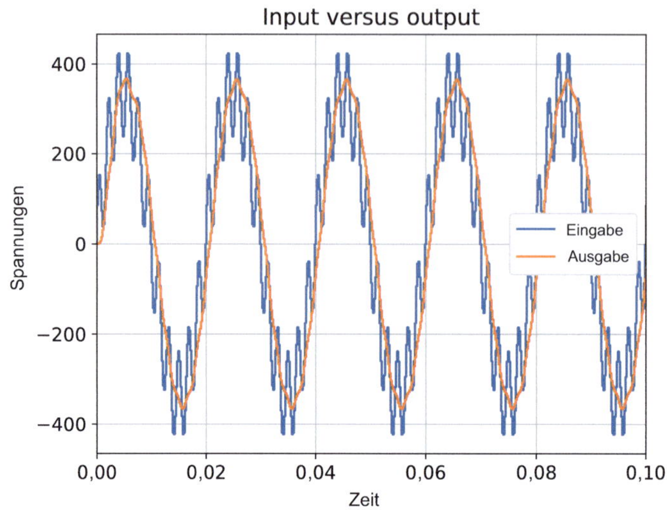

Abb. 7.6 Leistung der Übertragungsfunktion höherer Ordnung

von 50 Hz. Obwohl die Ausgangswellenform einen geringeren Oberschwingungsgehalt aufweist, ist es wie zuvor wichtig, mit dem Anwendungsingenieur zu prüfen, ob die Filterwirkung akzeptabel ist. Fortgeschrittene Anwendungen wie z. B. in der Luft- und Raumfahrt und militärische Anwendungen könnten sehr strenge Anforderungen haben, die einen sehr geringen Oberschwingungsgehalt im Ausgang erfordern. In solchen Fällen muss der Filterentwickler die gleichen Schritte wie in den vorherigen beiden Abschnitten zur Verbesserung des Filterdesigns befolgen. Mit diesem Design werden wir jedoch mit dem Tiefpassfilter aufhören und den nächsten Fall – einen Kerbfilter – untersuchen, der ein weiteres interessantes Designbeispiel für die Kaskadierung von Übertragungsfunktionen niedrigerer Ordnung sein wird.

7.7 Erste Schritte mit einem Kerbfilter

In den vorherigen Abschnitten haben wir einen Tiefpassfilter entworfen und seine Leistung durch die Simulation der digitalen Implementierung des Filters überprüft. Wir haben Frequenzgänge mit Bode-Diagrammen als Designwerkzeug verwendet. In diesem Abschnitt werden wir dieselbe Technik des frequenzgangbasierten Entwurfs verwenden, gefolgt von Simulationen, um einen Kerbfilter zu entwerfen. Es gibt viele verschiedene Filterentwicklungstechniken für eine Reihe von verschiedenen Anwendungen. Die frequenzgangbasierte Entwurfsmethode ist jedoch eine sehr einfache und effektive Methode zur Gestaltung grundlegender Filter, die sich relativ einfach in eine digitale Hardwareimplementierung übertragen lässt.

Ein Kerbfilter erhält seinen Namen von der Form der Frequenzgangamplitude. Ein anderer Name für den Kerbfilter ist Bandsperrfilter, da dieser Filter eine Bandbreite von Frequenzen blockiert, während Frequenzen unterhalb des Bandes sowie Frequenzen oberhalb des Bandes durchgelassen werden. Die Abb. 7.7 zeigt die idealen und praktischen Frequenzgänge des Kerbfilters. Idealerweise möchten wir alle Frequenzen in einem bestimmten Bereich vollständig blockieren. Praktisch können wir eine Senke oder eine Kerbe in der Amplitude des Frequenzgangs erreichen.

Kerbfilter werden häufig verwendet, wenn eine bestimmte Frequenz, die im System auftritt, entfernt werden muss, bevor weitere Verarbeitungsschritte erfolgen. Als Beispiel könnte ein System dreifache Oberschwingungen besitzen, die dazu führen, dass die Spannungen dreifache Oberschwingungen aufweisen. Eine dreifache Oberschwingung ist entweder eine 3. Oberschwingung oder ein Vielfaches davon – 6., 9. usw. Oft hat die 3. Oberschwingung eine Amplitude, die groß genug ist, um störend zu sein und die Leistung von Controllern zu beeinträchtigen. Daher könnte ein Kerbfilter ein idealer Kandidat sein, um diese spezielle Oberschwingungskomponente zu entfernen und alles andere durchzulassen. Es stellt sich die Frage, warum nicht die 3. Oberschwingung und alle anderen höheren Oberschwingungen ebenfalls mit einem Tiefpassfilter blockieren werden. Wie bereits erwähnt, muss ein Filter in Abhängigkeit von der Anwendung ausgewählt werden und wenn die Anwendung aus irgendeinem Grund nur eine bestimmte Frequenz entfernen muss, muss der Filter diese Anforderung erfüllen.

Lassen Sie uns die Ziele dieses Kerbfilters definieren. Es wird erwartet, dass der Kerbfilter eine Oberschwingungskomponente bei 550 Hz im Eingangssignal dämpft, während er die Grundfrequenz und Frequenzkomponenten höherer Ordnung durchlässt. Um eine Grenzfrequenz für die Frequenzkomponente höherer Ordnung festzulegen, die den Filter passieren muss, nehmen wir an, dass eine Oberschwingungskomponente höherer Ordnung mit einer Frequenz von 2755 Hz im Eingang vorhanden ist, die den Filter passieren muss und mit möglichst geringer Verzerrung im Ausgangssignal vorhanden sein sollte. Da dies ein Kerbfilter ist,

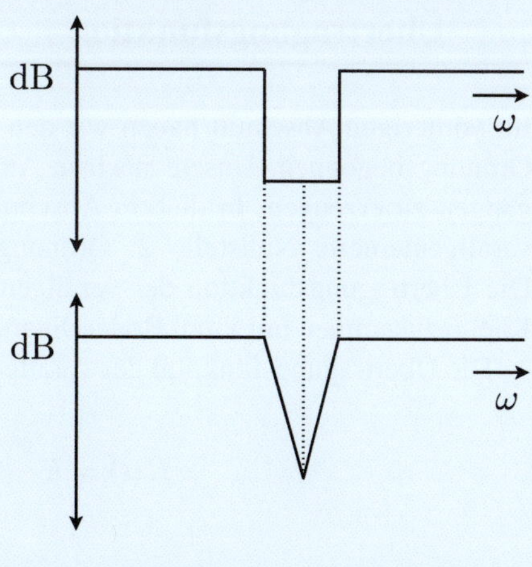

Abb. 7.7 Frequenzgang eines Kerbfilters

wird auch erwartet, dass der Filter Frequenzkomponenten unterhalb der Grundfrequenz von 50 Hz sowie Frequenzkomponenten oberhalb der 2755-Hz-Frequenzkomponente durchlässt. Mit diesen Spezifikationen beginnen wir unsere Übung für den Filterentwurf.

Da eines der Ziele unseres Filters dasselbe ist wie zuvor – nämlich die Frequenzkomponente bei 550 Hz zu blockieren, könnten wir unseren Entwurf mit einem Pol 2. Ordnung beginnen. Im Beispiel des Tiefpassfilters hatten wir zwei Pole 2. Ordnung kaskadiert, um die Frequenzkomponente bei 550 Hz effektiver zu entfernen. Allerdings waren wir iterativ zu diesem Entwurf gekommen. Lassen Sie uns den Prozess hier wiederholen und mit einem einzelnen Pol 2. Ordnung beginnen:

$$H(s) = \frac{\omega_0^2}{s^2 + 2\zeta\omega_0 + \omega_0^2}. \tag{7.10}$$

Wir wählen auch hier die gleichen Parameter wie zuvor: $\omega_0 = 2\pi \times 275$ rad/s, $\zeta = 0{,}3$. Die Frequenzgänge werden dieselben sein wie in Abb. 7.3.

Mit diesem ersten Schritt können wir nun die Anforderungen für die weitere Vorgehensweise ermitteln. Die Amplitude des Bode-Diagramms nimmt nach der Resonanzfrequenz von 275 Hz kontinuierlich um 40 dB pro Dekade ab. Die Amplitude der Übertragungsfunktion muss ausreichend abnehmen, damit die Amplitude bei 550 Hz niedrig genug ist, um diese Frequenzkomponente zu dämpfen. Allerdings muss die Amplitude der Übertragungsfunktion vor der Grenzfrequenz von 2755 Hz wieder den absoluten Wert von eins erreichen. In Bezug auf Abb. 7.7 sollte das Tal der Kerbe so nah wie möglich an 550 Hz liegen, um die geringstmögliche Dämpfung zu erreichen. Mit dieser Anforderung werden wir im nächsten Abschnitt untersuchen, wie wir verallgemeinerte Nullstellen 2. Ordnung hinzufügen können.

7.8 Hinzufügen von Nullstellen zur Übertragungsfunktion

Im vorherigen Abschnitt haben wir den Entwurf des Kerbfilters mit einem Pol 2. Ordnung begonnen. Unsere nächste Anforderung war, ein Tal in den Frequenzgängen zu erzeugen. In diesem Abschnitt werden wir untersuchen, wie wir eine verallgemeinerte Nullstelle 2. Ordnung für diesen Zweck verwenden können. Die Übertragungsfunktion der verallgemeinerten Nullstelle 2. Ordnung wurde in Kap. 6 zusammen mit ihren Bode-Diagrammen bereitgestellt.

Die Übertragungsfunktion der verallgemeinerten Nullstelle 2. Ordnung ist:

$$H(s) = K\frac{s^2 + 2\zeta\omega_0 + \omega_0^2}{\omega_0^2}. \tag{7.11}$$

Wie im Fall des Pols 2. Ordnung benötigen wir keine pauschale Verstärkung oder Dämpfung und daher kann der Verstärkungsfaktor K gleich eins sein. Wie im Fall des Pols 2. Ordnung hat die Nullstelle 2. Ordnung einen Resonanzpeak bei der Resonanzfrequenz ω_0. Im Fall einer Nullstelle ist der Resonanzpeak jedoch das Gegenteil eines Pols – während der Resonanz nimmt die Amplitude der Nullstelle stark ab. Im Fall des Pols 2. Ordnung war der Resonanzpeak ein Grund zur Besorgnis, da er ein Signal mit einer Frequenz nahe der Resonanzfrequenz potenziell verstärken könnte. Im Fall einer Nullstelle 2. Ordnung ist der Resonanzpeak kein Grund zur Besorgnis, denn wenn die Amplitude am Resonanzpeak abnimmt, ist das nur willkommen, da unser Ziel darin besteht, ein Tal zu erzeugen, dessen Amplitude so niedrig wie möglich ist, um die Frequenz nahe dem Tal zu dämpfen. Dies macht unsere Wahl des Dämpfungsfaktors ζ viel einfacher, da wir nicht nach einem System suchen müssen, das fast kritisch gedämpft ist. Wir könnten einen niedrigen Wert für ζ wählen und die Nullstelle 2. Ordnung gering gedämpft lassen. Daher werden wir einen Wert für ζ von 0,1 wählen.

Der nächste Faktor ist die Resonanzfrequenz ω_0. Im Fall der Nullstelle 2. Ordnung wird der Betrag der Nullstelle bis zur Resonanzfrequenz eins sein. Für Frequenzen, die größer als die Resonanzfrequenz sind, wird der Betrag mit einer Rate von 40 dB pro Dekade zunehmen. Da wir ein Tal bei 550 Hz erzeugen möchten, ist die beste Wahl für die Resonanzfrequenz der Nullstelle 2. Ordnung 550 Hz oder $\omega_0 = 2\pi \times 550$ rad/s. Mit diesen Parametern werden die Bode-Diagramme der Nullstelle 2. Ordnung in Abb. 7.8 dargestellt.

Der nächste Schritt wird sein, die Übertragungsfunktionen des Pols 2. Ordnung und der Nullstelle 2. Ordnung zu kaskadieren. Mathematisch bedeutet das:

$$H(s) = H_1(s)H_2(s), \tag{7.12}$$

wobei $H_1(s)$ und $H_2(s)$ jeweils die Übertragungsfunktionen des Pols 2. Ordnung und der Nullstelle 2. Ordnung sind. Wir können diese kaskadierte Übertragungsfunktion

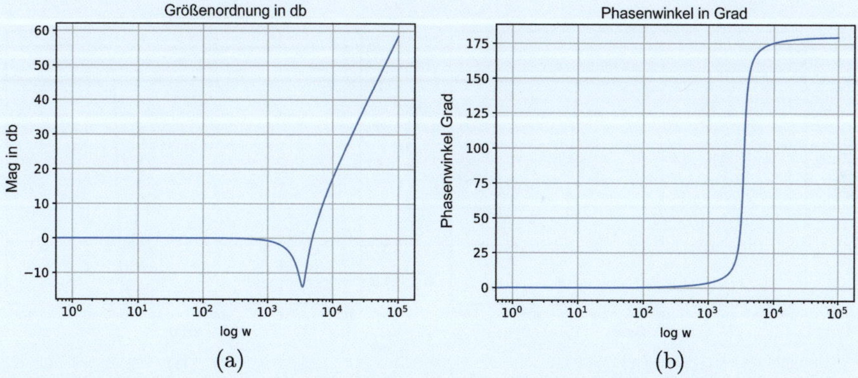

Abb. 7.8 Bode-Diagramme der Nullstelle 2. Ordnung. **a** Betragsdiagramm. **b** Phasenwinkeldiagramm

genauso codieren, wie wir es für den Tiefpassfilter getan haben. Der relevante Abschnitt des Codes lautet:

```
omega1 = 2*np.pi*275.0
zeta1 = 0.3
omega2 = 2*np.pi*550.0
zeta2 = 0.1

num1_2ndpole = [omega1*omega1]
den1_2ndpole = [1, 2*zeta1*omega1, omega1*omega1]
secondpole_h = signal.lti(num1_2ndpole, den1_2ndpole)
num1_2ndzero = [1, 2*zeta2*omega2, omega2*omega2]
den1_2ndzero = [omega2*omega2]

num_tf_h = np.polymul(num1_2ndpole, num1_2ndzero)
den_tf_h = np.polymul(den1_2ndpole, den1_2ndzero)
tf_h = signal.lti(num_tf_h, den_tf_h)
w, mag, phase = signal.bode(tf_h, np.arange(100000))
```

Der Rest des Codes wurde übersprungen, um Wiederholungen zu vermeiden. Wir können jedoch die gleichen Plot-Befehle wie im Fall des Tiefpassfilters verwenden, um die Bode-Diagramme für die kaskadierte Übertragungsfunktion zu erzeugen. Dies ist in Abb. 7.9 dargestellt.

Auf den ersten Blick scheint es, als wäre in Abb. 7.9 ein Kerbfilter erreicht worden. Dies ist jedoch noch nicht die gewünschte Lösung. Das erste Ziel, die Grundfrequenz von 50 Hz ohne Verstärkung oder Dämpfung durchzulassen, wurde erreicht, da der Betrag der kaskadierten Übertragungsfunktion bei 50 Hz 0,16 dB beträgt, was etwa einem absoluten Betrag von eins entspricht. Der Phasenwinkel der kaskadierten Übertragungsfunktion bei 50 Hz beträgt –5,5°, was ebenfalls eine

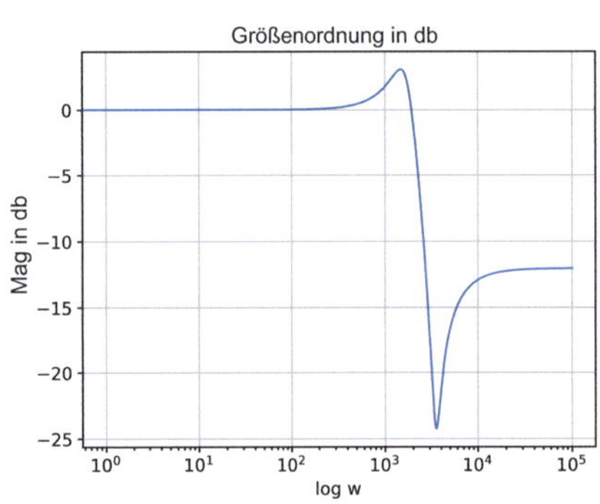

(a)

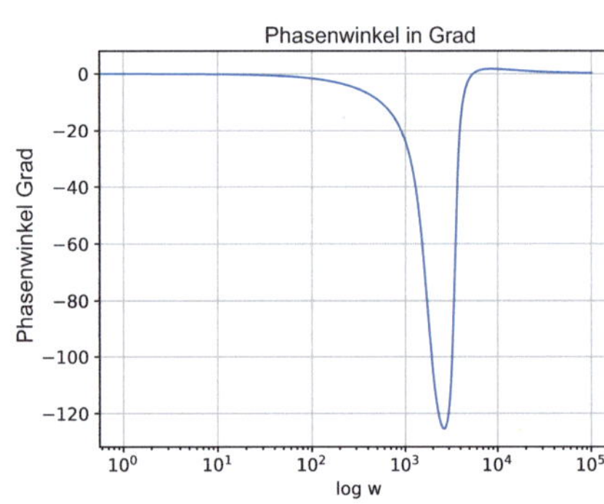

(b)

Abb. 7.9 Bode-Diagramme der kaskadierten Übertragungsfunktion mit einem Pol und einer Nullstelle. **a** Betragsdiagramm. **b** Phasenwinkeldiagramm

vernachlässigbare Phasenwinkelverzögerung ist. Das nächste Ziel ist eine ausreichende Dämpfung der 550-Hz-Frequenzkomponente. Der Betrag der kaskadierten Übertragungsfunktion bei 550 Hz beträgt etwa –24 dB, was einem absoluten Betrag von 0,063 entspricht. Dies bedeutet, dass die 550-Hz-Komponente im Ausgang auf 6,3 % ihres Wertes im Eingang gedämpft wird. Dies ist eine ausreichende Dämpfung.

Der Betrag des Bode-Diagramms wird nach der Resonanz der Nullstelle bei 550 Hz zunehmen, und die Form des Betragsdiagramms ist tatsächlich ein Tal. Es ist jedoch zu beachten, dass der große Einbruch der Größe bei 550 Hz auf die Resonanz der Nullstelle 2. Ordnung zurückzuführen ist. Es ist diese Resonanz, die den Eindruck einer Kerbe erweckt. Wenn die Frequenz über 550 Hz hinausgeht, stabilisiert sich der Betrag der kaskadierten Übertragungsfunktion bei etwa –12 dB, was einer absoluten Größe von 0,25 entspricht. Aufgrund dessen wird unser letztes Ziel, die 2755 Hz durchzulassen, scheitern, da diese Frequenzkomponente auf 25 % ihres Wertes gedämpft wird. Daher haben wir, obwohl wir in mehreren Punkten erfolgreich waren, unser endgültiges Kerbfilterdesign noch nicht erreicht.

Um zu verstehen, was wir als Nächstes tun sollten, müssen wir die Auswirkungen des Kaskadierens eines Pols und einer Nullstelle verstehen. Ein Pol 2. Ordnung führt dazu, dass der Betrag der Übertragungsfunktion bei Frequenzen über der Resonanzfrequenz von 275 Hz um 40 dB pro Dekade abnimmt. Eine Nullstelle 2. Ordnung führt dagegen dazu, dass der Betrag der Übertragungsfunktion bei Frequenzen über der Resonanzfrequenz von 550 Hz um 40 dB pro Dekade ansteigt. Durch die Kaskadierung einer Polstelle 2. Ordnung und einer Nullstelle 2. Ordnung bleibt der Betrag der Übertragungsfunktion bei Frequenzen über der zweiten Resonanzfrequenz von 550 Hz konstant. Um jedoch einen Kerbfilter zu erhalten, muss der Betrag der Übertragungsfunktion wieder auf 0 dB zurückgehen und dann konstant bei 0 dB bleiben. Aus Abb. 7.9 geht hervor, dass der Betrag der Übertragungsfunktion vorzeitig abgeflacht ist.

Um sicherzustellen, dass der Betrag der kaskadierten Übertragungsfunktion auf 0 dB zurückgeht, müssen wir eine weitere Nullstelle 2. Ordnung hinzufügen, die den Betrag der Übertragungsfunktion weiterhin erhöht. Da wir nur eine Erhöhung des Betrags für Frequenzen benötigen, die größer als 550 Hz sind, können wir der kaskadierten Übertragungsfunktion eine weitere identische Nullstelle 2. Ordnung hinzufügen:

$$H(s) = H_1(s)H_2(s)H_3(s), \tag{7.13}$$

wobei $H_3(s)$ die Nullstelle 2. Ordnung sein wird, identisch mit $H_2(s)$. Der Codeblock lautet wie folgt:

```
omega1 = 2*np.pi*275.0
zeta1 = 0.3
omega2 = 2*np.pi*550.0
zeta2 = 0.1
omega3 = 2*np.pi*550.0
zeta3 = 0.1

num1_2ndpole = [omega1*omega1]
den1_2ndpole = [1, 2*zeta1*omega1, omega1*omega1]
num1_2ndzero = [1, 2*zeta2*omega2, omega2*omega2]
den1_2ndzero = [omega2*omega2]
num2_2ndzero = [1, 2*zeta3*omega3, omega3*omega3]
den2_2ndzero = [omega3*omega2]

num_tf_h = np.polymul(num1_2ndpole, num1_2ndzero)
num_tf_h = np.polymul(num_tf_h, num2_2ndzero)
den_tf_h = np.polymul(den1_2ndpole, den1_2ndzero)
den_tf_h = np.polymul(den_tf_h, den2_2ndzero)
tf_h = signal.lti(num_tf_h, den_tf_h)
w, mag, phase = signal.bode(tf_h, np.arange(100000))
```

Das Bode-Diagramm für diese kaskadierte Übertragungsfunktion ist in Abb. 7.10 dargestellt.

Ein kurzer Blick auf Abb. 7.10 lässt vermuten, dass wir es noch schlimmer gemacht haben. Der Betrag der Übertragungsfunktion nimmt nun bei Frequenzen über der Resonanzfrequenz kontinuierlich um 40 dB pro Dekade zu. In

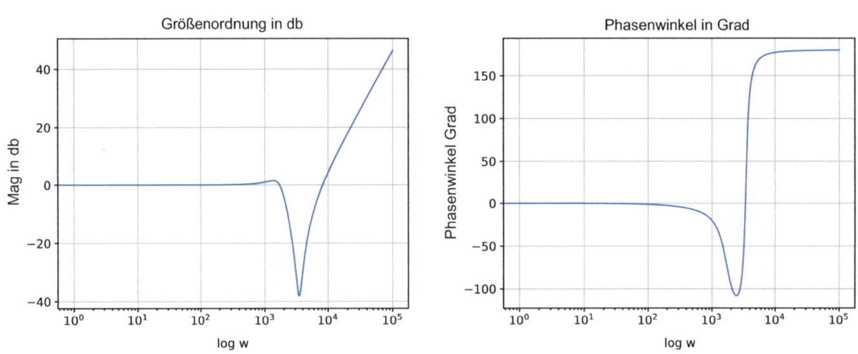

(a) (b)

Abb. 7.10 Bode-Diagramme der kaskadierten Übertragungsfunktion mit einem Pol und zwei Nullstellen. **a** Betragsdiagramm. **b** Phasenwinkeldiagramm

Wirklichkeit sind wir der endgültigen Lösung einen Schritt nähergekommen, da der Betrag nun wieder in Richtung 0 dB ansteigt. Aufgrund der doppelten Nullstelle 2. Ordnung bei 550 Hz ergibt sich jedoch eine positive Änderungsrate des Betrags. Im nächsten Abschnitt werden wir untersuchen, wie diese kontinuierliche Zunahme gestoppt werden kann.

7.9 Normalisierung der Übertragungsfunktion

Im vorherigen Abschnitt waren wir dem Entwurf des Kerbfilters einen Schritt nähergekommen, indem wir einen einzelnen Pol 2. Ordnung und zwei Nullstellen 2. Ordnung kaskadiert hatten. Wir hatten gesehen, dass der Nachteil darin bestand, dass der Betrag für Frequenzen größer als 550 Hz kontinuierlich zunahm. In diesem Abschnitt werden wir untersuchen, wie der Betrag auf den Wert eins abgeflacht werden kann, um sicherzustellen, dass Oberschwingungen höherer Ordnung nicht verstärkt, sondern lediglich durchgelassen werden.

Wir werden einen ähnlichen Ansatz wie im vorherigen Abschnitt verfolgen. Da die Steigung der Übertragungsfunktion nun 40 dB pro Dekade beträgt, müssen wir einen Pol 2. Ordnung hinzufügen, der die Steigung ausgleicht. Wie immer wird die Gestaltung des Pols 2. Ordnung uns dazu zwingen, die Resonanzfrequenz ω und den Dämpfungsfaktor ζ zu wählen. Da wir einen Pol 2. Ordnung gestalten, möchten wir sicherstellen, dass der Resonanzpeak begrenzt ist. Daher wählen wir, wie beim ersten Pol 2. Ordnung, $\zeta = 0{,}3$, um den Resonanzpeak zu begrenzen. Die Resonanzfrequenz ist dagegen schwieriger.

Da unser Ziel bei der Hinzufügung eines Pols 2. Ordnung darin besteht, den Betrag der Übertragungsfunktion abzuflachen, muss die Resonanzfrequenz des Pols 2. Ordnung an der Frequenz platziert werden, an der der Betrag der Übertragungsfunktion die 0-dB-Achse schneidet. Da wir bereits die Bode-Diagramme erstellt haben, müssen wir nur noch auf das Betragsdiagramm zoomen, um die Frequenz zu bestimmen, bei der das Betragsdiagramm die 0-dB-Achse schneidet. Diese Frequenz beträgt etwa 8206 rad/s oder 1306 Hz. Der Frequenzgang ist in Abb. 7.11 dargestellt.

Aus Abb. 7.11 geht hervor, dass dies auch nicht die Lösung ist, da der Betrag der Übertragungsfunktion nicht 0 dB beträgt, wenn der Betrag abflacht. Ein Betrag ungleich null bedeutet, dass die Frequenzkomponenten verstärkt werden.

Es ist möglich, eine mathematische exakte Lösung zu finden, die solche Fehler vermeidet. Da wir jedoch nun sehr praktische Rechenwerkzeuge haben, mit denen wir die Bode-Diagramme für Übertragungsfunktionen höherer Ordnung erstellen können, ist eine Trial-and-Error-Methode viel bequemer. Durch die Trial-and-Error-Methode kann festgestellt werden, dass die Platzierung des Pols 2. Ordnung mit einer Resonanzfrequenz von 1100 Hz den Betrag der Übertragungsfunktion wie gewünscht abflacht. Die Abb. 7.12 zeigt die Bode-Diagramme, und aus dem

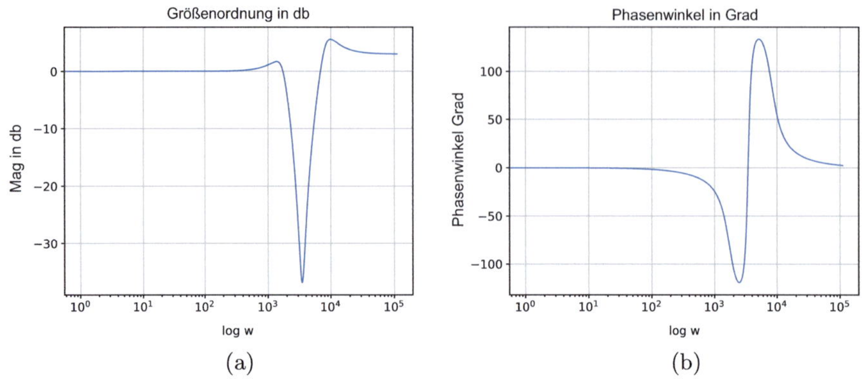

Abb. 7.11 Bode-Diagramme der Übertragungsfunktion $H(s)$ mit zweiter Nullstelle bei 1306 Hz. **a** Betragsdiagramm. **b** Phasenwinkeldiagramm

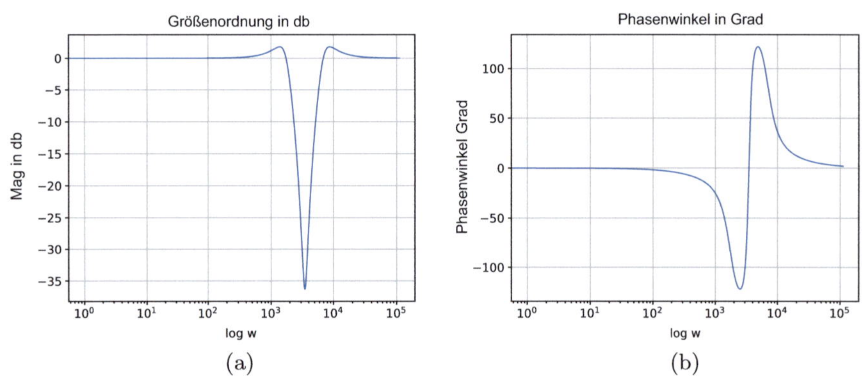

Abb. 7.12 Bode-Diagramme der Übertragungsfunktion $H(s)$ mit zweiter Nullstelle bei 1100 Hz. **a** Betragsdiagramm. **b** Phasenwinkeldiagramm

Betragsdiagramm geht hervor, dass der Betrag der Übertragungsfunktion im stationären Zustand auf 0 dB abfällt.

Lassen Sie uns die Leistung der Übertragungsfunktion für höhere Frequenzen im Detail bewerten. Wenn wir die Bode-Diagramme vergrößern, stellen wir fest, dass für

Frequenzen größer als 1910 Hz der Betrag der Übertragungsfunktion 1 dB beträgt, was eine vernachlässigbare Verstärkung darstellt. Was das Phasenwinkeldiagramm betrifft, so stellen wir fest, dass für Frequenzen größer als 1910 Hz der Phasenwinkel der Übertragungsfunktion lediglich 15° beträgt, was ein akzeptabler Phasenwinkelvorschub ist. Daher würde die Übertragungsfunktion Frequenzkomponenten größer als 1910 Hz ohne signifikante Verzerrung durchlassen. Bevor wir diese kaskadierte Übertragungsfunktion implementieren, müssen wir eine weitere Einschränkung der lti-Funktion und der zugehörigen to_discrete-Methode ansprechen.

Im vorherigen Beispiel, als wir Pole 2. Ordnung implementiert haben, haben wir die lti-Funktion verwendet, um das Übertragungsfunktionsobjekt zu erstellen, und anschließend haben wir die to_discrete()-Methode des Übertragungsfunktionsobjekts verwendet, um die Übertragungsfunktion in den digitalen Bereich zu konvertieren. Bei der Implementierung einer Nullstelle ist diese direkte Verwendung der to_discrete-Methode nicht möglich. Wenn wir beispielsweise diesen Codeblock haben,

```
num1_2ndzero = [1, 2*zeta2*omega2, omega2*omega2]
den1_2ndzero = [omega2*omega2]
secondzero_h1 = signal.lti(num1_2ndzero, den1_2ndzero)
secondzero_h1_z = secondzero_h1.to_discrete(
        dt=200.0e-6,
        method='tustin'
        )
```

erhalten wir den folgenden Fehler: `ValueError: Improper transfer function. 'num' is longer than 'den'.`

Eine unzulässige Übertragungsfunktion liegt vor, wenn die Ordnung des Zählerpolynoms größer ist als die Ordnung des Nennerpolynoms. Dies ist der Fall bei der Nullstelle 2. Ordnung oder bei jeder anderen Nullstelle. Der Fehler, auf den wir stoßen, ist ein Fehler mit der to_discrete-Methode und keine mathematische Einschränkung. Es ist völlig zulässig, eine Übertragungsfunktion mit einer Nullstelle 2. Ordnung vom kontinuierlichen s-Bereich in den digitalen z-Bereich zu konvertieren. Daher müssen wir eine Lösung für diese Einschränkung der to_discrete-Methode finden. Die Lösung besteht darin, die Nullstelle 2. Ordnung stattdessen als Pol darzustellen und bei der Implementierung den Kehrwert zu verwenden. Dies wäre stattdessen dieser Codeblock:

```
num1_2ndzero = [1, 2*zeta2*omega2, omega2*omega2]
den1_2ndzero = [omega2*omega2]
secondzero_h1 = signal.lti(den1_2ndzero, num1_2ndzero)
secondzero_h1_z = secondzero_h1.to_discrete(
        dt=200.0e-6,
        method='tustin'
        )

// — other code
    u2[0] = y1[0]
    y2[0] = ( secondzero_h1_z.den[0] * u2[0] + \
        secondzero_h1_z.den[1] * u2[1] + \
        secondzero_h1_z.den[2] * u2[2] - \
        secondzero_h1_z.num[1] * y2[1] - \
        secondzero_h1_z.num[2] * y2[2] ) /
        secondzero_h1_z.num[0]
    u2[2] = u2[1]
    y2[2] = y2[1]
    u2[1] = u2[0]
    y2[1] = y2[0]
```

Es kann beobachtet werden, dass die Nullstelle 2. Ordnung mit dem Kehrwert synthetisiert wurde, um einen Pol 2. Ordnung nachzuahmen. Bei der Implementierung wurden der Zähler und der Nenner der digitalen Übertragungsfunktion vertauscht, um den Kehrwert zu erhalten, der die ursprüngliche Nullstelle 2. Ordnung ist. Dies ist ein praktischer Trick, um ungeeignete Übertragungsfunktionen mithilfe Python zu implementieren.

Der gesamte Code für den kaskadierten Filter lautet wie folgt:

```
import numpy as np
import matplotlib.pyplot as plt
from scipy import signal

omega1 = 2*np.pi*275.0
zeta1 = 0.3
omega2 = 2*np.pi*550.0
zeta2 = 0.3
omega3 = 2*np.pi*550.0
zeta3 = 0.1
omega4 = 2*np.pi*1100.0
zeta4 = 0.3

num1_2ndpole = [omega1*omega1]
den1_2ndpole = [1, 2*zeta1*omega1, omega1*omega1]
secondpole_h1 = signal.lti(num1_2ndpole, den1_2ndpole)
num1_2ndzero = [1, 2*zeta2*omega2, omega2*omega2]
den1_2ndzero = [omega2*omega2]
secondzero_h1 = signal.lti(den1_2ndzero, num1_2ndzero)
num2_2ndzero = [1, 2*zeta3*omega3, omega3*omega3]
den2_2ndzero = [omega3*omega2]

secondzero_h2 = signal.lti(den2_2ndzero, num2_2ndzero)
num2_2ndpole = [omega4*omega4]
den2_2ndpole = [1, 2*zeta4*omega4, omega4*omega4]
secondpole_h2 = signal.lti(num2_2ndpole, den2_2ndpole)
secondpole_h1_z = secondpole_h1.to_discrete(
        dt=200.0e-6,
        method='tustin'
        )
secondzero_h1_z = secondzero_h1.to_discrete(
        dt=200.0e-6,
        method='tustin'
        )
secondzero_h2_z = secondzero_h2.to_discrete(
        dt=200.0e-6,
        method='tustin'
        )
secondpole_h2_z = secondpole_h2.to_discrete(
        dt=200.0e-6,
        method='tustin'
        )
```

```
t_duration = 1.0
t_step = 1.0e-6
no_of_data = int(t_duration/t_step)
time_array = np.arange(no_of_data)*t_step
frequency = 50.0
omega = 2*np.pi*frequency
omega_noise = 2*np.pi*550.0
omega_hf = 2*np.pi*2755.0
inp_mag = np.sqrt(2)*240.0
ip_voltage_signal = inp_mag*(
                 np.sin(time_array*omega) + \
                 0.0*np.sin(time_array*omega_noise) + \
                 0.1*np.sin(time_array*omega_hf)

         )
t_sample = 200.0e-6
no_of_skip = int(t_sample/t_step)
tsample_array = time_array[::no_of_skip]
ip_voltage_samples = ip_voltage_signal[::no_of_skip]
op_voltage_samples = np.zeros(ip_voltage_samples.size)

u1 = np.zeros(3)
y1 = np.zeros(3)
u2 = np.zeros(3)
y2 = np.zeros(3)
u3 = np.zeros(3)
y3 = np.zeros(3)
u4 = np.zeros(3)
y4 = np.zeros(3)

for volt_index, volt_value in np.ndenumerate
(ip_voltage_samples):
    u1[0] = volt_value
    y1[0] = ( secondpole_h1_z.num[0] * u1[0] +\
      secondpole_h1_z.num[1] * u1[1] + \
      secondpole_h1_z.num[2] * u1[2] - \
      secondpole_h1_z.den[1] * y1[1] - \
      secondpole_h1_z.den[2] * y1[2] ) /
      secondpole_h1_z.den[0]
    u1[2] = u1[1]
    y1[2] = y1[1]
    u1[1] = u1[0]
    y1[1] = y1[0]
```

```
        u2[0] = y1[0]
        y2[0] = ( secondzero_h1_z.den[0] * u2[0] + \
          secondzero_h1_z.den[1] * u2[1] + \
          secondzero_h1_z.den[2] * u2[2] - \
          secondzero_h1_z.num[1] * y2[1] - \
          secondzero_h1_z.num[2] * y2[2] ) /
          secondzero_h1_z.num[0]
        u2[2] = u2[1]
        y2[2] = y2[1]
        u2[1] = u2[0]
        y2[1] = y2[0]

        u3[0] = y2[0]
        y3[0] = ( secondzero_h2_z.den[0] * u3[0] + \
          secondzero_h2_z.den[1] * u3[1] + \
          secondzero_h2_z.den[2] * u3[2] - \
          secondzero_h2_z.num[1] * y3[1] - \
          secondzero_h2_z.num[2] * y3[2] ) /
          secondzero_h2_z.num[0]

        op_voltage_samples[volt_index] = y4[0]

plt.figure()
plt.plot(tsample_array, ip_voltage_samples, \
       label='input', ds='steps')
plt.plot(tsample_array, op_voltage_samples, \
       label='output', ds='steps')
plt.title('Input versus output')
plt.xlabel('Time')
plt.ylabel('Volts')
plt.grid()
plt.legend()
plt.show()
```

Wie aus dem obigen Codeblock ersichtlich ist, weist das ip_voltage_signal einen Oberschwingungsanteil von 30 % bei 550 Hz und eine Frequenzkomponente von 10 % bei 2755 Hz auf. Um die Leistung der Übertragungsfunktion als Kerbfilter vollständig zu verstehen, werden wir drei verschiedene Fälle des ip_voltage_signal untersuchen. Als ersten Fall betrachten wir das Ausgangssignal des Filters, wenn das ip_voltage_signal nur die Grundfrequenz von 50 Hz und die Frequenzkomponente von 2755 Hz enthält. Das Ergebnis ist in Abb. 7.13 dargestellt, wo ein einzelner Zyklus der Grundfrequenz vergrößert dargestellt ist. Wie man sehen kann, folgt der Ausgang ziemlich genau der Grundfrequenz von 50 Hz und der Frequenzkomponente von 2755 Hz mit einer kleinen Phasenwinkelverzögerung. Daher lässt der Kerbfilter niedrige und hohe Frequenzen mit minimaler Verzerrung durch.

Um die Leistung des Kerbfilters beim Blockieren der 550-Hz-Frequenzkomponente zu untersuchen, werden die Grundfrequenz von 50 Hz und die Frequenzkomponente von 2755 Hz im ip_voltage_signal auf null gesetzt und die

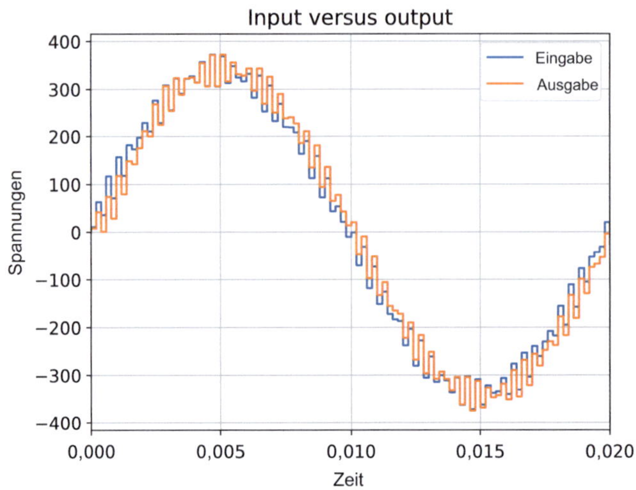

Abb. 7.13 Leistung des Kerbfilters: durchgelassene Komponenten

550-Hz-Komponente wird mit 30 % des Nennspannungsbetrags beibehalten. Wie aus Abb. 7.14 ersichtlich ist, liegt das Ausgangssignal bei etwa 7 V, während der Eingang bei etwa 100 V liegt. Dies deutet darauf hin, dass die 550-Hz-Frequenzkomponente effektiv gedämpft wurde.

Schließlich enthält das ip_voltage_signal alle drei Frequenzkomponenten: die Grundfrequenz von 50 Hz, die 550-Hz- und die 2755-Hz-Komponente. Die Leistung des Filters ist in Abb. 7.15 dargestellt. Wie man sehen kann, erhält der

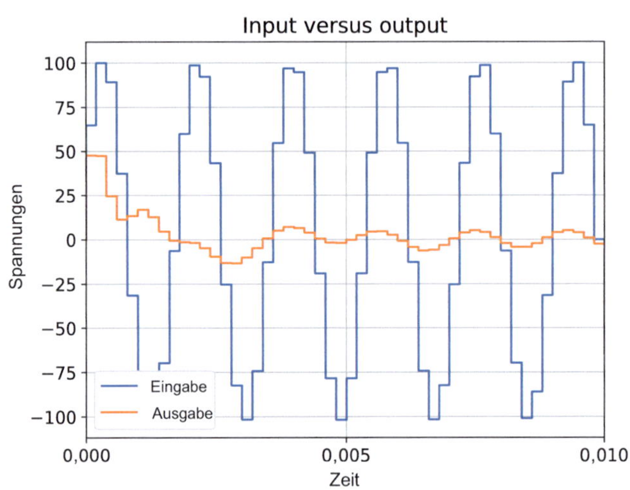

Abb. 7.14 Leistung des Kerbfilters: blockierte Komponenten

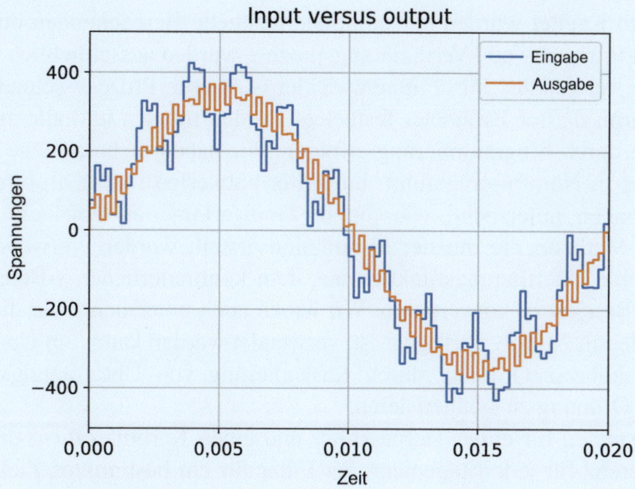

Abb. 7.15 Leistung des Kerbfilters

Filter die niedrigen und hohen Frequenzkomponenten, während er die 550-Hz-Frequenzkomponente blockiert.

In diesem Abschnitt haben wir das Design des Kerbfilters abgeschlossen, indem wir vier Übertragungsfunktionen niedrigerer Ordnung kaskadiert und die Parameter so lange fein abgestimmt haben, bis die Frequenzgänge unseren Anforderungen entsprachen. Mithilfe von Simulationen haben wir die Leistung des Kerbfilters für die Spezifikationen überprüft, die wir beim Filterdesign festgelegt hatten. Damit haben wir gezeigt, wie relativ komplexe Filter entworfen werden können, indem man Übertragungsfunktionen niedrigerer Ordnung als Bausteine verwendet. Obwohl es in der Literatur fortgeschrittene Filter gibt, ermöglicht dieses Verfahren einem Entwickler, einfache Techniken zur Filterentwicklung zu verwenden.

7.10 Schlussfolgerungen

In diesem Kapitel haben wir die Theorie, die wir in den vorherigen Kapiteln gelernt haben, in die Praxis umgesetzt. Wir haben Filter unter Verwendung grundlegender verallgemeinerter Übertragungsfunktionen synthetisiert, deren Verhalten im vorherigen Kapitel ausführlich beschrieben wurde. Wir haben unsere Entwurfsbeispiele mit der Festlegung der Filterspezifikationen und der schrittweisen Kaskadierung verallgemeinerter Übertragungsfunktionen begonnen. Der Entwurfsprozess wurde schrittweise mit der Analyse der Frequenzgänge und der Überprüfung der Leistung durch Simulationen durchgeführt.

In diesem Kapitel wurden nur minimale manuelle Berechnungen durchgeführt und für den Entwurfs- und Verifizierungsprozess wurden ausschließlich Computerprogramme verwendet. Für Filterentwickler ist dieser Prozess schnell, bequem und fehlerarm, da nur Parameter festgelegt werden müssen und alle anderen Berechnungen durch Programmierung erfolgen. Wir haben mehrere neue Befehle in Scipy sowie in NumPy eingeführt, um Filter entwerfen und überprüfen zu können. Wir haben untersucht, wie die in TransferFunction-Objekten verfügbare to_discrete-Methode, die mit der lti-Funktion erstellt wurden, verwendet werden kann, um eine Übertragungsfunktion aus dem kontinuierlichen s-Bereich in den digitalen z-Bereich zu konvertieren. Wir haben auch untersucht, wie die Funktion polymul, die mit NumPy verfügbar ist, verwendet werden kann, um Übertragungsfunktionen höherer Ordnung durch Kaskadierung von Übertragungsfunktionen niedrigerer Ordnung zu synthetisieren.

Mit Beispielen für einen Tiefpassfilter und einen Kerbfilter dient dieses Kapitel als Referenz für jeden Ingenieur, der Filter für ein bestimmtes Ziel entwerfen möchte. Die in diesem Kapitel verfolgte Methode kann für jede Signalverarbeitungsaufgabe repliziert werden. Jedes Filterbeispiel besteht aus einer Spezifikationsphase, die zu einer ersten Hypothese führt. Frequenzganganalysen und Simulationen werden verwendet, um die Hypothese zu bewerten und Erkenntnisse zur Verbesserung der Leistung zu gewinnen. Mit jeder Verbesserung werden Analyse und Simulation wiederholt, bis wir den gewünschten Filter erhalten.

Literatur

1. Dzhankhotov, V., Pyrhnen, J., Silventoinen, P., & Kuisma, M. (2012). Hybrid lc filter electrical design considerations. *IEEE Transactions on Industrial Electronics, 59*(02), 762–768.
2. Zverev, A. I. (2005). *Handbook of filter synthesis* (Bd. 1). Wiley.
3. Williams, A. B. (1995). *Electronic filter design handbook*. McGraw-Hill.

Kapitel 8
Schlussfolgerungen

8.1 Eine Zusammenfassung des Kursinhalts

Die Motivation hinter dem Schreiben dieses Buches war, die Signalverarbeitung nicht als Fach, sondern als eine Reihe von Werkzeugen vorzustellen, die ein Ingenieur nutzen kann. Das Ziel war es, Filter zu entwerfen – eine Aufgabe, die die meisten Energietechniker regelmäßig erledigen. Das Ziel dieses Buches war es, Grundlagen aus der Signalverarbeitung zu verwenden, um eine gut strukturierte Methode für die Entwicklung von Filtern zu erstellen. Die Signalverarbeitungstheorie kann für verschiedene Zwecke verwendet werden und der interessierte Leser kann immer andere Ressourcen finden, um dieses Wissen zu erweitern. Mein Ziel beim Schreiben dieses Buches war es jedoch, die Theorie mit einem konkreten Ziel vor Augen zu beschreiben.

In diesem Buch haben wir die Grundlagen digitaler Systeme mit einigen technischen und nicht technischen Beispielen beschrieben. Wir haben beschrieben, wie digitale Systeme konzipiert und mit leicht verfügbarer Hardware implementiert werden können. Dann sind wir zur Signalverarbeitungstheorie übergegangen. Wir haben uns jedoch mit Beispielen aus analogen Schaltungen in die Signalverarbeitungstheorie eingearbeitet, um den Prozess für einen Energietechniker verständlicher zu machen. Wir haben die Laplace-Transformation eingeführt und gezeigt, wie sie eine Zeitbereichsgleichung in eine Frequenzbereichsgleichung umwandelt. Wir haben die Vorteile der Verwendung der Laplace-Transformation untersucht und wie sie zu Gleichungen führt, die einfacher zu analysieren sind.

Um zu verdeutlichen, wie die Laplace-Transformation eine Zeitbereichsgleichung in eine Frequenzbereichsgleichung umwandelt, haben wir uns mit einigen mathematischen Konzepten befasst. Wir haben verglichen, wie die Frequenz im Bereich der Energieingenieurwissenschaften definiert ist und wie sie im mathematischen Bereich definiert ist. Wir haben untersucht, wie eine Sinuskurve in der Energietechnik im Vergleich zur Mathematik ausgedrückt wird. Dann haben wir untersucht, wie die Laplace-Transformation den mathematischen Ausdruck für

S. V. Iyer, *Digitales Filterdesign mit Python für Anwendungen in der Energietechnik*, https://doi.org/10.1007/978-3-031-58983-6_8

Sinuswellen verwendet, um die Frequenz in die transformierte Gleichung einzuführen. Obwohl jedes Buch zur Signalverarbeitung die Laplace-Transformation ausführlich behandelt, fehlt oft diese grundlegende Beschreibung, wie die Frequenz in die transformierte Gleichung eingeführt wird.

Nach der Laplace-Transformation haben wir untersucht, wie die transformierte Gleichung nun im Frequenzbereich liegt, aber immer noch kontinuierlich ist. Wir haben untersucht, wie die Frequenz auch als Operator mit einem Vergleich zu analogen Schaltungen wahrgenommen werden kann. Dann haben wir den Prozess der Umwandlung eines kontinuierlichen Frequenzsystems in ein digitales oder diskretes Frequenzsystem eingeführt. Wir haben einige häufig verwendete Umwandlungsmethoden untersucht und die bilineare Transformation als den stabilsten Umwandlungsprozess vorgestellt.

Nach der Umwandlung einer Gleichung im kontinuierlichen Frequenzbereich in den digitalen Frequenzbereich ist der nächste Schritt die Implementierung dieser Gleichung. Wir stellen die digitale Frequenz z erneut als Operator dar, ähnlich wie die kontinuierliche Frequenz s ein Operator war. Mit der Definition der digitalen Frequenz z als Operator haben wir dann die digitale Gleichung in z in eine Differenzgleichung im Zeitbereich umgewandelt. Diese Differenzgleichung im Zeitbereich wird in Bezug auf die Abtastwerte der Eingangs- und Ausgangssignale in der Gleichung ausgedrückt.

Um zu beschreiben, wie dieser gesamte Prozess der Umwandlung einer kontinuierlichen Zeitgleichung in eine Differenzgleichung zur Implementierung eines Filters verwendet werden kann, nehmen wir die Beispiele des analogen LC-Filters auf. Der LC-Filter ist einer der am häufigsten verwendeten Tiefpassfilter in der Energietechnik. Wir haben die differentiellen Zeitbereichsgleichungen für den LC-Filter ausgedrückt und sie mit der Laplace-Transformation in kontinuierliche Frequenzbereichsgleichungen umgewandelt. Dann haben wir die bilineare Transformation verwendet, um die kontinuierlichen Frequenzgleichungen in s in die digitalen Frequenzgleichungen in z umzuwandeln. Mit der Definition von z als Operator haben wir die Differenzgleichung für den LC-Filter in Bezug auf diskrete Zeitabtastwerte geschrieben. Wir haben die Differenzgleichung mit Python simuliert und konnten die Leistung des LC-Filters untersuchen, indem wir das Ausgangssignal in Bezug auf das Eingangssignal grafisch dargestellt haben.

Jetzt, da wir einen digitalen Filter simuliert und einen Weg zur Überprüfung seiner Leistung etabliert haben, war der nächste Schritt das Design eines Filters. Wir haben dann die Frequenzantwortcharakteristiken einer Übertragungsfunktion untersucht und gelernt, wie Frequenzbereichsgleichungen für ihr Verhalten bei verschiedenen Frequenzen analysiert werden können. Wir haben das Konzept der Bode-Diagramme eingeführt. Wir haben uns erneut mit dem LC-Filter beschäftigt und sein Bode-Diagramm erstellt, um seine Leistung zu analysieren. Dann haben wir verallgemeinerte Übertragungsfunktionen eingeführt, die gut definierte Formate haben, die vorhersehbare Frequenzantwortcharakteristiken ergeben. Wir haben die Bode-Diagramme für den verallgemeinerten Pol 1. Ordnung, den Pol 2. Ordnung, die Nullstelle 1. Ordnung und die Nullstelle 2. Ordnung analysiert.

Um all diese Konzepte zusammenzubringen, haben wir uns entschieden, einen Tiefpassfilter und einen Bandsperrfilter (Notch-Filter) zu entwerfen. Wir haben die allgemeinen Übertragungsfunktionen als Bausteine zur Synthese unserer Filter verwendet. Wir haben einen inkrementellen Schritt-für-Schritt-Ansatz verwendet – Design mit verallgemeinerten Übertragungsfunktionen, Analyse mit Frequenzantwortcharakteristiken und Überprüfung durch Simulation der digitalen Implementierung des Filters. Wir haben Python-Befehle verwendet, um all diese Aufgaben zu automatisieren, wobei die einzige manuelle Eingabe die Spezifikation der Parameter der Übertragungsfunktionen ist.

8.2 Einige Anmerkungen zum Ansatz

Der Ansatz, den dieses Buch bei der Vermittlung von Signalverarbeitung verfolgt, mag eng und zu fokussiert erscheinen. Die meisten Bücher über Signalverarbeitung behandeln eine Vielzahl von theoretischen Aspekten. Signalverarbeitung ist ein komplexes Thema, und um sich als gut informiert zu betrachten, müsste man über ein Dutzend Bücher gelesen haben. Im Vergleich dazu befasst sich dieses Buch nur mit Filterdesign. Dieses Buch mag im Vergleich zu regulären Nachschlagewerken zur Signalverarbeitung völlig nutzlos erscheinen. Aus diesem Grund ist es wichtig, dass ich etwas Zeit darauf verwende, zu erklären, warum ich diesen Ansatz gewählt habe.

Wie in der Einleitung erwähnt, war die Motivation für das Schreiben dieses Buches, die Signalverarbeitung für Energietechniker einzuführen. Anstatt die Theorie anhand einiger Beispiele und Übungen zu beschreiben, wird in diesem Buch der umgekehrte Ansatz verfolgt: Die Theorie wird so beschrieben, dass eine bestimmte Aufgabe erfüllt werden kann. Die gewählte Aufgabe war das Design von digitalen Filtern, eine Aufgabe, die oft von einem Energietechniker übernommen wird. Dieses Buch hat daher einen festen Zweck. Und dieses Buch verfolgt den Ansatz, dass der Zweck die Mittel heiligt. Was also ist notwendig, um digitale Filter entwerfen zu können?

Es ist wichtig zu verstehen, wie sich ein Filter als Filter verhält. Wie blockiert ein Filter einen bestimmten Frequenzbereich und lässt andere durch? Um dies zu verstehen, müssen die Frequenzgänge mit den Rechenwerkzeugen verstanden werden, um Frequenzgänge erzeugen zu können. Um zu verstehen, wie ein System mit der Frequenz variiert, müssen wir ein System im Frequenzbereich ausdrücken. Üblicherweise sind unsere Ausdrücke im Zeitbereich. Wie gehen wir also vom Zeitbereich in den Frequenzbereich über?

Um dies zu erreichen, führen wir die Laplace-Transformation ein und wenden sie auf die Zeitbereichsgleichungen bekannter Filter wie den LC-Filter an. Wir untersuchen die Frequenzgänge der Übertragungsfunktion des LC-Filters und leiten das Verhalten des LC-Filters aus den Frequenzgängen ab. Auf diese Weise haben wir herausgefunden, wie Frequenzgänge verwendet werden können, um zu verstehen, wie sich ein System bei sich ändernden Frequenzen verhält. Damit war die Grundlage für das Design eines Filters gelegt.

Neben dem Design eines Filters ist es auch wichtig zu wissen, wie man den Filter implementiert. Um zu verstehen, wie dies gemacht werden kann, haben wir gezeigt, wie eine kontinuierliche Übertragungsfunktion in eine digitale Übertragungsfunktion umgewandelt werden kann. Anschließend haben wir die digitale Übertragungsfunktion verwendet, um das endgültige System als Differenzgleichung auszudrücken. Um unsere Filterdesigns zu überprüfen, haben wir die Differenzgleichung des Filters simuliert. Die Implementierung in der Simulation wird jedoch die gleiche sein wie die Implementierung auf einer Hardwareplattform wie einem Mikrocontroller.

Dieses Buch ist daher eher ein Handbuch als ein Nachschlagewerk. Der Fokus des Buches liegt darauf, praktizierenden Ingenieuren die Möglichkeit zu geben, Filter mithilfe eines automatisierten und wiederholbaren Prozesses zu entwerfen. Die Theorie in diesem Buch dient dazu, den endgültigen Prozess zu verstehen und zu erkennen, warum jeder Schritt wichtig ist.

8.3 Ausblick auf zukünftige Projekte

Ich hoffe, dass alle, die dieses Buch gelesen haben und bis zu diesem Abschnitt gekommen sind, mitcodiert haben. Das Hauptziel dieses Buches war es, praktizierenden Ingenieuren die Werkzeuge zur Verfügung zu stellen, die sie für die Entwicklung von Filtern benötigen. Darüber hinaus verwendet dieses Buch nur freie und Open-Source-Software – Python, NumPy, SciPy und Matplotlib. Daher stehen Ihnen die Werkzeuge kostenlos und ohne Lizenzbeschränkungen zur Verfügung.

Wenn Sie als Leser in der Lage waren, die im Buch behandelten Tiefpass- und Kerbfilter zu implementieren, ist der nächste Schritt, diesen Prozess zu nutzen und ihn für Ihr Projekt zu verwenden. Die Implementierung digitaler Filter als Differenzengleichungen erfordert nur wenige Beispiele für die Eingabe und Ausgabe. Daher können Filter, die mit dem in diesem Buch skizzierten Prozess entworfen wurden, in jeder Simulationssoftware implementiert werden.

In diesem Buch wurde das Filterdesign mithilfe einfacher Übertragungsfunktionen niedriger Ordnung erreicht. Es gibt jedoch eine Vielzahl sehr fortschrittlicher Filter höherer Ordnung, die ebenfalls verwendet werden können. Ein interessierter Leser kann gerne die gleichen Techniken verwenden, um Filter höherer Ordnung zu implementieren und die Unterschiede in der Leistung zu untersuchen.

Als Onlinelehrer und Autor habe ich es mir zum Ziel gesetzt, die Verwendung von Open-Source-Software im Ingenieurwesen zu fördern. In diesem Buch habe ich Python und zugehörige Werkzeuge zur Filterentwicklung verwendet. Die Python-Funktionen, die wir verwendet haben, sind nur die Spitze des Eisbergs. Python hat eine Vielzahl von Paketen für verschiedene Zwecke. Viele dieser Pakete werden mit offensiv von Entwicklergruppen entwickelt. Es wird dringend empfohlen, dass der Leser einige der Open-Source-Pakete übernimmt, da dies zu deren Wachstum und Beliebtheit beitragen wird. Letztendlich besteht das Ziel darin, Bildung für jeden interessierten Menschen auf diesem Planeten unabhängig von seinem geografischen Standort, seiner finanziellen Situation oder seinen zeitlichen Einschränkungen allgemein zugänglich zu machen.

MIX
Papier aus verantwortungsvollen Quellen
Paper from responsible sources
FSC® C105338

If you have any concerns about our products,
you can contact us on
ProductSafety@springernature.com

In case Publisher is established outside the EU,
the EU authorized representative is:
Springer Nature Customer Service Center GmbH
Europaplatz 3, 69115 Heidelberg, Germany

Printed by Libri Plureos GmbH
in Hamburg, Germany